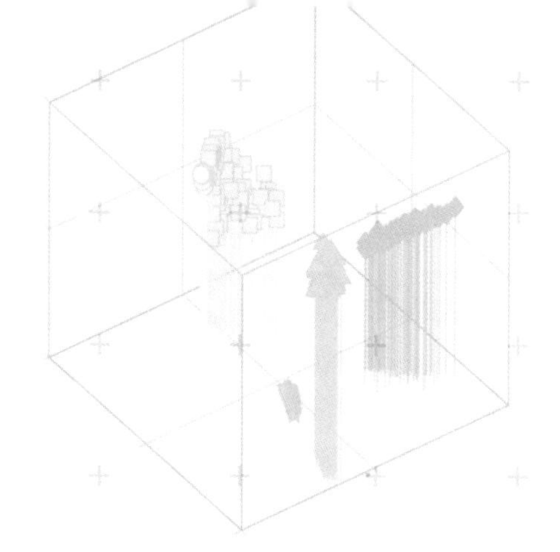

Breeding of Superior Clones of *Cinnamomum camphora* and Its Intensive Processing and Utilization

樟树优良品系选育及精深加工利用

江香梅　肖复明　罗丽萍 等 ◎ 编著

中国林業出版社
CFPH
China Forestry Publishing House

图书在版编目(CIP)数据

樟树优良品系选育及精深加工利用 / 江香梅等编著 . —北京：中国林业出版社，2019. 12

ISBN 978-7-5219-0448-2

Ⅰ. ①樟… Ⅱ. ①江… Ⅲ. ①樟树-选择育种②樟树-加工利用 Ⅳ. ①S792. 23

中国版本图书馆 CIP 数据核字(2019)第 294802 号

中国林业出版社·自然保护分社(国家公园分社)

策划编辑：刘家玲

责任编辑：刘家玲 宋博洋

出版 中国林业出版社(100009 北京市西城区德内大街刘海胡同 7 号)

http：//www. forestry. gov. cn/lycb. html 电话：(010)83143519 83143625

印刷 固安县京平诚乾印刷有限公司

版次 2019 年 12 月第 1 版

印次 2019 年 12 月第 1 次

开本 787mm×1092mm 1/16

印张 13. 75

字数 300 千字

定价 68. 00 元

樟树优良品系选育及精深加工利用
编委会

主　　编　江香梅

副 主 编　肖复明　罗丽萍

编写人员（按姓氏笔画排序）

伍艳芳　江香梅　杨海宽　李祥林
肖复明　邱凤英　余　林　汪信东
宋晓琛　罗丽萍　胡文杰　徐海宁
章　挺　曾　伟　戴小英

编写人员单位

江西省林业科学院（按姓氏笔画排序）

伍艳芳　江香梅　杨海宽　肖复明
邱凤英　余　林　汪信东　宋晓琛
徐海宁　章　挺　曾　伟　戴小英

南昌大学

罗丽萍

井冈山大学

胡文杰

江西思派思香料化工有限公司

李祥林

前言

P R E F A C E

樟树[*Cinnamomum camphora*（L.）Presl]是我国地带性常绿阔叶树种，是集药用、香料、油用、材用、园林景观及生态环境建设于一体的多用途树种，资源丰富，具有极大的开发利用价值。目前，从樟树精油中已鉴定化学成分约100种。依据叶精油中主要化学成分的不同，可以将樟树划分为油樟(主要化学成分为1，8-桉叶油素，下同)、脑樟(樟脑)、异樟(异-橙花叔醇)、芳樟(芳樟醇)和龙脑樟(龙脑)5种化学类型，其中龙脑樟为江西省发现的特有化学类型。樟树精油中所含的化学成分在医药、香料、日用化工、食品、烟草等诸多行业中广泛应用，但现有樟树除芳樟和龙脑樟开展过良种选育、建立了部分定向原料林基地外，其他化学类型尚未开展良种选育和原料林基地建设工作。实际上，樟树化学类型间、类型内个体间、同一个体不同部位、不同生长季间，其精油含量、精油中主成分种类及其含量均存在着极显著的差异；不同化学类型种子中的油脂含量、油脂结构等也存在着显著差异；而导致这些差异的根本原因，在于5种化学类型在遗传基因方面存在着显著差异。此外，江西省在樟树药用和香料产品加工方面在全国具有明显优势，但总体而言，精深加工产品少、综合利用效率不高、产品的附加值偏低，因此，加强樟树精油和油脂等资源的综合利用和精深加工关键技术的研发迫在眉睫。

本书分为6章，分别为樟树化学型的划分及其快速鉴别技术，樟树不同部位精油比较研究及空间变化规律，樟树5种化学类型叶精油比较研究及年变化规律，樟树药用、香料品系选育及高效无性繁育体系建立，樟树药用、香料成分提取纯化及精深加工关键技术，樟树籽油成分分析及功能性油脂制备关键技术。是广大林业科技、教学、管理和生产经营者宝贵的参考资料。

本书的主要内容研究经费来源于科技部、国家林业和草原局、江西省科技厅、江西省林业局等部门科研项目，编辑出版得到江西省林业科学院的支持，在此一并表示衷心感谢。

由于编写时间仓促，难免有不妥和疏漏之处，敬请提出宝贵意见。

编著者

2019年8月

目录

CONTENTS

第1章

樟树化学型的划分及其快速鉴别技术

樟树［*Cinnamomum camphora*（L.）Presl］是樟科樟属植物，是一种多用途林木资源，具有较高经济价值。樟树是樟属乃至樟科植物的代表种，在我国南方各省市地区（福建、江西、湖南等地）具有重要的经济、文化和生态意义。其根、果、枝和叶均可入药，有祛风散寒、强心镇痉和杀虫等功效。木材常为造船、橱箱和建筑等用材。因此，樟树是一种集药用、材用、香料、风景园林等于一体的多用途优良树种，主要分布于我国长江以南地区。

化学型（chemotype）是指同种植物由于所含化学成分的差异可分为多种类型，但它们在形态上差异不明显，是植物种内生物多样性的一种表现。樟树按叶精油主要化学成分的不同，可分为芳樟、脑樟、油樟、异樟、龙脑樟5种化学型。不同化学型樟树枝叶精油的主成分不同，在应用上也有区别。

1.1　樟树化学型的划分

1.1.1　植物化学型及分类

植物生长在复杂的环境中，为了适应变化的环境，在新陈代谢机制、形态特征等方面发生变异，这些变异的个体通过自然选择生存下来，形成种内变异。化学型是植物众多变异类型的一种，其在形态上并无明显区别，只是体内化学成分的组成及含量等方面有差异。目前，研究发现植物化学型的主要类型包括挥发油类、黄酮类、香豆素类和生物碱类。

1.1.1.1　挥发油类

挥发油（volatile oil）在植物界分布极为广泛，尤其是在药用植物和芳香植物中，在我国有数百种之多。许多具有挥发油的植物，如樟科的樟、肉桂，唇形科的薄荷、广藿香和伞形科的茴香等，都有不同的化学型。樟树根据其挥发性主成分的差异，可分为芳樟、脑樟、油樟、异樟、龙脑樟5种化学型。

1.1.1.2　黄酮类

黄酮类化合物（flavonoids）是一类天然酚类化合物，具有显著的生理活性。研究发现一些含有黄酮类成分的植物存在化学型现象。如Roberto分析了罗勒中的黄酮类成分，将其分成6个化学型，分别为：类型1，石吊兰素/鼠尾草素型；类型2，鼠尾草素/蓟黄素型；类型3，蓟黄素/3-甲氧基蓟黄素型；类型4，7，4-三羟黄酮/鼠尾草素型；类型5，黄姜味草醇/5-去甲基川阵皮素型；类型6，黄姜味草醇/蓟黄素型。

1.1.1.3 香豆素类

香豆素（coumarins）是具有苯并 α-吡喃酮母核的一类天然化合物的总称。一些药用植物如秦皮、补骨脂、前胡、蛇床子和千金子等含有香豆素类成分。蔡金娜等（1999）分析了蛇床子样品中香豆素成分，并发现其中的香豆素类成分有化学型现象，分为3个化学型，类型1以蛇床子素和线型呋喃香豆素为主要成分；类型2以角型呋喃香豆素为主要成分；类型3为蛇床子素线型和角型呋喃香豆素同时存在。

1.1.1.4 生物碱类

生物碱（alkaloids）是一类具有生理活性和碱性的、大多具有复杂氮杂环结构的含氮有机物。研究发现，紫蜂斗菜具有紫蜂菜素和呋喃型蜂斗菜素两种化学型。东方罂粟根据其含生物碱的骨架不同可将其分为5个化学型：A型含有东罂粟碱；B型含有东罂粟碱和蒂巴因；C型含有东罂粟碱和异蒂巴因；D型含有东罂粟碱和高山罂粟碱；E型含有东罂粟碱、蒂巴因和高山罂粟碱。

1.1.2 樟树化学型的主要类型及应用价值

樟树是樟科樟属植物中经济价值较高的树种之一，富含多种芳香油，主成分明显且含量高。同一物种在长期进化过程中分化出了多种化学型的现象在樟属植物中普遍存在，是樟属植物生物多样性的独特表现形式，为该属植物的开发利用提供了宝贵的资源。樟树的根、茎、叶、枝条和果实都含有精油，但叶部不仅油含量高，而且主要成分含量也高，包括芳樟醇、樟脑、1,8-桉叶油素、龙脑和异-橙花叔醇等。据《中国植物志》记载，樟树按精油化学成分可分为脑樟（以樟脑为主）、芳樟（以芳樟醇为主）和油樟（以松油醇为主）3个类型。随着研究的不断深入，又有新的化学型被发现。为便于开发利用，根据叶精油成分不同又将樟树划分为芳樟、脑樟、油樟、龙脑樟和异樟等化学型。不同化学型樟树枝叶精油的主成分不同，在应用上也有区别。生产实践中主要依据人为嗅觉经验确定樟树的化学型，正确率往往不高，且受经验局限，不利于发现新的化学型。

芳樟中富含芳樟醇。根据美国IFF公司统计，芳樟醇是香水香精、家化产品香精及皂用香精配方中使用频率最高的香料品种，也是全世界年用量最多的香料之一。日常生活中的膏霜类化妆品香精（如洗发油香精等）、花香型香精（如康乃馨香精等）、水果型香精（如香蕉、柠檬等）都含有相当比例的芳樟醇。芳樟醇可用于各种香精调配，是花香型、青草型香精的重要成分，另外芳樟醇在医药和卫生学方面也具有广泛的应用。

脑樟化学型中含有比例较高的樟脑。天然樟脑具有局部麻醉作用，有利滞气、辟秽浊、杀虫止痒、消肿止痛等功效，主治疥癣瘙痒、跌打伤痛、牙痛等病症。可用于医药及生产杀虫剂、防蛀剂、增韧剂等。

油樟为四川特有树种，其叶所提取的芳香油，主要成分为1,8-桉叶油素，也是外贸畅销物质和有关日化工业重要原料。1,8-桉叶油素具有新鲜、扩散性的香气，被大量用于食品香料中，尤其是用于口腔卫生剂、牙粉、漱口水和咳嗽药水等的香精成分。

异樟精油含有异-橙花叔醇，此成分具有玫瑰橙花香，也是重要的调香原料。

龙脑樟中冰片含量较高，是提取天然冰片的理想原料。天然冰片具有开窍醒神、清热解毒、明目退翳等功效，常被添加到药物中。龙脑被用于传统的中国墨制造工艺，添加一定量龙脑的墨水，写出的毛笔字具有经久的光泽并散发出“墨香”。

冰片、芳樟醇、樟脑等这些经济价值较高的主成分存在于不同化学型植物中，而这些植物在形态上难以区分。有性繁殖后代实生苗叶油成分变化大，未能保持母本的基因，使得枝叶精油相互混杂，所得主成分含量不高，必须经过复杂的精馏分离过程才能获得合格的产品，精油越混杂，分离能耗越大，成本越高。目前通常在野生分散的种群内按枝叶精油主成分不同进行归类，选育主成分高的良种，再以良种做无性繁殖，确保生产主成分含量高、经济价值高的精油，同时更好地保护樟属植物各化学类型的种质资源。

因此，快速大量筛选野生樟树化学型对樟树资源的开发利用意义重大。

1.2 樟树化学型快速鉴别

1.2.1 樟树化学型的传统研究方法

1.2.1.1 形态判别法

在分析仪器出现之前，人们只能通过观察樟树形态上的微小差异，再结合枝、叶和木材的气味加以鉴别其化学型。据《中国植物志》记载，樟树按樟油化学成分可分3个类型，分别为脑樟、芳樟和油樟。据各地群众的经验，不同化学型樟树的形态特征总结为：脑樟树皮桃红，裂片较大，树身短矮，枝丫敞开而茂密，占空间面积较大，叶柄发红，叶身较薄，叶两面黄绿色，出叶较迟，枝、叶或木材嗅之有强烈的樟脑气味，木髓带红，将木片放入口中咀嚼后有苦涩味；芳樟树皮黄色，裂片少而浅，质薄，树身较高，枝丫直上，分支较疏，叶柄绿色，叶身厚，叶背面灰白色，出叶较早，枝、叶或木材均有清香的芳樟醇气味；油樟叶子圆而薄，木髓带白色，含挥发油分最高，将木片放入口中咀嚼则满口麻木，并有刺激的气味直冲鼻子，这都可以证明有大量1,8-桉叶油素的存在。

形态判别法要求经验丰富的专业人员，须对判别樟树的形态特征及化学型差异具有较深的掌握，并且在判别化学型时必须保证身体没有感冒或感官损伤，否则判别的结果易发生较大误差。另外，形态学评价耗时费力，无法满足大批量样品的快速有效鉴定。因此，形态学判别樟树化学型具有一定的局限性。

1.2.1.2 精油分析法

由于樟树叶及其他组织中富含挥发油类物质（通常称为精油），为检测其成分，一般先提取精油，再分析其精油成分。传统方法中，精油的提取包括直接蒸馏萃取、水蒸气蒸馏萃取和同时蒸馏萃取三种方法。陶光复等（1989）采用水蒸气蒸馏获取油样，再结合气相色谱-质谱联用（gas chromatography-mass spectrometry，GC-MS）技术研究发现樟树有樟脑型、龙脑型、柠檬醛型、桉叶油型、芳樟醇型、异-橙花叔醇型和黄樟素型7个化学类型。张国防（2006）采用水蒸气蒸馏结合GC-MS方法提取并测定福建省樟树叶精油，将其中的21种化学成分进行主成分分析和聚类分析，得出5个化学类型：芳樟型、脑樟型、桉樟型、黄樟型和杂樟型。刘亚等（2008）采用同时蒸馏萃取提取香樟挥发油，再结合GC-MS方法分析其成分，共分离出了149个组分，并鉴定了98种化合物。

精油提取是一个积累的过程，一般提取精油需耗时3.5h。GC分析中，为分离出各种组分，需要程序升温，耗时一般在30min左右。因此，此方法耗时长，不能满足高通量快速检测的需求。

1.2.2 樟树化学型的快速鉴别方法

目前的研究手段需要经过提取、分离和纯化等步骤之后再进行分析，工作量大，经过有机试剂处理后，造成信息损失，并且难以实现高通量检测。本研究在静态顶空-气相色谱-质谱联用法（static headspace-gas chromatography-mass spectrometry，SHS-GC-MS）研究不同化学型樟树挥发性成分的基础上，采用新型的表面解析常压化学电离质谱（surface desorption atmospheric pressure chemicalionization mass spectrometry，DAPCI-MS）技术对不同化学型樟树叶片粉末压片片剂和新鲜叶片进行研究，不需要经过复杂的样品预处理即可实现对樟树化学型的判别，分析速度快。

1.2.2.1 SHS-GC-MS分析不同化学型樟树叶的挥发性成分

静态顶空-气相色谱-质谱联用法（SHS-GC-MS）是将未经溶剂预处理的样品置于顶空瓶中，抽取密闭的容器中液体或固体的顶部空间的气体进行气相分析，可避免直接进样测定时，复杂样品基体成分渗入分析仪器系统，对样品中挥发性成分的分析造成干扰。与其他预处理方法相比，该方法具有快速、自动化程度高、被分析挥发性成分损失少、样品消耗量少和易标准化等优点。

1.2.2.1.1 材料与方法

（1）实验材料

实验样品采自江西省林业科学院院内实验地，由江香梅研究员提供并鉴定，采集时间为2011年10月上旬，采集树龄在8~10年之间，所采样品为当年生长出来的新叶，颜色为墨绿色。样品叶采集后，随即阴干、粉碎、过60目筛并封袋冷藏备用。所采樟树叶包括5种化学型，每种化学型采集5个样品，分别为：异樟（YZ-1、YZ-2、YZ-3、YZ-4和YZ-5）、脑樟（NZ-1、NZ-2、NZ-3、NZ-4和NZ-5）、油樟（UZ-1、UZ-2、UZ-3、UZ-4和UZ-5）、芳樟（FZ-1、FZ-2、FZ-3、FZ-4和FZ-5）和龙脑樟（LN-1、LN-2、LN-3、LN-4和LN-5）。

（2）样品预处理

将采集的5种不同化学型（芳樟、龙脑樟、脑樟、异樟和油樟）共25个樟树叶样品放于阴凉处阴干。用粉碎机粉碎成粉末，封袋备用。

（3）SHS-GC-MS分析条件

静态顶空条件：分别准确称取1.000g各化学型樟树粉末样品，放入10mL顶空瓶中，密封，顶空瓶置于进样盘中，由自动进样器进样。顶空条件：样品瓶加热温度60℃，加热时间20min。

GC条件：色谱柱为HP-5MS（0.25mm×30m×0.25μm）（安捷伦19091S-433），柱温箱采用程序升温，起始温度为60℃，保持2min，以8℃/min升至250℃，保持10min，总分析时间为35.75min。进样口温度为250℃。以He为载气，流速1.0mL/min，压力56kPa，流出物分流比1∶1。

MS条件：MS接口温度280℃，质谱电离方式为EI，电子能量70eV，四级杆温度150℃，离子源温度230℃，溶剂延迟2min，谱库NIST02.L。质谱质量扫描范围33~400amu，电子倍增器电压1941.2V。

（4）统计分析

采用SPSS 19.0软件（IBM公司）对GC-MS分析结果进行主成分分析（Primary Component Analysis，PCA）、聚类分析（Cluster Analysis，CA）和判别分析（Discriminant Analysis，DA）。

1.2.2.1.2 结果与分析

（1）挥发性成分鉴定

通过GC-MS分析和NIST02.L质谱谱库计算机检索，选择较高匹配度的检索结果，并结合文献报道的已知化合物确认检测物成分，对样品进行定性分析，25个樟树样品共鉴定出171种化合物。总结每个样品的挥发性成分见表1-1。

表1-1 5种化学型樟树叶挥发性成分数

化学型	芳樟					
编号	A-1（16）	A-2（17）	A-3（18）	A-4（19）	A-5（20）	平均
挥发性成分数	35	38	33	33	30	34
化学型	龙脑樟					
编号	B-1（21）	B-2（22）	B-3（23）	B-4（24）	B-5（25）	平均
挥发性成分数	34	37	32	33	29	33
化学型	脑樟					
编号	C-1（6）	C-2（7）	C-3（8）	C-4（9）	C-5（10）	平均
挥发性成分数	41	40	41	37	39	40
化学型	异樟					
编号	D-1（1）	D-2（2）	D-3（3）	D-4（4）	D-5（5）	平均
挥发性成分数	65	47	47	50	50	52
化学型	油樟					
编号	E-1（11）	E-2（12）	E-3（13）	E-4（14）	E-5（15）	平均
挥发性成分数	37	33	34	41	40	37

由表1-1可看出，不同化学型樟树叶的挥发性化合物的数量不同，其中异樟最多，脑樟次之，油樟的挥发性成分数平均为37，芳樟和龙脑樟含有的挥发性成分在这5种化学型樟树中最少。β-芳樟醇、莰烯、β-愈创木烯、γ-松油烯、α-侧柏烯、2-乙基呋喃、α-石竹烯、大牛儿烯8种挥发性成分在所有样品中均存在。5种化学型樟树叶中含量最高的前3种挥发性成分分别为，异樟：1,8-桉叶油素（11.69%~14.26%）、石竹烯（9.55%~

13.15%）、异-橙花叔醇（8.76%~18.17%）；脑樟：樟脑（35.78%~41.39%）、α-蒎烯（8.24%~9.38%）、柠檬烯（11.13%~13.67%）；油樟：1,8-桉叶油素（35.36%~39.67%）、α-松油醇（9.34%~11.35%）、γ-松油烯（12.61%~19.67%）；芳樟：β-芳樟醇（61.79%~66.81%）、1,8-桉叶油素（6.9%~8.18%）、石竹烯（0.81%~5.66%）；龙脑樟：（-）-龙脑（32.7%~38.44%）、1,8-桉叶油素（11.42%~13.68%）、α-蒎烯（5.84%~8.49%）。异樟和油樟叶片中挥发性成分含量最高的均为1,8-桉叶油素，但是这两种化学型的樟树叶气味不同；脑樟和龙脑樟叶的气味很难区分，但这两种樟树叶中挥发性成分中最高含量的物质不同。笔者认为樟树叶气味的差异可能原因是成分之间对气味的贡献值不同。脑樟、油樟、芳樟和龙脑樟的标志性成分分别为樟脑、1,8-桉叶油素、β-芳樟醇和（-）-龙脑；异樟的标志性成分不明显。故一些含量不是十分显著的化合物对樟树叶片气味的形成起到了一定作用。为了更好的区分樟树的化学型，找出对樟树分型的挥发性成分是区分樟树化学型的科学方法。为此，本文下面用PCA、CA、DA等变量分析方法对樟树叶片中挥发性成分差异进行研究。

（2）主成分分析

由表1-2可知，前3个主成分解释所有25个樟树叶样品中挥发性物质损失信息仅为13.607%，并且特征值均大于1，所以本研究选择前3个为主成分。根据0.5原则主成分代表化合物（表1-3）β-愈创木烯、2-乙基呋喃、α-石竹烯、大牛儿烯、δ-荜澄茄烯、己醛和可巴烯。第二主成分代表化合物莰烯、γ-松油烯、α-水芹烯。第三主成分代表化合物β-芳樟醇、α-侧柏烯。25个樟树叶样品对第一主成分和第二主成分做散点图（图1-1）。如图1-1所示，25个样品通过PC1、PC2在散点图上有规律地聚集和分散：同种化学型聚在一定的区域内，不同化学型分散在不同的区域；脑樟和龙脑樟所占区域比较紧

表1-2　主成分分析

成分	初始特征值			提取平方和载入		
	合计	方差（%）	累积（%）	合计	方差（%）	累积（%）
1	5.641	47.009	47.009	5.641	47.009	47.009
2	2.708	22.566	69.575	2.708	22.566	69.575
3	2.018	6.818	86.393	2.018	16.818	86.393
4	0.758	6.316	92.709	0.758	6.316	92.709
5	0.290	2.418	95.126			
6	0.166	1.386	96.512			
7	0.150	1.250	97.762			
8	0.133	1.110	98.871			
9	0.063	0.526	99.397			
10	0.037	0.312	99.709			
11	0.024	0.199	99.908			
12	0.011	0.092	100			

密，可能原因是这两种化学型樟树叶片中的挥发性成分在含量及种类上比较相近。

表 1-3 主成分因子载荷矩阵

	成分			
	1	2	3	4
β-芳樟醇	-0. 119	0. 254	-0. 949	0. 056
莰烯	0. 020	-0. 929	0. 304	-0. 083
β-愈创木烯	0. 948	0. 156	0. 105	0. 072
γ-松油烯	-0. 466	0. 618	0. 543	0. 121
α-侧柏烯	-0. 44	0. 461	0. 737	0. 081
2-乙基呋喃	0. 735	0. 336	-0. 004	-0. 537
α-石竹烯	0. 793	-0. 326	0. 216	0. 327
大牛儿烯	0. 932	0. 091	0. 134	0. 247
δ-荜澄茄烯	0. 923	0. 152	0. 098	-0. 065
己醛	0. 839	0. 207	0. 175	-0. 351
α-水芹烯	0. 047	-0. 930	0. 159	-0. 121
可巴烯	0. 849	0. 057	-0. 212	0. 35

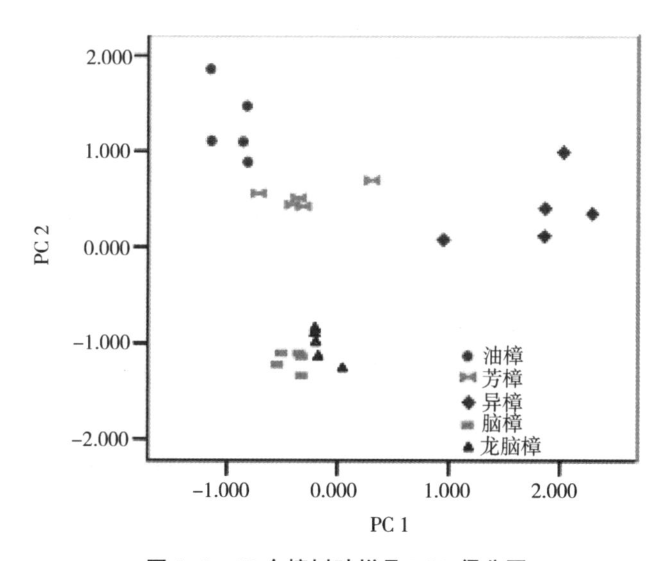

图 1-1 25 个樟树叶样品 PCA 得分图

（3）聚类分析

由图 1-2 可知，当距离临界值取 1 时，25 个樟树叶样品分别聚为六类。第一类包含 4 个样品，分别为 B-1、B-5、B-4、B-2，为龙脑樟；第二类包含 5 个样品，分别为 C-3、C-4、C-5、C-1、C-2，均为脑樟；第三类只含龙脑樟 B-3；第四类为芳樟 A-2、A-5、A-4、A-3、A-1；第五类为油樟 E-2、E-4、E-1、E-5、E-3；第六类为异樟 D-2、D-3、D-4、D-5、D-1。聚类准确率为 96%。当距离临界值取 5 时，25 个樟树样品可聚为四类，其中龙脑樟和脑樟聚为一类，其他按照临界值取 1 时聚集。在层次聚类分析的群集成员中，当聚群数为 5 时，龙脑樟样品 22 和样品 23 被判别为脑樟，其他化学型均聚群正确。

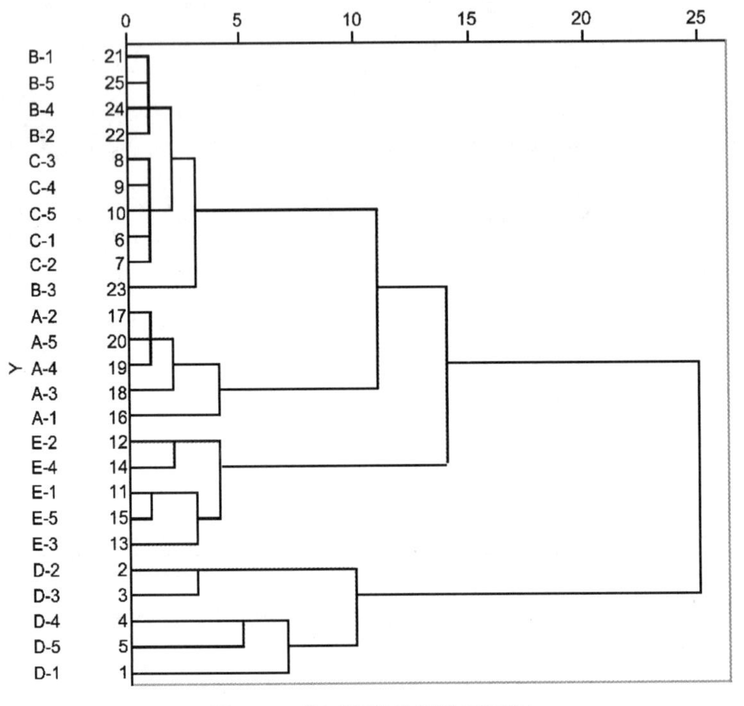

图 1-2　分层聚类分析的树形图

（A-1~A-5）芳樟；（B-1~B-5）龙脑樟；（C-1~C-5）脑樟；（D-1~D-5）异樟；（E-1~E-5）油樟

分析上述结果，可能原因是脑樟和龙脑樟的成分及含量相似。通过对比脑樟和龙脑樟的成分可知，两种化学型樟树叶片中选做分析的 12 种挥发性成分有 6 种成分分别在其数量级上比较含量极为相近，它们为莰烯、β-愈创木烯、γ-松油烯、α-侧柏烯、2-乙基呋喃、可巴烯。此外，樟脑在脑樟叶和龙脑樟叶中都存在，但在龙脑樟中含量为 8.37%，而在脑樟中含量为 39.56%。异樟叶中的化学成分较为复杂，实验所用 5 个样品中，最高化学成分数为 65，最低成分数为 47，平均每个样品含有 52 种化合物，正是因为异樟中的化合物复杂，所以异樟的组内差异较大。

1.2.2.1.3　小结

SHS-GC-MS 法测定结果表明，从 25 个样品共鉴定出 171 种化合物，其中 β-芳樟醇、莰烯、β-愈创木烯、γ-松油烯、α-侧柏烯、2-乙基呋喃、α-石竹烯、大牛儿烯 8 种化合物在所有样品中均可检测到。5 种化学型樟树叶挥发性成分种类及其含量存在较大差异。对 12 种成分进行 PCA 表明，β-愈创木烯、2-乙基呋喃、α-石竹烯、大牛儿烯、δ-毕澄茄烯、已醛和可巴烯 7 种挥发性成分是 5 种化学型樟树分类的重要判定变量。聚类分析和判别分析正确率分别为 96%和 100%。

1.2.2.2 基于 DAPCI-MS 以樟树粉末为样品快速鉴定化学型

2004 年，Cooks 等在无须进行样品预处理的情况下，利用电喷雾解吸电离（DESI）技术，在常压下对固体表面上痕量待测物直接离子化，成功地获得了不同表面上痕量物质的质谱，为实现无须样品预处理的常压快速质谱分析打开了一个窗口，随即在国际上掀起了基于直接离子化技术的快速质谱分析研究热潮，标志着常压快速质谱分析技术研究新时代的来临。常压快速质谱分析技术是泛指在无须样品预处理的条件下，能够直接对各种复杂基体样品进行快速分析的新兴质谱技术。

表面解析常压化学电离质谱法（surface desorption atmospheric pressure chemical ionization mass spectrometry，DAPCI-MS）是以质谱法为基础，能够直接迅速地对无任何样品预处理的各种复杂微量样品分析的一种常压环境质谱。在 DAPCI 离子源中，可根据不同的实验目的选择相应的电离试剂；也可以无须任何试剂，在湿度适宜（相对湿度 60%）的情况下，在正/负高电压的作用下，利用潮湿的空气作为电离试剂，放电针同样可以电晕放电，击穿放电针周围的空气，产生大量 H_3O^+离子，使得空气带电并获得能量，然后迅速地碰撞到样品表面，发生解吸电离过程，从而获得固体表面待测物的离子。电晕放电中发生的主要物理化学过程由以下反应式表示：

$$N_2+e^- \rightarrow N_2^+ \cdot +2e^-$$

$$N_2^+ \cdot +2N_2 \rightarrow N_4^+ \cdot +N_2$$

$$N_4^+ +H_2O \rightarrow H_2O^+ \cdot +2N_2$$

$$H_2O^+ \cdot +H_2O \rightarrow H_3O^+ +HO \cdot$$

可见，在水蒸气存在的正离子模式下，H_3O^+是主要的初级离子。大量的 H_3O^+直接与样品表面的物质发生解吸电离反应，公式如下：

$$M+H_3O^+ \rightarrow [M+H]^+ +H_2O$$

根据实验数据，解吸电离反应除了主要生成 $[M+H]^+$外，视物质表面性质特点，可能会产生一些络合物离子和簇离子。

这种放电形式，可避免任何有机试剂对样品产生污染，也无须喷雾系统和载气，有利于在小型质谱仪中实行现场快速分析。

DAPCI-MS 是直接质谱技术的一种，无须样品预处理过程，即可完成样品的快速分析，且无须有毒化学试剂，对样品表面无污染。由于初级离子产生密度较高，对弱极性和非极性物质的检测能力也较高，在植物领域具有独特优势。

人工神经网络（Artificial Neural Networks，ANN）是模拟人脑细胞反应过程的模拟识别技术，常见的算法有 BP 和 RBF。BP-ANN（Back Propagation Artificial Neural Networks）是一种多层次前馈神经网络。在 BP-ANN 中，输入信号从输入层经隐含层逐层多层次处理，直至输出层。在没有达到期望输出层时，则转入反方向传播。为了达到期望输出，可以根据预测误差调整网络权值和阈值。

1.2.2.2.1 材料与方法

（1）实验材料

5 种化学型樟树，分别为异樟、脑樟、油樟、芳樟、龙脑樟，均于 10 月上旬采自江西省林业科学院院内实验地，从 8～10 年树龄的各樟树上采集当年生叶片。采后随即阴干、粉碎、过 60 目筛、压片（压力 35MPa，直径 1.30cm，厚度 0.15～0.25cm）、封袋冷藏备用。化学型由江香梅研究员提供并鉴定，且经静态顶空 GC-MS 结合判别分析等多变量分析方法验证了其化学型。

（2）DAPCI-MS 分析条件

分别取每种化学型压片各 30 片进行检测。将压片置于载玻片上，放置在 DAPCI 离子源下，直接进行质谱分析。正离子检测模式，质量范围为 50～300Da，电离电压 3.6kV，离子传输管温度 180℃，放电针与水平面夹角约 45°，针尖与质谱口毛细管平行，距离约 10mm，片剂上表面距放电针尖和距质谱口均约为 7mm（图 1-3）。通过针尖电晕放电产生的大量初级离子轰击载玻片上的樟树叶片剂的中心点，使樟树样品解吸和电离，形成的离子引入质谱进行分析。其他实验参数由系统自动优化。

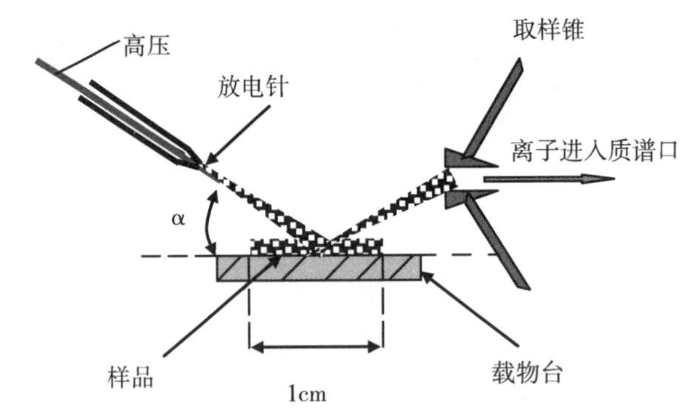

图 1-3　DAPCI 离子源测定樟树叶片粉末片剂的装置示意图

（3）统计分析

采集得到的质谱数据按质荷比规整为整数。以质荷比为独立变量，相应信号强度为变量值，得到一个（450×125）的样本数据矩阵。通过 Matlab 软件内置的‘princomp’函数和部分自制函数对样本数据进行主成分分析，计算得出各个主成分变量及其特征值、特征向量、贡献率和载荷。

为观察各样品间的亲疏关系，每种化学型樟树随机抽出一个样品，将该样品的质荷比数据输入 Matlab 7.8.0（R2009a）中 CA 分析程序中，计算样本之间的欧式距离，进行分层聚类分析。

为了对 5 类樟叶进行判别分析，建立一个三层的人工神经网络结构，各层传递函数都用 S（Sigmoid）型函数。网络输入层节点数为 250，经多次实验确定隐含层节点数为 39，输出层节点数为 1。目标误差为 0.01，网络指定参数中学习速率为 0.2，设定训练迭代次数阈值为 1000 次。上述数据处理方法均为 Matlab 7.8.0（R2009a）中编程实现。

1.2.2.2.2 结果与分析

（1）挥发性成分鉴定

以樟树叶粉末为实验材料，采用 DAPCI-MS 获得不同化学型樟树谱图信息，质谱图中的所有质荷比作为 BP-ANN 的输入层进行训练，各种优化策略的采用使得算法具有较高的收敛速度，然后用训练好的神经网络对已知样本和未知样本进行识别来测试算法的有效性，结合 PCA 分析判别樟树化学型。

DAPCI-MS 对小分子物质敏感，尤其是对挥发性物质灵敏度高，利用该技术获得芳樟、龙脑樟、脑樟、油樟、异樟 5 种化学型樟叶成分的指纹特征图片（图 1-4）。不同化学型樟树叶 DAPCI-MS 谱图存在明显差异，其中油樟中信号峰最少，异樟中最多，说明油樟成分较少，异樟成分最多，与其他方法检测樟树化学成分特征基本一致；信号峰 *m/z*137、153、170 等在各化学型中均有较强且不等的丰度，所有样品在 *m/z* 120~200 产生的信号谱峰较为集中，质谱信号较为复杂。SHS-GC-MS 及其他研究中，樟树挥发油主要成分为相对分子量 136 和 204 的烯烃类物质和相对分子量为 154 的醇类物质。说明樟树叶中挥发性成分稳定，用不同方法都能检测到其特征挥发性成分。

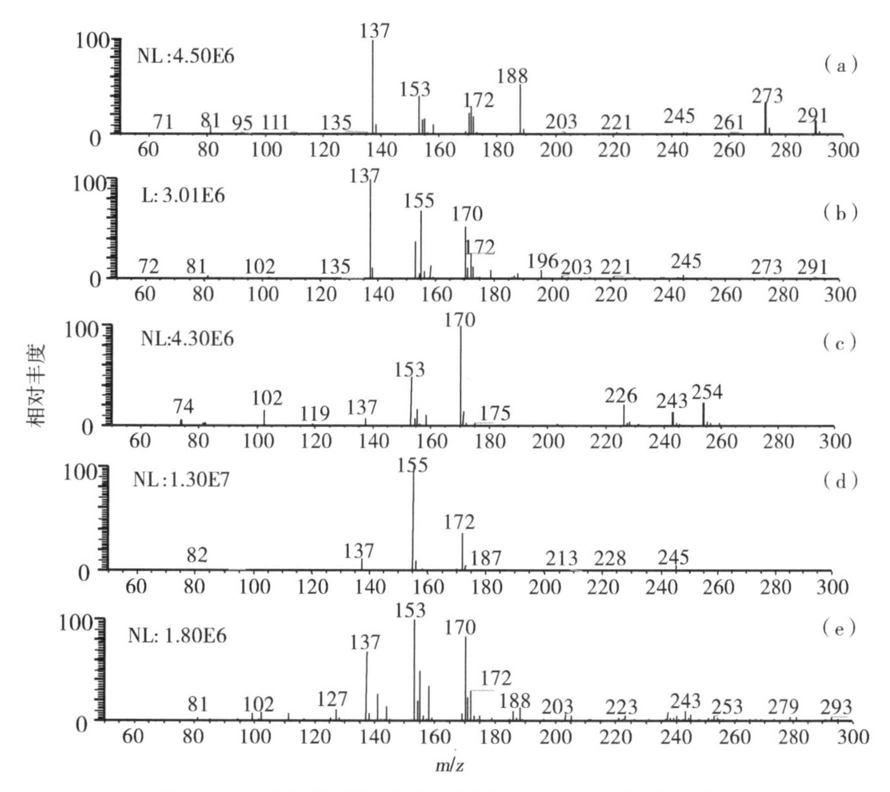

图 1-4　5 种化学型樟树叶粉末样品 DAPCI-MS 指纹谱图

（a）芳樟；（b）龙脑樟；（c）脑樟；（d）异樟；（e）油樟

为了进一步解析樟树叶中的物质组成，对 *m/z* 153 进行串联质谱定性分析，如图 1-5 所示，经与文献比较确认，该物质为樟脑，主要碎片离子为 *m/z* 135、109、95，分别是失去一分子 H_2O、C_2H_4O 和 C_3H_6O。

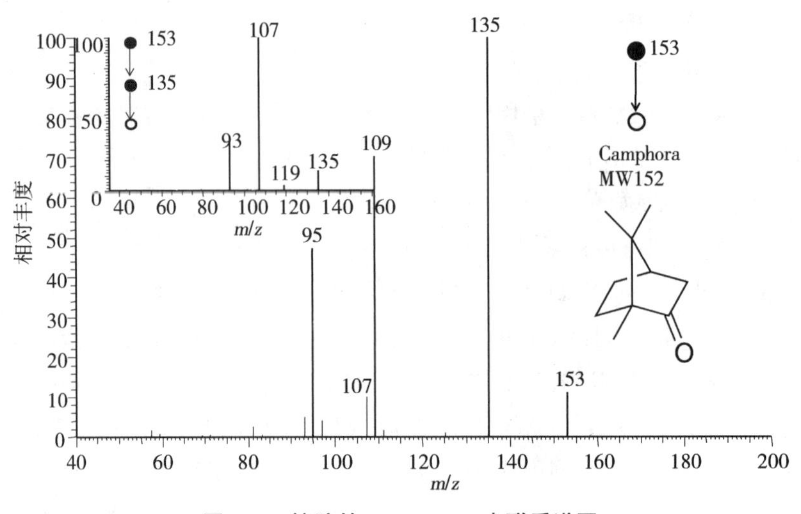

图 1-5　樟脑的 DAPCI-MS 串联质谱图

（2）主成分分析

如图 1-6 所示，5 种化学型樟树叶 DAPCI-MS 图谱 PCA 得分，PC1、PC2 和 PC3 的贡献率分别为 79.9%、12.9%和 4.2%，共 97%。

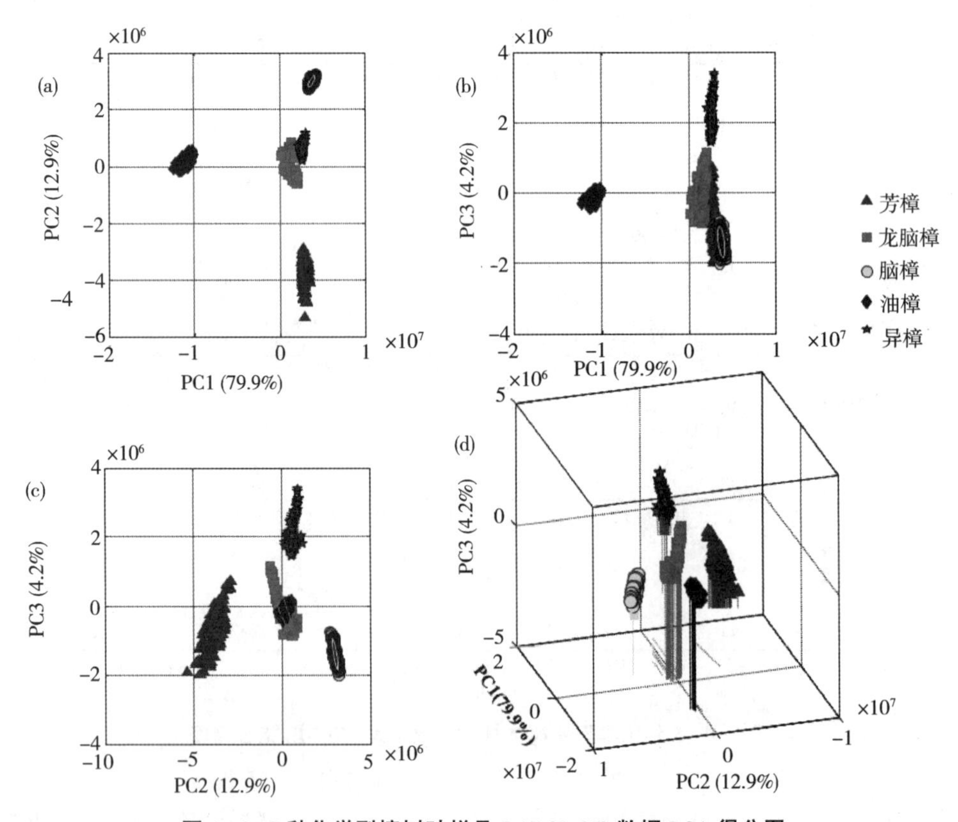

图 1-6　5 种化学型樟树叶样品 DAPCI-MS 数据 PCA 得分图

如图 1-6（a）和图 1-6（b），沿 PC1 方向，油樟与其他 4 种化学型樟树可以完全分开。在PC1载荷图（图1-7）的主要离子为*m/z*153和*m/z*172（在正方向），分别为樟脑和172分子。因此，PC1主要反映了樟脑和172含量区别油樟与其他4种化学型。一些研究资料显示，樟脑在脑樟型樟树叶中含量最高，最高可达40%；油樟中含量较少，有的只有0.56%，一般不超过1%。

如图1-6（a）与1-6（c）沿着PC2方向，脑樟和芳樟完全分离，在PC2载荷图（图1-7）的主要离子为*m/z*137和*m/z*188（正方向）和*m/z*170（负方向）。因此，PC2主要反映了*m/z*137、*m/z*188、*m/z*170含量的差异区别脑樟和芳樟。如图1-6（c），在PC3方向，异樟与其他4种化学型樟树可以完全分开。比较图1-6（a~d）可知，5种化学型樟树质谱数据经PCA处理后样本在主成分1~3的3个投影方向的得分图区分效果最好，说明仅靠3个主成分得分所构成的特征向量就能达到良好的分类效果。

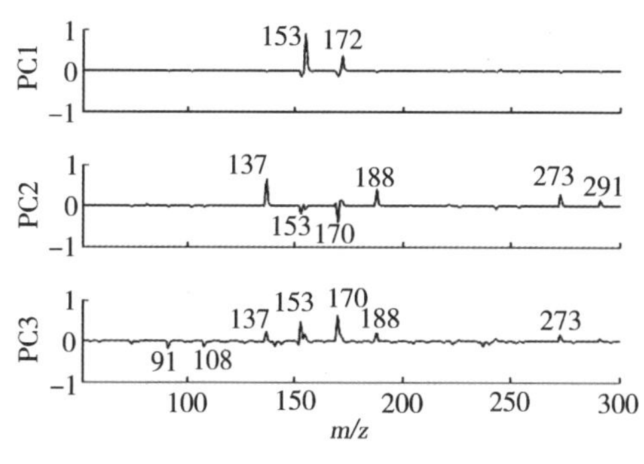

图1-7　PCA载荷图

（3）聚类分析

由图1-8可知，当距离临界值取4时，25个樟树叶样品分别聚为5类。每一类包括5个样品，在图上依次为异樟、芳樟、龙脑樟、油樟和脑樟。聚类准确率为100%。当距离临界值取6时，25个樟树样品可聚为两大类，其中异樟单独为一类，其他4种化学型聚为一类。

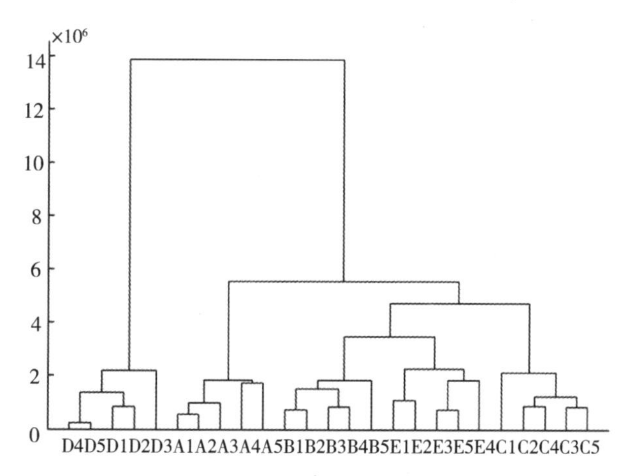

图1-8　聚类分析树形图

（A1~A5）芳樟；（B1~B5）龙脑樟；（C1~C5）脑樟；（D1~D5）异樟；（E1~E5）油樟

(4) 反向传输人工神经网络分析

为了进一步分析不同化学型樟树叶的差异，将 5 种化学型樟树叶样品分为 5 类供网络学习。在选定的 150 个样本中，部分用来检测，部分用来确证，剩下的用来训练网络，利用 Matlab 程序可以等间隔地选出数据。分别将训练误差、确证误差和测试误差曲线在同一图中绘出，可以更直观地观察到训练过程，如图 1-9 所示。该模拟训练过程中的均方误差（MSE）值变化，经 116 次迭代计算后 MSE 低于 10^{-6}，满足模型的预测要求。如表 1-4 所示，用此方法构造的分类器模型对预测集进行预测，对 750 个变量做了分析，结果显示测试和训练及总体准确率均为 100%。

表 1-4　樟树叶 BP 神经网络判别准确率

	芳樟		龙脑樟		脑樟		油樟		异樟	
	Correct	Error	Correct	Error	Correct	Error	Correct	Error	Correct	Error
训练样本	98	0	104	0	103	0	107	0	112	0
测试样本	22	0	31	0	24	0	19	0	17	0
验证样本	30	0	15	0	23	0	24	0	21	0
所有样本	150	0	150	0	150	0	150	0	150	0

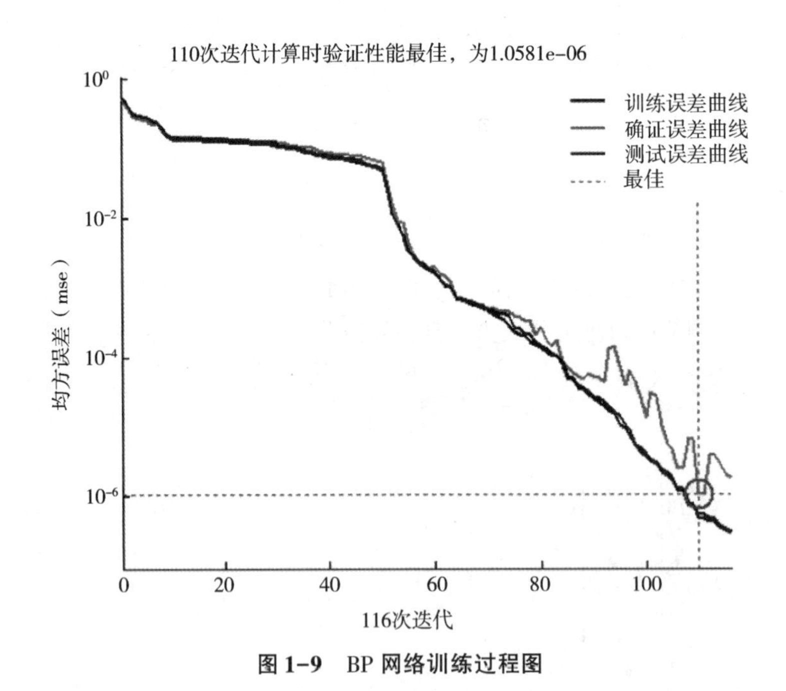

图 1-9　BP 网络训练过程图

1.2.2.2.3　小结

利用 DAPCI-MS 技术检测樟树叶粉末片剂，可以获得不同化学型樟树的质谱特征信号，这些质谱信号体现了不同化学型樟树叶成分的差别。再结合 PCA 和 BP-ANN 能对 DAPCI-MS 数据进行有效地处理，对 5 种化学型樟树叶实验样品的判别率均为 100%，说明不同化学型樟树能被有效区分。

1.2.2.3 基于DAPCI-MS以新鲜樟树叶片为样品快速鉴定化学型

1.2.2.3.1 材料与方法

（1）实验材料

2014年7月28日采集于江西省林业科学院实验基地金盘苗圃。所采樟树叶样品树龄6~7年，未成年，无挂果；植株高2~4m，胸径21~26cm，树冠2~3m。所采樟树叶包括5种化学型，分别为异樟、脑樟、油樟、芳樟、龙脑樟。每株树东、南、西、北和中间5个方位随机采集树枝若干。每种化学型随机取5株树进行采样。将收集好的样本枝条插入水中待分析。

（2）DAPCI-MS分析条件

分别取5种化学型樟树新鲜叶片（芳樟、龙脑樟、脑樟、异樟、油樟）进行检测。每种化学型取5株树进行检测，每株树取新枝条展开第三位叶（为当年生长出来的叶，颜色墨绿）。将新鲜樟树叶平行主叶脉撕开，撕开的截面放置在DAPCI离子源下，手动进样，直接进行质谱分析，每片树叶重复3次。

设置DAPCI离子源为正离子检测模式，质量范围为50~400Da，电离电压3.5kV，离子传输管温度150℃，放电针与水平面夹角约45°，针尖与质谱口毛细管平行，距离约10mm，樟树叶片撕开的截面距放电针尖和距质谱口均约为7mm。实验时室温20℃，湿度60%。通过针尖电晕放电产生的大量初级离子轰击叶片撕开的截面，使叶片内部的挥发性物质解吸和电离，形成的离子引入质谱进行分析。

串联质谱分析：母离子的选择窗口为1.4Da，碰撞时间为30ms，碰撞能量为10%~30%。

（3）统计分析

采集得到的质谱数据按质荷比规整为整数。以质荷比为独立变量，相应信号强度为变量值。通过Matlab软件内置的‘princomp’函数和部分自制函数对样本数据进行归一化和标准化处理，进行主成分分析，计算得出各个主成分变量及其特征值、特征向量、贡献率和载荷。

为观察各样品间的亲疏关系，每种化学型樟树随机抽出一个样品，将该样品的质荷比数据输入Matlab 7.8.0（R2009a）中CA分析程序中，计算样本之间的欧式距离，进行分层聚类分析。

1.2.2.3.2 结果与分析

（1）特征化合物的鉴定

以新鲜樟树叶片为实验材料，采用DAPCI-MS获得不同化学型樟树谱图信息，结合PCA和CA分析，获得各樟树样品质谱信息特征，并用串联质谱技术对特征化合物进行鉴定。

樟树叶精油中含有丰富烯烃类、醇类和酮类物质。芳樟、龙脑樟、脑樟和油樟的标志性挥发性物质分别为β-芳樟醇、(-)-龙脑、樟脑和1,8-桉叶油素；异樟由于含有的挥发性成分复杂多样，且含量相当，故主成分不明显。在正离子模式下，采用DAPCI-MS对

5 种不同化学型新鲜樟树叶直接进样分析，得到质谱图，如图 1-11。

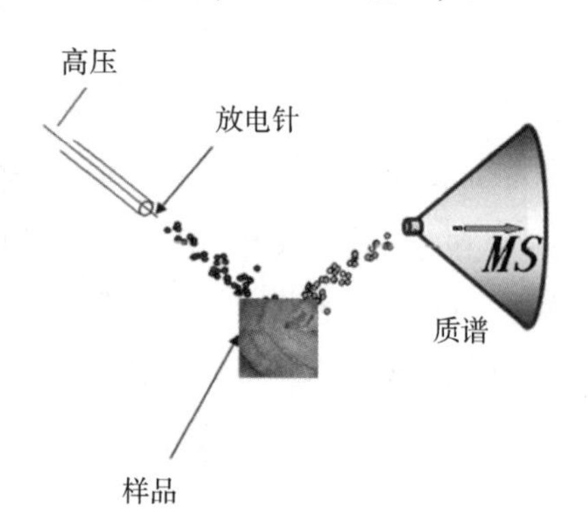

图 1-10　DAPCI 检测新鲜樟树叶片离子源装置示意图

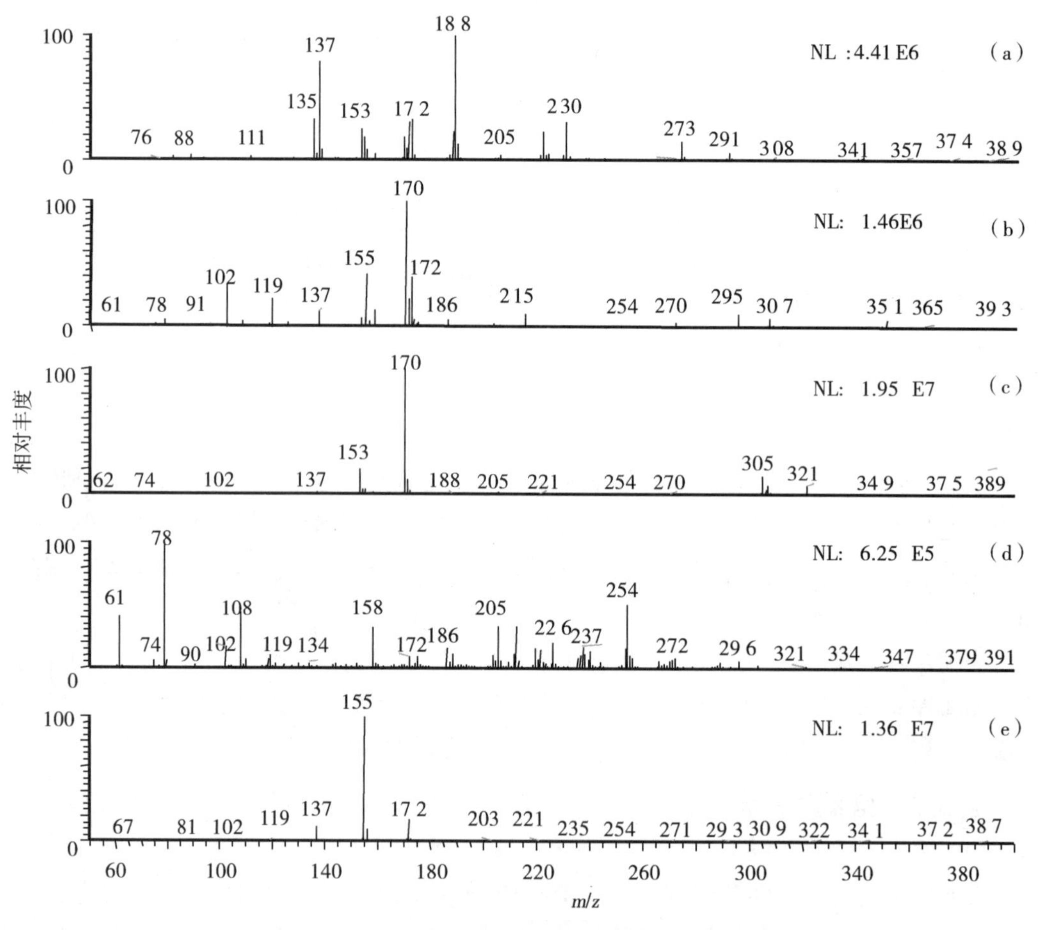

图 1-11　5 种化学型樟树叶 DAPCI-MS 指纹谱图

（a）芳樟；（b）龙脑樟；（c）脑樟；（d）异樟；（e）油樟

比较 5 种化学型新鲜樟树叶 DAPCI-MS 谱图，从总体来看，离子峰主要集中在 *m/z* 100~300，除龙脑樟叶和脑樟叶谱图相近，其他 3 种化学型樟树叶谱图差异较大。在之前报道的文献中，樟树中主要挥发性成分的相对分子质量的物质也都在此范围内，分别为：136（蒎烯、莰烯、α-水芹烯、γ-松油烯），152（樟脑），154（β-芳樟醇，1,8-桉叶油素、龙脑），204（可巴烯、大牛儿烯、石竹烯）。芳樟叶指纹图谱中，主要离子峰有 *m/z* 135、137、153、172、188、230；龙脑樟叶主要离子峰有 *m/z* 170、153，由于 *m/z* 170 信号峰最高，其他相对较低信号离子 *m/z* 137、172 在谱图中没有明显的峰；脑樟叶指纹图谱与龙脑樟相近；异樟信号较其他化学型樟树叶谱图离子丰富，体现了异樟叶中化学成分复杂；油樟叶指纹图谱中主要离子峰为 *m/z* 137、155、172，其中 *m/z* 155 信号最强，而油樟中 1,8-桉叶油素（WM 154）含量最高。

（2）主成分分析

为更好地区分不同樟树化学型，揭示不同化学型间的差异，对 *m/z* 50~400 范围内的数据用 PCA 方法进行分析，得到三维得分图和 3 个主成分的载荷图（图 1-12）。图 1-12（a）是三维得分图，PC1、PC2 和 PC3 的贡献率分别为 31.3%、23.1%和 21.9%，三者之

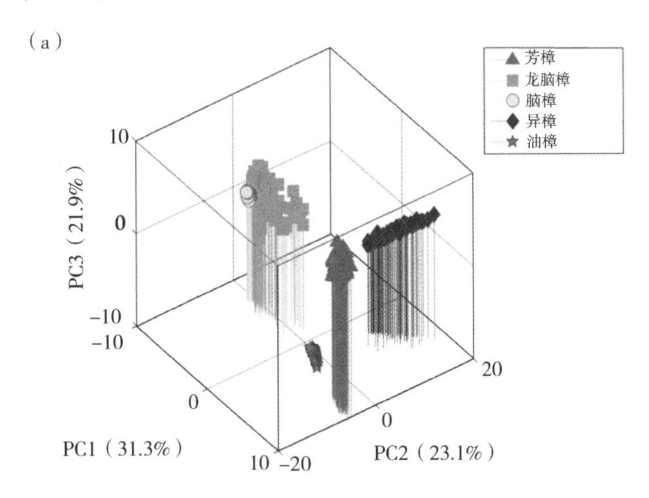

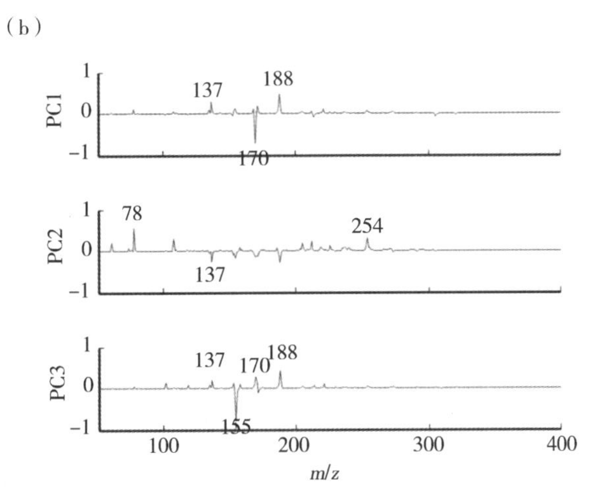

图 1-12　5 种化学型樟树叶 DAPCI-MS 数据 PCA 分析结果

（a）PCA 三维得分图；（b）3 个主成分的 PCA 载荷图

和为76.3%，这3个主要成分包含了分析样本的大部分信息。由前3个主成分得分图可以将5种化学型樟树叶进行较好的区分，芳樟、异樟和油樟分散较好；但脑樟有部分重叠于龙脑樟中，原因是 *m/z*170 离子峰在这两种化学型的信号强度是其他离子峰的数十倍，而脑樟中的樟脑含量很高，从载荷图上看 PC1 中主要的离子从强到弱依次为 *m/z* 170、188 和 137，PCA 分析时 *m/z* 170 对脑樟和龙脑樟的区分贡献率最大，脑樟由于含有樟脑高达30%以上，聚集得紧凑。龙脑樟中樟脑不是其主要成分，含量较少，而且不同树之间的差异较大，因此分得比较散。同样，油樟挥发性物质中1,8-桉叶油素（WM154）含量高达40%，*m/z* 155 信号强度最强，其他离子峰均较弱，在PCA分析时，油樟聚集紧密。

图1-12（b）是3个主成分的载荷图，对PC1主要包括 *m/z* 137、188，负 *m/z* 170；PC2主要包括 *m/z* 78、254，负 *m/z*137、170、188；PC3主要包括 *m/z*137、170、188，负 *m/z* 155、172。以上离子信号，除 *m/z* 137 和 *m/z* 155 对应相对分子质量为136和154的物质在之前报道的樟树精油文献中出现外，其他离子信号对应的物质不在樟树精油成分中。其中 *m/z* 170 为脑樟分子与一分子水分子结合，为［camphora+ H_2O］$\cdot^-$。

（3）聚类分析

聚类分析可以将樟树挥发性成分之间的内在组合客观地反映在聚类图上，聚类分析与主成分分析相比，没有产生新变量，结果形式简明直观。通过Matlab软件自动将各样本之间的距离映射到$0\sim2\times10^7$之间，并将凝聚过程近似地表示在图上，如图1-13，依次为龙脑樟、脑樟、油樟、芳樟和异樟。当距离临界值0.4×10^7时，样本分为4类，其中龙脑樟和脑樟聚为一类，油樟、异樟和芳樟分别聚为3类。此结果与PCA结果一致，脑樟和龙脑樟由于成分相近，聚类分析时也同样临近。

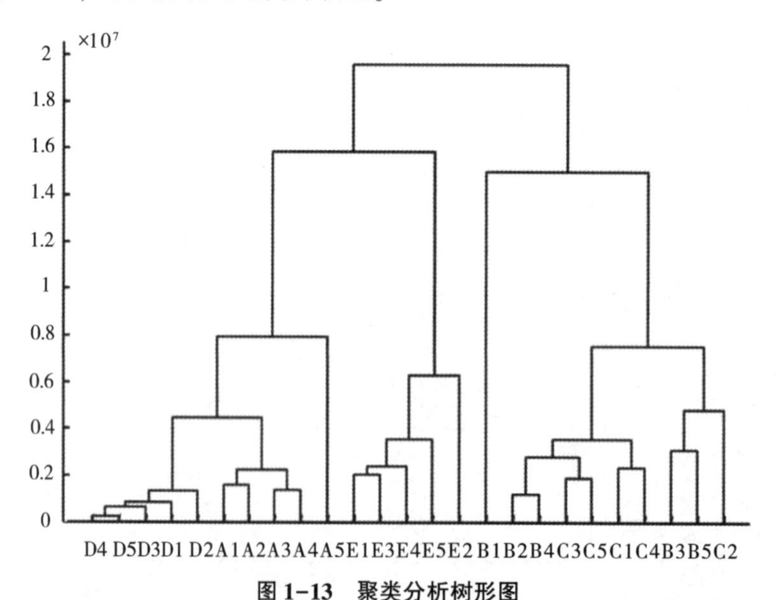

图1-13　聚类分析树形图

（A1～A5）芳樟；（B1～B5）龙脑樟；（C1～C5）脑樟；（D1～D5）异樟；（E1～E5）油樟

1.2.2.3.3 小结

利用 DAPCI-MS 技术检测新鲜樟树叶片，可以获得不同化学型樟树的质谱特征信号，这些质谱信号体现了不同化学型樟树叶成分的差别。再结合 PCA 和 CA 能对 DAPCI-MS 数据进行有效的处理，实现不同化学型樟树的有效区分。本方法分析速度快、信息提取准确、识别精度高。

第2章

樟树不同部位精油比较研究及空间变化规律

樟树按叶精油中所含主成分的不同，可分为油樟、脑樟、异樟、芳樟和龙脑樟5种化学型。有关樟树化学成分的研究已有较多报道，但分别化学类型和不同部位研究樟树的生物量结构目前还是空白。本研究旨在从科学利用的目的出发，系统研究樟树油樟、脑樟、异樟3种化学型间、个体间、部位间生物量构成及其变化规律，为樟树分类型经营提供科学依据和实践指导。

2.1 樟树3种化学类型生物量结构及其比较研究

2.1.1 试验材料与方法

2.1.1.1 试验材料

从江西省林业科学院樟树基因库5年生植株中，通过闻香法分出油樟、脑樟、异樟3种化学型，每种化学类型随机采集10株作为试验样株。每株样株做好标记和记录，建立档案。

2.1.1.2 试验方法

(1) 试样的采集及处理

分别测定3种化学类型、每种化学类型10株样株的树高、冠幅、地径等生长性状。将每株样株整株挖出，深度为根系分布所达范围，根系用清水洗净后晾干表面水分。分别从样株6个部位取样，地上部分分为叶、当年生枝（新枝）、老枝、树干4个部位，地下部分分为主根和侧根2个部位，并将枝、干、根等切碎。每样株用精度为0.001g的天平分别称取各部位生物量和总生物量，再用封口袋分别装好，低温保存。

(2) 方差分析方法

采用DPS v7.05版等软件进行数据分析。

2.1.2 试验结果与分析

2.1.2.1 樟树3种化学类型生长量方差分析结果

将3种化学类型树高、地径、冠幅的观测值进行方差分析，结果表明（表2-1）：樟树3种化学类型间和类型内单株间树高、地径的差异均不显著；但化学型间冠幅的差异达到显著水平，其中油樟、脑樟为宽冠型，其平均冠幅分别为1.89m和1.91m，异樟为窄冠型，其平均冠幅为1.52m。这为樟树不同化学类型培育目标和措施的确定提供了重要参考依据。

表2-1 樟树3种化学型生长量方差分析表

指标	变异来源	平方和	自由度	均方	F值	p值
树高	化学型间	0.0773	2	0.0387	0.645	0.5363
	类型内单株间	0.9607	9	0.1067	1.781	0.142
	误差	1.0786	18	0.0599		
	总变异	2.1165	29			
地径	化学型间	145.0651	2	72.5326	1.036	0.3752
	类型内单株间	628.5533	9	69.8393	0.997	0.4761
	误差	1260.742	18	70.0412		
	总变异	2034.361	29			
冠幅	化学型间	0.9633	2	0.4816	5.036*	0.0183
	类型内单株间	0.6858	9	0.0762	0.797	0.6239
	误差	1.7213	18	0.0956		
	总变异	3.3704	29			

2.1.2.2 樟树3种化学类型不同部位生物量变化规律

（1）樟树3种化学型间总生物量方差分析

对樟树3个化学类型、每类型10株样株的总生物量进行方差分析，结果表明（表2-2）：3种化学型间总生物量差异不显著，但化学型内单株间的总生物量差异则达到显著水平。说明就生物量进行选择，对化学类型进行选择效果不明显，对化学型内单株进行选择，则可以获得较理想的选择效果。

（2）樟树3种化学型单株间生物量方差分析

将樟树3个化学类型30株样株、6个部位的生物量观测值进行方差分析，结果见表2-3。

表2-2 樟树3种化学类型总生物量方差分析表

变异来源	平方和	自由度	均方	F值	p值
化学型间	3538168	2	1769084	0.612	0.5533
化学型内单株间	83590518	9	9287835	3.211*	0.0168
误差	52057766	18	2892098		
总变异	1.39E+08	29			

表2-3 樟树3种化学类型不同单株和部位的生物量方差分析表

变异来源	平方和	自由度	均方	F值	p值
单株间	23197693.2188	29	799920.4558	11.5360**	0.0001
部位间	48146794.9007	5	9629358.9801	138.8640**	0.0001
误差	10054886.6983	145	69344.0462		
总变异	81399374.8178	179			

由表 2-3 可知，樟树不同单株间的生物量差异达到 0.0001 的极显著水平。说明就生物量对樟树单株进行选择，可以获得理想的选择效果。结合前述化学型内单株间差异显著的研究结果，认为樟树无论是化学型间单株还是化学型内单株，对生物量进行选择，均可以获得理想的选择效果。

进一步对樟树 30 株样株的生物量进行差异显著性检验，结果表明（表 2-4），生物量最大的 5 株单株 23、13、21、3、6 号相互之间差异不显著，与其他植株之间的差异均达显著或极显著水平。将这 5 个单株的总生物量和各部位生物量构成列于表 2-4。由表 2-4 可以看出，23、21 号单株属异樟化学类型，其生物量是 11 号对照植株（生物量最小）的 3.10 和 2.75 倍，其特点是叶片、主根生物量小，而树干生物量最大，加之前述的异樟树冠偏窄和项目组已研究的异樟各部位精油含量最低等特点，可以认为，以 23、21 号单株为代表的异樟化学型，适合于材用目标的培育。13 号单株为脑樟化学型，其生物量是 11 号对照的 2.78 倍，其特点是叶片、侧枝、主根生物量最大，而树干生物量最小，是典型的传统意义上的樟树树形，加上脑樟枝、叶、根中精油含量高，精油利用价值和经济效益高等特点，适合于以矮林作业方式培育精油利用原料林。3 号和 6 号单株同属于油樟化学类型，其生物量分别是 11 号对照的 2.64 和 2.61 倍，其特点介于异樟和脑樟之间。3 号单株叶片和侧枝的生物量占比最小，但根系占比最大，树干生物量也较大，因此，适合于以根为主要培育目标的根、材兼用林的培育，如以根为原料药材的原料林的培育等；6 号单株则叶片、侧枝生物量占比最高，与 13 号单株类似，但其根系占比最小，最适宜培育叶用矮林。

表 2-4　3 种类型中生物量最大的 5 个单株的各部位生物量构成及其差异显著性检验表

单株号	总生物量 (g)	是对照的 (%)	差异显著性水平		各部位占比（%）					
			5%	1%	叶片	新枝	老枝	树干	主根	侧根
23（异樟）	11890.20	310	a	A	26	10	10	27	18	9
13（脑樟）	10679.88	278	ab	AB	29	11	11	21	21	9
21（异樟）	10555.61	275	abc	AB	27	11	8	27	18	9
3（油樟）	10144.70	264	abcd	ABC	26	8	10	25	21	11
6（油樟）	10013.90	261	abcd	ABC	29	10	12	25	16	8
11（CK）	3841.36	100	m	M	26	11	11	23	19	11

(3) 樟树 3 种化学类型不同部位间生物量方差分析

由表 2-3 还可得知，樟树 3 种化学类型 6 个部位间的生物量也达到 0.0001 的极显著差异。进一步对 3 个化学类型 6 个部位的生物量进行差异显著性检验，结果表明（表 2-5），叶片生物量最大，与其他部位间的差异均达极显著水平；依次是树干和主根，它们与其他部位之间的差异均达到极显著水平；老枝、新枝和侧根 3 个部位的生物量差异不显著。

表 2-5 樟树 3 种化学类型不同部位间生物量差异显著性检验表

部位	生物量均值（g）	5%显著水平	1%极显著水平	备注
叶片	1954.12	a	A	
树干	1713.56	b	B	
主根	1336.43	c	C	
老枝	741.153	d	D	
新枝	727.273	d	D	
侧根	633.163	d	D	

（4）樟树 3 种化学类型内单株和部位间生物量方差分析

将油樟、脑樟、异樟 3 种化学类型内各单株和部位的生物量进行方差分析，结果见表 2-6。由表 2-6 可知，3 种化学类型内，单株间和部位间的生物量均达到 0.0001 的极显著水平。说明就生物量在各化学类型内进行单株选择，可以获得极显著的选择效果。各化学类型内部位间生物量的方差分析结果与类型间各部位的方差分析结果（表 2-3）完全一致。

表 2-6 樟树 3 种化学型单株间、部位间生物量方差分析表

化学类型	变异来源	平方和	自由度	均 方	F 值	p 值
油樟	单株间	4821853.7022	9	535761.5225	7.0030 **	0.0001
	部位间	18410163.5933	5	3682032.7187	48.1290 **	0.0001
	误 差	3442654.7275	45	76503.4384		
	总变异	26674672.0230	59			
脑樟	单株间	8579544.9250	9	953282.7694	21.3440 **	0.0001
	部位间	13309681.0940	5	2661936.2188	59.6020 **	0.0001
	误 差	2009782.1008	45	44661.8245		
	总变异	23899008.1197	59			
异樟	单株间	9206605.3800	9	1022956.1533	16.5570 **	0.0001
	部位间	18249051.0253	5	3649810.2051	59.0720 **	0.0001
	误 差	2780349.0582	45	61785.5346		
	总变异	30236005.4636	59			

进一步对 3 种化学类型内各单株的生物量进行差异显著性检验，结果表明（表 2-7）：油樟 3、6、4 号单株的生物量最大，相互之间差异不显著，与其他单株间的差异则达到显著或极显著。脑樟 3、4 号单株生物量最大，两者间差异较显著，与其他单株间则达到显著或极显著水平。异樟 3、1 号单株的生物量最大，两者间差异不显著，与其他植株间差异显著或极显著。

对 3 种化学类型内各部位生物量的差异进行显著性检验，结果表明（表 2-8）：3 种化学类型间存在一定差异。其中：油樟和异樟的结果基本一致，即叶片和树干生物量最大，两者间差异不显著，但与其他部位差异显著；主根的生物量列第三，与老枝、新枝和侧根之间的差异显著；油樟生物量第四至第六位的部位依次是老枝、新枝和侧根，但三者之间

差异不显著。而脑樟生物量最大的部位是叶片，该部位与其他部位之间的差异均达到极显著水平；其次是主根和树干，这两个部位间的差异不显著，与其他3个部位间的差异达极显著水平，主根生物量位列第二，是该类型的突出特点；新枝、老枝和侧根的变化规律与其他两个类型一致。

表2-7 樟树3种化学型单株间生物量差异显著性检验表

化学类型	样株号	生物量（g）	差异显著性水平	
			5%	1%
油樟	3	10144.70	a	A
	6	10013.90	a	A
	4	9010.62	a	AB
	1	8072.39	ab	ABC
	2	6870.73	bc	BCD
	9	6606.24	bc	BCD
	7	6416.15	bc	BCD
	5	6345.55	bc	BCD
	8	5641.03	c	CD
	10	5067.85	c	D
脑樟	3	10679.88	a	A
	4	9498.74	ab	AB
	8	8523.82	bc	BC
	6	7723.88	cd	BC
	9	6767.14	de	CD
	5	5303.77	ef	DE
	7	5290.12	ef	DE
	10	4519.50	f	E
	2	4128.14	f	E
	1	3841.36	f	E
异樟	3	11890.20	a	A
	1	10555.61	a	AB
	9	8330.65	b	BC
	4	8048.08	b	C
	2	7598.95	bc	CD
	5	6087.51	cd	CDE
	7	5305.95	d	DE
	6	5080.572	d	E
	10	4984.00	d	E
	8	4823.70	d	E

表 2-8　樟树 3 种化学型部位间生物量差异显著性检验表

化学类型	部位	生物量（g）	差异显著性水平	
			5%	1%
油樟	叶片	2073.0020	a	A
	树干	1824.3110	a	A
	主根	1333.3020	b	B
	老枝	810.6740	c	C
	新枝	739.4770	c	C
	侧根	638.1450	c	C
脑樟	叶片	1884.4800	a	A
	主根	1389.6370	b	B
	树干	1353.0010	b	B
	新枝	700.9140	c	C
	老枝	689.5530	c	C
	侧根	610.0500	c	C
异樟	树干	1963.3690	a	A
	叶片	1904.8790	a	A
	主根	1286.3390	b	B
	新枝	741.4220	c	C
	老枝	723.2240	c	C
	侧根	651.2890	c	C

2.1.2.3　樟树 3 种化学型各部位生物量构成及比较研究

将 3 种化学类型的平均生物量和各部位平均生物量列于表 2-9，并做成图 2-1。比较表 2-9 中 3 种化学型各部位生物量占总生物量的百分比，可以看出新枝、老枝、侧根 3 个部位的占比，3 种化学类型非常接近，尤其是侧根，其占比均为 9%。另 3 个部位则存在着较大差异。其中：变异最大的部位是树干，以异樟的占比为最高，脑樟最低，两者相差 7 个百分点；其次是主根，以脑樟的占比为最高，油樟和异樟相同，脑樟高出 3 个百分点；叶片的占比以油樟和脑樟为高，异樟最小，前者比后者高 2 个百分点。综上可知，油樟叶片的生物量最大，其次为树干，说明油樟适合于培育叶用林和材用林；脑樟叶片的生物量最大，主根生物量其次，是 3 种化学型中主根占比最高的化学型，说明脑樟适于培育叶用林和根用林；异樟生物量占比最高的部位是树干，也是 3 种化学型中占比最高的类型，说明异樟是理想的培育用材的类型。这一研究结果为樟树 3 种类型的培育方向提供了重要参考依据。

表 2-9　樟树 3 种化学型各部位平均生物量占总生物量的百分比

化学型	总生物量（g）	各部位平均生物量占总生物量的百分比（%）					
		叶片	新枝	老枝	树干	主根	侧根
油樟	7418.92	28	10	11	24	18	9
脑樟	6627.64	28	11	10	20	21	9
异樟	7270.52	26	10	10	27	18	9
总平均		27.3	10.3	10.3	23.7	19.0	9.0

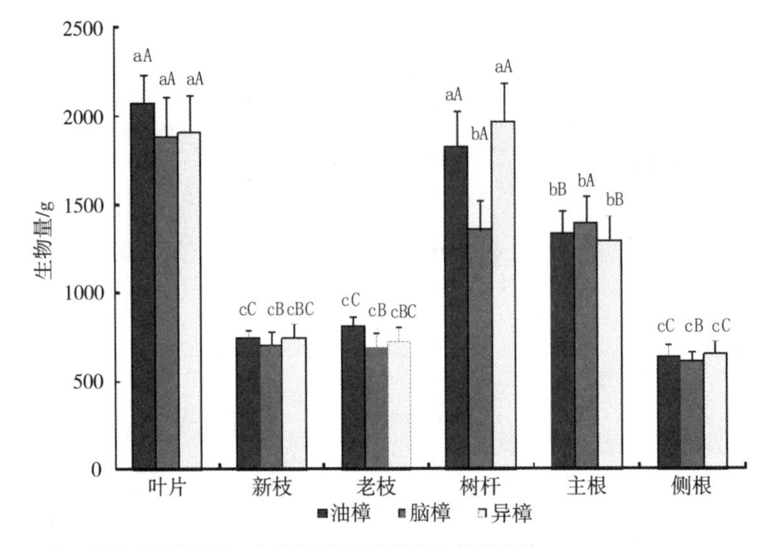

注：字母表示樟树同一化学类型不同部位间生物量差异。

图 2-1　樟树 3 种化学类型各部位生物量比较

2.1.3　结论与讨论

樟树油樟、脑樟、异樟 3 种化学类型间，树高、地径平均生长量差异不显著；平均冠幅差异显著，其中油樟、脑樟为宽冠型，异樟为窄冠型。

樟树 3 种化学类型间总生物量差异不显著，说明就生物量对化学型进行选择，效果不明显。

樟树 3 种化学类型个体间、部位间生物量差异达到 0.0001 的极显著水平，说明就生物量指标对个体进行选择，可以获得理想的选择效果。樟树 6 个部位生物量中，以叶片最大，其依次为树干和主根，它们分别与其他部位之间均存在着极显著差异；新枝、老枝和侧根 3 个部位的生物量接近，三者之间的差异不显著。

樟树 3 种化学类型内个体间、部位间生物量差异均达到 0.0001 的极显著水平，说明就生物量指标在各类型内进行个体选择，可以获得理想的选择效果。

樟树 3 种化学类型 6 个部位生物量总体构成和 3 种化学类型内 6 个部位生物量构成存在一定差异。樟树 30 株样株 6 个部位生物量的构成是：叶片生物量最大，其次是树干和主根，新枝、老枝和侧根接近。而 3 种化学类型内各部位生物量构成则存在较大差异。其中，油樟：叶片生物量最大，之后依次为树干和主根，说明油樟适合于培育叶用林和材用林；脑樟：叶片生物量最大，主根生物量其次，是 3 种化学型中主根生物量及其占比最高的化学型，说明脑樟适于培育叶用林和根用林；异樟：树干生物量最高，是 3 种化学型中占比最高的类型，说明异樟是理想的培育用材的类型。这一研究结果为樟树3种类型的培育方向提供了重要参考依据。

2.2 樟树精油含量类型-单株-部位间差异比较及空间变化规律

2.2.1 樟树精油含量类型-单株-部位间差异比较

樟树根、茎、叶精油中富含芳樟醇、樟脑、1,8-桉叶油素、龙脑、异-橙花叔醇和黄樟油素等重要天然成分，是香料香精、医药、化工、食品、调味品的重要原料。有关樟树化学成分的研究目前已有较多报道，但迄今为止，分别化学类型、单株和部位研究其精油含量及其变化规律，仍属空白。本研究旨在以精油利用为目标，系统研究樟树3种化学类型油樟、脑樟、异樟类型间、单株间和部位间精油含量及其变化规律，为类型、单株选育和精油有效部位的选择提供科学依据。

2.2.1.1 试验材料与方法

（1）试验材料

将樟树中油樟、脑樟和异樟3种化学类型，每种化学类型10株样株，每样株分别在叶、当年生枝（新枝）、老枝、树干、主根和侧根6个部位取样，用封口袋分别装好，待用。

（2）试验方法

精油提取方法：采用国家林业和草原局樟树工程技术研究中心优化的水蒸气蒸馏法最佳提取条件提取各样品精油，收集精油称重，计算各样品精油含量。

精油含量计算方法：精油含量（%）=（精油重/样品鲜重）×100%

统计分析方法：采用SPSS 17.0软件。

2.2.1.2 试验结果与分析

（1）樟树3种化学类型间精油含量差异比较研究

将油樟、脑樟、异樟3种化学类型间和同一类型内不同单株间的精油含量测定结果列于表2-10。根据表2-10数据进行方差分析，结果见表2-11。由表2-11可知，樟树3种

表2-10 3种化学类型每样株6个部位精油含量测定值（%）

类型	样株号	叶	新枝	老枝	树干	主根	侧根	平均
油樟	1	2.05	0.30	0.13	0.47	1.85	2.28	1.18
	2	1.19	0.20	0.10	0.31	1.35	1.31	0.74
	3	1.89	0.26	0.14	0.46	2.01	2.08	1.14
	4	2.36	0.33	0.27	0.59	2.25	2.58	1.40
	5	1.92	0.31	0.23	0.49	2.05	2.10	1.18
	6	2.70	0.35	0.25	0.67	3.34	3.00	1.72
	7	1.89	0.29	0.17	0.47	2.11	2.04	1.16
	8	1.45	0.27	0.15	0.36	1.70	1.59	0.92
	9	1.93	0.31	0.24	0.48	1.98	2.14	1.18
	10	1.61	0.23	0.15	0.41	2.64	1.79	1.14
	平均	1.90	0.29	0.18	0.47	2.13	2.09	

（续）

类型	样株号	叶	新枝	老枝	树干	主根	侧根	平均
脑樟	1	2.13	0.45	0.39	0.51	2.62	2.33	1.41
	2	1.79	0.41	0.35	0.44	2.11	2.00	1.18
	3	2.08	0.47	0.42	0.51	2.48	2.39	1.39
	4	2.60	0.51	0.44	0.63	3.04	1.96	1.53
	5	1.74	0.42	0.35	0.42	2.02	2.27	1.20
	6	2.01	0.47	0.42	0.46	2.34	2.86	1.43
	7	1.47	0.37	0.33	0.35	2.11	1.35	1.00
	8	1.21	0.27	0.24	0.29	1.42	2.15	0.93
	9	1.92	0.43	0.38	0.48	2.27	1.66	1.19
	10	1.65	0.34	0.29	0.41	1.88	2.09	1.11
	平均	1.86	0.41	0.36	0.45	2.23	2.11	
异樟	1	0.52	0.16	0.20	0.35	0.81	1.03	0.51
	2	0.46	0.15	0.14	0.24	1.15	0.99	0.52
	3	0.43	0.23	0.18	0.25	1.42	1.36	0.65
	4	0.62	0.22	0.19	0.35	1.39	1.31	0.68
	5	0.64	0.18	0.16	0.31	1.09	1.12	0.58
	6	0.39	0.14	0.12	0.28	1.08	0.84	0.48
	7	0.39	0.16	0.18	0.25	0.81	0.92	0.45
	8	0.28	0.09	0.09	0.31	0.59	0.60	0.33
	9	0.53	0.19	0.17	0.34	1.19	1.13	0.59
	10	0.25	0.10	0.08	0.17	0.76	0.56	0.32
	平均	0.45	0.16	0.15	0.29	1.03	0.99	

表 2-11　樟树 3 种化学类型精油含量方差分析表

变异来源	平方和	自由度	均方	*F* 值	*p* 值
化学类型间	3.25	2	1.62	74.00 **	0.0001
类型内单株间	0.69	9	0.08	3.48 **	0.0118
误差	0.39	18	0.02		
总变异	4.32	29			

化学类型精油含量之间的差异达到极显著水平。说明就精油含量对化学类型进行选择，可以达到显著选择效果。

将樟树 3 种化学类型的精油含量进行差异显著性检验，结果表明（表 2-12）：脑樟和油樟之间的差异不显著，但两者与异樟之间的差异则均达到极显著水平。其中，脑樟精油含量最高，达 1.24%；油樟其次，为 1.18%；异樟最低，为 0.51%。脑樟和油樟的精油含量分别是异樟的 2.43 倍和 2.31 倍。说明就精油含量对 3 种化学类型进行选择，脑樟和油樟具有更高的生产力。

表 2-12 樟树 3 种化学类型间精油含量差异显著性检验表

化学类型	精油含量（%）	差异显著性水平	
		5%	1%
脑樟	1.24	a	A
油樟	1.18	a	A
异樟	0.51	b	B

（2）樟树 3 种化学类型内各样株间精油含量变化研究

将油樟、脑樟、异樟 3 种化学类型内不同样株之间的精油含量进行方差分析，结果见表 2-13。由表 2-10 和表 2-13 均可得知：樟树 3 种化学类型内单株间精油含量差异均达到极显著水平，说明就精油含量对类型内单株进行选择，可以获得理想的选择效果。

类型内样株间精油含量差异显著性检验结果进一步表明（表 2-14）：油樟 6 号样株平均精油含量最高，达 1.72%，该样株与其他样株之间的差异均达显著或极显著水平；其次为 4 号样株，该样株与 8 号和 2 号样株之间的差异达到极显著水平；之后为 5、9、1、7、3 和 10 号样株，它们之间的差异均不显著，与 2 号样株间的差异达到显著水平；8 号和 2 号样株的含量最低。若在油樟类型内就精油含量进行单株选择，6 号为首选样株，该样株精油含量是位列第二的 4 号样株的 1.23 倍，是含量最低的 2 号样株的 2.32 倍；其次是 4 号样株，其精油含量是 2 号样株的 1.89 倍。可见选择效果显著。

脑樟中精油含量最高的样株是 4 号，该样株与 6、1、3 号样株之间的差异达到较显著水平；与 5、9、2、10 号样株之间的差异达到显著水平；与 7、8 号样株间的差异则达到极显著水平。其次是 6 号样株，该样株与 1、3 号样株之间的差异不显著，与 5、9、2、10

表 2-13 樟树 3 种化学类型不同单株、不同部位精油含量方差分析表

化学类型	变异来源	平方和	自由度	均方	F 值	p 值
油樟	部位间	45.43	5	9.09	139.40 **	0.0001
	单株间	3.59	9	0.40	6.12 **	0.0001
	误差	2.93	45	0.065		
	总变异	51.96	59			
脑樟	部位间	41.91	5	8.38	141.30 **	0.0001
	单株间	2.09	9	0.23	3.91 **	0.0010
	误差	2.67	45	0.06		
	总变异	46.67	59			
异樟	部位间	8.00	5	1.60	96.15 **	0.0001
	单株间	0.80	9	0.09	5.35 **	0.0001
	误差	0.75	45	0.02		
	总变异	9.55	59			

号样株之间的差异较显著；与7、8号样株间的差异达到极显著水平。若在脑樟类型内就精油含量进行单株选择，4号为首选样株，该样株精油含量是6号样株的1.07倍，是含量最低的8号样株的1.65倍；其次是6号样株，其精油含量是8号样株的1.54倍。可见，在脑樟类型内对单株进行选择，也可获得显著选择效果。

表2-14　樟树3种化学类型不同单株间精油含量差异显著性检验表

化学型	样株号	样株精油含量（%）	差异显著性水平	
			5%	1%
油樟	6	1.72	a	A
	4	1.40	b	AB
	5	1.18	bc	BC
	9	1.18	bc	BC
	1	1.18	bc	BC
	7	1.16	bc	BC
	3	1.14	bc	BC
	10	1.14	bc	BC
	8	0.92	cd	C
	2	0.74	d	C
脑樟	4	1.53	a	A
	6	1.43	ab	A
	1	1.40	ab	AB
	3	1.39	ab	AB
	5	1.20	bc	ABC
	9	1.19	bc	ABC
	2	1.18	bc	ABC
	10	1.11	bc	ABC
	7	1.00	c	BC
	8	0.93	c	C
异樟	4	0.68	a	A
	3	0.65	a	AB
	9	0.59	ab	AB
	5	0.58	ab	AB
	2	0.52	ab	ABC
	1	0.51	ab	ABC
	6	0.48	bc	ABC
	7	0.45	bc	BC
	8	0.33	c	C
	10	0.32	c	C

异樟中精油含量最高的样株是4号和3号，其精油含量分别为0.68%和0.65%，两者之间差异不显著，与9、5、2、1号样株间差异较显著，与6、7号样株间的差异达显著水平，与8、10号样株间的差异达极显著水平。若在异樟类型内就精油含量进行单株选择，4号和3号为首选样株，其精油含量分别是含量最低的10号样株的2.13倍和2.03倍。

(3) 樟树3种化学类型不同部位间精油含量变化研究

将樟树3种化学类型，每种类型内6个部位的精油含量进行方差分析，结果见表2-15。表2-15表明，樟树3种化学类型所有参试样株的不同部位间，其精油含量之间的差异均达到极显著水平。说明若以精油含量为目标对有效部位进行筛选，可获得极显著选择效果。

表2-15 樟树不同化学类型和部位间精油含量方差分析表

变异来源	平方和	自由度	均方	F值	p值
化学类型间	1.95	2	0.97	8.09 **	0.0081
部位间	8.33	5	1.67	13.85 **	0.0003
误差	1.20	10	0.12		
总变异	11.48	17			

樟树3种化学类型内不同部位间精油含量差异显著性检验结果表明（表2-16）：①油樟6个部位中，主根、侧根和叶片3个部位精油含量之间的差异不显著，但这3个部位与树干、新枝和老枝3个部位之间的差异均达到极显著水平。此外，树干与新枝之间的差异较显著，与老枝之间的差异显著。就精油含量对油樟有效部位进行选择，主根、侧根和叶片3个部位最理想。主根精油含量是树干的4.53倍，是新枝的7.34倍，是老枝的11.83倍；叶片精油含量是树干的4.04倍，是新枝的6.55倍，是老枝的10.56倍。可见对有效部位进行选择，效果极其理想。②脑樟6个部位中，主根和侧根的精油含量最高，两者之间差异不显著；主根和侧根与叶片之间的差异达显著水平，与树干、新枝和老枝之间的差异达极显著水平；树干、新枝和老枝三者之间的差异不显著。就精油含量对脑樟有效部位进行选择，主根和侧根2个部位最理想，叶片其次。③异樟6个部位中，主根和侧根的精油含量最高，两者之间差异不显著，两者与其他4个部位之间的差异均达到极显著水平；

表2-16 樟树3种化学类型不同部位精油含量差异显著性检验表

化学类型	部位	精油含量（%）	差异显著性水平	
			5%	1%
油樟	主根	2.13	a	A
	侧根	2.09	a	A
	叶片	1.90	a	A
	树干	0.47	b	B
	新枝	0.29	bc	B
	老枝	0.18	c	B

（续）

化学类型	部位	精油含量（%）	差异显著性水平	
			5%	1%
脑樟	主根	2.23	a	A
	侧根	2.11	a	AB
	叶片	1.86	b	B
	树干	0.45	c	C
	新枝	0.41	c	C
	老枝	0.36	c	C
异樟	主根	1.03	a	A
	侧根	0.99	a	A
	叶片	0.45	b	B
	树干	0.29	c	C
	新枝	0.16	d	C
	老枝	0.15	d	C

其次是叶片，它与树干、新枝和老枝之间的差异均达到极显著水平；再次是树干，其与新枝和老枝之间的差异达到显著水平；新枝和老枝之间的差异不显著。就精油含量对异樟有效部位进行选择，主根和侧根 2 个部位最理想，叶片其次。

（4）樟树精油含量类型–单株–部位 3 个层次变化规律

将樟树 3 种化学类型精油含量的变异来源进行多因素方差分析，结果见表 2–17。由表 2–17 可知，类型间、单株间和部位间的差异均达到极显著水平。但 3 个变异层次对方差的贡献率差异极大，其中：部位间的差异对方差的贡献最大，占总变异的 65.26%，其次是化学类型间，其贡献率占总变异的 15.25%；3 个变异层次中贡献率最小的是类型内单株间，仅占总变异的 3.23%。即 3 个变异层次按其贡献率从大到小排序为：部位（65.26%）>类型（15.25%）>单株（3.23%）。

表 2–17　樟树化学类型、单株和部位间精油含量方差分析表

变异来源	平方和	自由度	各变异来源所占比重（%）	均方	F 值	p 值
化学类型间	19.47	2	15.25	9.74	238.35**	0.0001
单株间	4.12	9	3.23	0.46	11.19**	0.0001
部位间	83.31	5	65.26	16.66	407.92**	0.0001
化学类型×单株	2.37	18	1.86	0.13	3.22**	0.0001
化学类型×部位	12.03	10	9.42	1.20	29.46**	0.0001
单株×部位	2.68	45	2.10	0.06	1.46	0.0663
误差	3.68	90	2.88	0.04		
总变异	127.65	179				

由表2-17还可看出，类型、单株、部位3个变异层次之间，化学类型×单株、化学类型×部位还存在着极显著的交互作用，单株×部位的交互作用较显著，三者的方差贡献率分别占总变异的1.86%、9.42%和2.10%。说明3个层次的精油含量均不是独立遗传的，且化学类型×部位的交互作用对总变异的贡献达9.42%，位居所有变异的第3位。若对类型、部位进行联合选择，可以获得约90%的变异，说明类型、部位及其交互作用是主要变异来源，是获取变异的关键所在。

2.2.2 樟树3种化学类型生长量-生物量-精油含量关联分析

2.2.2.1 试验材料与方法

（1）试验材料

从江西省林业科学院樟树基因库5年生植株中，通过闻香法分出油樟、脑樟和异樟3种化学类型，每个化学类型随机选择10株作为试验样株。

（2）试验方法

数据采集：分别测定3种化学型每种化学型10株样株的树高、冠幅、地径等生长性状。将每株样株整株挖出，深度为根系分布所达范围，根系用清水洗净后晾干表面水分后，将每株样株分别叶、新枝、老枝、树干、主根、侧根6个部位，用精度为0.001g的天平分别称取其生物量。采用水蒸气蒸馏法提取各部位精油，计算其精油含量。

相关分析方法：采用SPSS 17.0统计分析软件中的相关分析程序进行各性状线性相关分析。

2.2.2.2 试验结果与分析

（1）生长性状与各部位生物量相关分析

将油樟、脑樟、异樟3种化学类型各样株树高、地径、冠幅3种生长性状观测值与其对应的叶、新枝、老枝、树干、主根和侧根6个部位的生物量测定值进行相关分析，相关系数见表2-18。

由表2-18可知，油樟、脑樟、异樟3种化学类型的树高、冠幅和地径与6个部位生物量之间存在不同程度的相关关系，说明生长性状共同影响着生物量。3种化学型的树高和冠幅与生物量之间的相关未达到显著水平，但不同化学类型其相关性表现出差异。油樟、脑樟2种化学类型的树高与生物量的相关关系均不密切，冠幅与生物量的相关关系则较密切，其中油樟冠幅与叶片、主根和侧根较密切，脑樟冠幅与各部位生物量均较密切。而异樟冠幅与生物量的相关性极小，树高与各部位生物量的相关关系均较密切。3种化学型的地径与6个部位生物量之间的相关均为极显著，油樟、脑樟和异樟6个部位（叶片、新枝、老枝、树干、主根和侧根）生物量与地径的相关系数分别为0.89、0.84、0.85、0.79、0.74、0.77，0.81、0.77、0.80、0.75、0.85、0.79，0.87、0.85、0.71、0.78、0.87、0.83。

（2）生长性状与各部位精油含量相关分析

将油樟、脑樟、异樟3种化学类型各样株树高、地径、冠幅等生长性状观测值与其对应的6个部位的精油含量测定值进行相关分析，结果见表2-19。

表2-18　3种化学类型生长性状与各部位生物量的相关系数

化学类型	生长性状	各部位生物量					
		叶片	新枝	老枝	树干	主根	侧根
油樟	树高	-0.02	-0.08	-0.15	-0.14	-0.26	-0.21
	冠幅	0.52	0.21	0.38	0.12	0.51	0.54
	地径	0.89**	0.84**	0.85**	0.79**	0.74**	0.77**
脑樟	树高	-0.19	-0.2	-0.19	-0.21	-0.15	-0.19
	冠幅	0.45	0.47	0.44	0.47	0.39	0.42
	地径	0.81**	0.77**	0.80**	0.75**	0.85**	0.79**
异樟	树高	0.45	0.39	0.46	0.28	0.45	0.42
	冠幅	0.06	0.08	-0.09	-0.01	0.06	0.05
	地径	0.87**	0.85**	0.71**	0.78**	0.87**	0.83**

表2-19　3种化学类型生长性状与各部位精油含量的相关系数

化学类型	生长性状	各部位精油含量					
		叶片	新枝	老枝	树干	主根	侧根
油樟	树高	-0.08	-0.01	0.34	-0.01	-0.05	-0.10
	冠幅	0.31	0.18	-0.02	0.23	0.30	0.34
	地径	0.70*	0.43	0.32	0.68*	0.49	0.71*
脑樟	树高	0.07	-0.03	0.01	0.12	0.14	-0.60
	冠幅	0.27	0.20	0.21	0.33	0.33	-0.55
	地径	0.11	0.01	0.10	0.12	0.10	-0.16
异樟	树高	0.83**	0.72*	0.79**	0.49	0.56	0.71*
	冠幅	0.40	0.05	0.45	0.32	-0.12	0.09
	地径	0.52	0.64*	0.72*	0.24	0.49	0.66*

由表2-19可知，3种化学类型生长性状与各部位精油含量的相关性存在较大差异。油樟类型生长性状中，树高、冠幅2个性状与6个部位的精油含量相关均不密切，只有地径与叶片、树干和侧根的精油含量呈显著的线性正相关关系，说明油樟类型地径生长量对这3个部位的精油含量起重要决定作用。脑樟类型的3种生长性状与6个部位精油含量之间的线性相关关系均不显著，说明脑樟生长性状与各部位精油含量可能是独立遗传的性状。异樟3种生长性状中，冠幅与6个部位的精油含量均不相关；树高与叶片、新枝、老枝和侧根4个部位的精油含量则呈显著或极显著正相关关系；地径与新枝、老枝和侧根的精油含量也呈显著正相关关系，说明异樟树高、地径生长量在很大程度上决定着叶片、侧枝和根系中的精油含量。

(3) 各部位生物量与其精油含量相关分析

将油樟、脑樟、异樟3种化学类型各样株6个部位的生物量与其精油含量的测定值进行相关分析，结果见表2-20。

表2-20　3种化学类型各部位生物量与其精油含量的相关系数

化学类型	各部位生物量	各部位精油含量					
		叶片	新枝	老枝	树干	主根	侧根
油樟	叶片	0.88**	0.66*	0.56	0.86**	0.64*	0.89**
	新枝	0.64*	0.49	0.33	0.63*	0.27	0.63*
	老枝	0.62*	0.34	0.15	0.60	0.51	0.63*
	树干	0.51	0.34	0.29	0.51	0.17	0.50
	主根	0.38	0.17	-0.16	0.29	0.06	0.38
	侧根	0.45	0.24	-0.01	0.39	0.17	0.46
脑樟	叶片	0.28	0.26	0.33	0.27	0.23	0.22
	新枝	0.31	0.29	0.36	0.30	0.26	0.23
	老枝	0.31	0.28	0.35	0.30	0.25	0.23
	树干	0.34	0.32	0.39	0.32	0.30	0.24
	主根	0.26	0.20	0.27	0.26	0.19	0.22
	侧根	0.34	0.27	0.33	0.33	0.26	0.28
异樟	叶片	0.44	0.72*	0.74**	0.31	0.52	0.75**
	新枝	0.40	0.66*	0.69*	0.20	0.51	0.71*
	老枝	0.49	0.79**	0.58	0.22	0.81**	0.82**
	树干	0.35	0.60	0.58	0.30	0.52	0.65*
	主根	0.44	0.72*	0.74**	0.31	0.52	0.75**
	侧根	0.44	0.72*	0.74**	0.37	0.51	0.75**

由表2-20可知，3种化学类型各部位生物量与其精油含量之间的相关关系存在较大差异。其中：油樟叶片生物量与6个部位精油含量均相关密切，除与老枝的相关系数较显著外，其他均达到显著或极显著水平，说明油樟叶片的生长状态决定着各部位精油含量的高低；其次是新枝和老枝的生物量与叶片、树干和侧根3个部位的精油含量相关密切，均达到较显著或显著水平；而树干、主根、侧根3个部位的生物量与6个部位的精油含量相关均不密切。脑樟6个部位生物量与其精油含量之间的相关系数均未达到显著性水平，说明脑樟各部位生物量与精油含量可能是独立遗传的性状，这与前述脑樟生长性状与精油含量之间的分析结果一致。异樟6个部位生物量与新枝、老枝和侧根3个部位的精油含量均相关密切，达到较显著至极显著水平；而与叶片、树干和主根精油含量之间，除老枝生物量与主根精油含量显著相关外，其余相关系数均未达到显著水平。

(4) 各部位精油含量相关分析

由表2-21可知，油樟6个部位精油含量中，叶片与其余5个部位之间均呈极显著的正相关关系，其中尤其与树干和侧根2个部位完全相关，决定系数（R^2）分别达到0.98和1.00，与新枝密切相关，决定系数达到0.81。此外，新枝与老枝、树干、侧根呈极显著正相关，决定系数在0.71以上；老枝与树干、侧根之间，树干与主根、侧根之间，主根与侧根之间均呈极显著正相关，且决定系数在0.55以上。综上可知，用叶片精油含量来间接估算油樟新枝、树干和侧根精油含量，其可靠性可达80%以上，估算老枝和主根精油含量的可靠性约为56%。

由表2-21可以看出，脑樟6个部位精油含量中，叶片精油含量与新枝、老枝、树干和主根4个部位精油含量之间均呈极显著的正相关关系，其中尤其与树干和主根2个部位相关紧密，决定系数分别达到0.98和0.92，与新枝和老枝的决定系数分别达到0.86和0.83。此外，新枝与老枝、树干、主根之间，老枝与树干、主根之间及树干与主根之间均呈极显著正相关，决定系数在0.77~0.98之间。而脑樟侧根精油含量与其他部位精油之间的线性相关关系均不显著，与油樟的研究结果完全相反。综上可知，脑樟化学类型用叶片精油含量来间接估算新枝、老枝、树干和主根4个部位的精油含量，其可靠性可达83%以上。

异樟6个部位精油含量中，叶片精油含量与其他5个部位精油含量之间均呈极显著的正相关，决定系数为0.38~0.64。此外，异樟新枝与老枝、主根和侧根之间，老枝与侧根之间及主根与侧根之间均呈极显著正相关，决定系数在0.77~0.98之间，其中尤以新枝与老枝、主根和侧根相关紧密，决定系数在0.68~0.98。综上可知，异樟化学类型用叶片精油含量来间接估算新枝、老枝、树干、主根和侧根5个部位的精油含量，或用新枝精油含量来估算老枝、主根和侧根精油含量，均具有极重要的决定意义。

将油樟、脑樟、异樟3种化学类型共30株样株分别6个部位的精油含量进行线性相关分析，其相关系数 r 和决定系数 R^2 分别见表2-22右上角和左下角。

表2-21　3种化学类型各部位精油含量相关系数及决定系数表

化学类型	部位	叶片	新枝	老枝	树干	主根	侧根
油樟	叶片	1	0.90**	0.75**	0.99**	0.75**	1.00**
	新枝	0.81	1	0.84**	0.89**	0.54	0.89**
	老枝	0.56	0.71	1	0.81**	0.56	0.74**
	树干	0.98	0.79	0.66	1	0.78**	0.99**
	主根	0.56	0.29	0.31	0.61	1	0.76**
	侧根	1.00	0.79	0.55	0.98	0.58	1
脑樟	叶片	1	0.93**	0.91**	0.99**	0.96**	0.25
	新枝	0.86	1	0.99**	0.91**	0.93**	0.28
	老枝	0.83	0.98	1	0.88**	0.92**	0.29
	树干	0.98	0.83	0.77	1	0.95**	0.18
	主根	0.92	0.86	0.85	0.90	1	0.09
	侧根	0.06	0.08	0.08	0.03	0.01	1

（续）

化学类型	部位	叶片	新枝	老枝	树干	主根	侧根
异樟	叶片	1	0.75**	0.76**	0.68*	0.62*	0.80**
	新枝	0.56**	1	0.83**	0.39	0.88**	0.99**
	老枝	0.58**	0.69**	1	0.56	0.52	0.85**
	树干	0.46*	0.15	0.31	1	0.19	0.46
	主根	0.14	0.77**	0.27	0.04	1	0.87**
	侧根	0.64**	0.98**	0.72**	0.21	0.76**	1

注：表中右上角数据为相关系数；左下角为决定系数。

由表2-22右上角可知，6个部位精油含量之间均存在着极显著的线性相关关系，说明用其中一个部位的精油含量来预测其他部位的精油含量，均有较大的可靠性。但是，选择适宜于预测其他部位精油含量的有效部位，则显得至关重要，其条件至少需满足如下两方面要求：一是预测的可靠性强，二是取样测定经济、便捷。基于这两点，由表2-22左下角不难看出，叶片是预测新枝、树干、主根和侧根精油含量的最佳选择对象，其决定系数分别达到71.4%、85.9%、85.9%和81.4%；新枝是预测老枝精油含量的最佳部位，其决定系数达到85.6%。这一研究结果为樟树以精油利用为目标的优良品系的选育提供了科学依据。

表2-22　3种化学类型6个部位精油含量相关系数及决定系数表

部位	叶片	新枝	老枝	树干	主根	侧根
叶片	1	0.845**	0.640**	0.927**	0.927**	0.902**
新枝	0.714	1	0.925**	0.755**	0.839**	0.787**
老枝	0.410	0.856	1	0.605**	0.672**	0.609**
树干	0.859	0.570	0.366	1	0.878**	0.822**
主根	0.859	0.704	0.452	0.771	1	0.836**
侧根	0.814	0.619	0.381	0.676	0.699	1

注：右上角数据为相关系数；左下角为决定系数。

2.2.2.3　小结

樟树3种化学类型6个部位生物量与生长性状相关分析结果表明，6个部位生物量与地径之间的相关系数达到极显著水平，说明樟树3种化学类型各植株的地径生长量对各部位生物量的形成起着重要决定作用。

通过分析6个部位精油含量与生长性状的相关性发现，油樟叶片、树干和侧根的精油含量与地径呈显著的线性正相关关系，异樟新枝、老枝和侧根的精油含量与树高、地径呈显著或极显著正相关关系，而脑樟各部位精油含量与生长性状相关性未达到显著水平，可能是因为脑樟各部位精油含量与生长性状是独立遗传的性状。

樟树3种化学类型6个部位生物量与其精油含量的相关关系存在极大差异。油樟的相关特性表现在个别部位的生物量与多个部位或全部6个部位的精油含量显著或极显著相关，如叶片生物量与6个部位的精油含量均显著相关；新枝和老枝生物量均与叶片、树干和侧根3个部位的精油含量显著相关。异樟的相关特性表现为6个部位的生物量与某些部位的精油含量显著相关，主要表现在6个部位生物量与新枝、老枝和侧根3个部位的精油含量显著相关。而脑樟则表现为6个部位生物量与其精油含量均不相关。

本研究结果显示，樟树不同化学类型植株生长性状、各部位生物量及其精油含量的相关关系存在较大差异，这为樟树不同化学类型的良种选育策略和途径的选择提供了新思路。但由于本研究受样本数量的限制，研究结果还有待进一步验证。

2.2.3 樟树3种化学型类型-单株-部位精油含量空间变化规律研究

以樟树6个部位为横坐标，以每株样株各部位的精油含量为纵坐标，将樟树3种化学类型共30株样株、每化学类型10株样株分别6个部位的精油含量做成图2-2。由图2-2A可知，樟树3种化学类型共30株样株6个部位的精油含量，从形态学上端到形态学下端，总体上呈两端（叶和根）高、中间（新枝、老枝、树干）低的U形变化趋势，其中新枝、老枝和树干3个部位处于U形的底部。

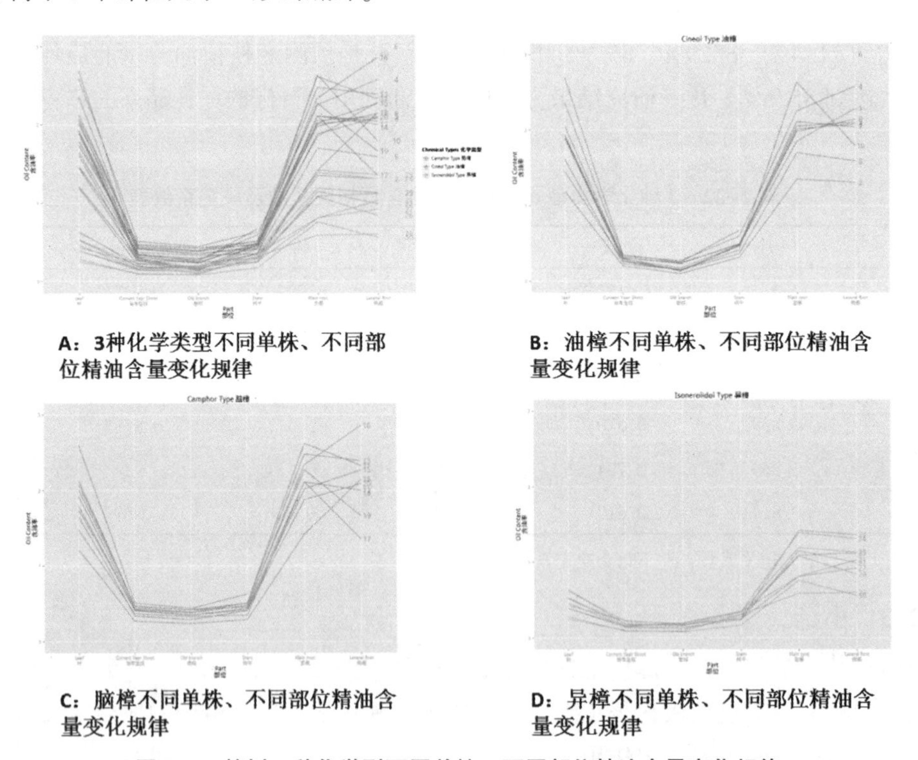

A：3种化学类型不同单株、不同部位精油含量变化规律

B：油樟不同单株、不同部位精油含量变化规律

C：脑樟不同单株、不同部位精油含量变化规律

D：异樟不同单株、不同部位精油含量变化规律

图2-2 樟树3种化学型不同单株、不同部位精油含量变化规律

将3种化学类型各10株样株6个部位的精油含量变化图进一步拆分，可以更清楚地看出，油樟（图2-2B）和脑樟（图2-2C）各部位精油含量呈典型的U形变化，且这两种化学类型叶和根中的精油含量接近，U形的两边基本持平。而异樟化学类型（图2-2D）6个部位精油含量的变化则更像勺的侧面图，新枝、老枝和树干3个部位的精油含量最低，处于勺的底部，主根和侧根相当于勺的手柄，而叶片则相当于勺的先端边沿，高于底部，

低于柄部。其原因在于异樟叶片的精油含量远低于主根和侧根，这也是异樟特有的变异规律。

2.2.4 结论与讨论

樟树自古以来就与人们的衣、食、住、行紧密相关，其根、茎、枝、叶精油中因富含香料和药用成分而备受人们青睐；其木材质地优良，富含芳香物质，既芳香怡人，又具有驱虫杀菌的功效，因而又成为家居中床、桌、椅、箱、橱、柜等随处可见的家常珍贵物品；千年以上古樟树所承载和见证的世代更替和人文故事，亦是数不胜数，通常都是文明古村的风水林或护村林，江西的安福县就有“有村必有樟，无樟不成村”的形象比喻。

随着研究手段和研究方法的改进，人们逐渐发现樟树枝叶精油中所含主成分存在很大的不同，并根据利用目标的不同，进行化学类型的划分和分类经营。然而，有关樟树精油含量的报道，或不分化学类型一概而论，或即便分化学类型但不分单株、部位而论，使得不同试验者得出的结果相差很大。为此，本研究较系统地开展了樟树油樟、脑樟、异樟3种化学类型和同一类型不同单株、同一单株不同部位精油含量的比较及其变化规律研究，旨在探讨类型间、单株间和部位间精油含量的差异性及其变化规律，为樟树以精油利用为目标的育种策略制订、优良品系选育和有效部位选择提供科学依据。

研究结果表明：①油樟、脑樟、异樟3种化学类型间精油含量之间的差异达到极显著水平，其中油樟和脑樟类型精油含量高，且两者之间差异不显著；但两者与异樟类型之间的差异均达到极显著水平。②3种化学类型单株间精油含量存在极显著差异，说明在类型间或类型内进行单株选择，均可获得理想的选择效果。③樟树3种化学类型不同部位间，其精油含量均存在极显著差异，说明就精油含量而言，有效利用部位的选择至关重要。④在类型、单株、部位3种变异因素中，按其对总变异的贡献由大到小排序为：部位(65.26%)>化学类型(15.25%)>单株(3.23%)；此外，化学类型×单株、化学类型×部位还存在着极显著的交互作用，单株×部位的交互作用较显著，说明类型、单株、部位3个层次精油含量的变异均不是独立遗传的；部位、类型及其交互作用对总变异的贡献约占90%，可见这2个层次是获取变异的关键所在。就精油含量对化学类型和部位进行联合选择，可以获得理想选择效果。此外，我们还认为，在论及樟树精油含量这一概念时，至少需同时说明其化学类型和采集部位。⑤6个部位精油含量之间均存在着极显著的线性相关关系；以叶片精油含量来预测新枝、树干、主根和侧根的精油含量，其决定系数R^2分别达到71.4%，85.9%，85.9%和81.4%。鉴于目前以精油利用为目标的原料林培育通常采用矮林作业方式，采集当年生枝、叶作为精油提取原料，因此，以叶片中的精油含量作为预测和评价指标，具有可靠和经济便捷的优点，既有理论指导意义，又有实践作用。⑥樟树3种化学类型精油含量在6个部位中的变化，从形态学上端到形态学下端，油樟和脑樟均呈典型的U形变化规律，异樟则呈横的S形或勺形变化。

本研究可为以精油利用为目标的选育策略和优良品系选择方法的制订提供科学依据。

2.3 樟树3种化学类型不同部位精油成分及其含量变化研究

油樟、脑樟、异樟3种化学类型是樟树中具有重要利用价值和良好利用前景的化学类型，因其叶精油中富含1,8-桉叶油素、樟脑、异-橙花叔醇而得名。本研究旨在从精油科学利用的目的出发，系统研究3种化学类型不同部位精油含量、精油中主成分含量差异及其变化规律，为定向选育、原料基地的高效培育、化学成分的精准利用提供科学依据和实践指导。

2.3.1 试验材料与方法

2.3.1.1 试验材料

以油樟、脑樟、异樟3种化学类型分叶、新枝、老枝、树干、主根、侧根6个部位提取的精油作为本试验材料。

2.3.1.2 试验方法

（1）精油成分检测方法

利用Perkin Elmer Clarus 680型气相色谱-质谱联用仪，检测各精油样品的化学成分组成及含量。

（2）精油成分组成及含量测定条件

Elite-5MS，规格：30m× 0.25mm×0.25μm。色谱条件：进样口温度280℃，柱温50℃保持2min，以3℃/min升至180℃，保持2min，再以8℃/min升至240℃保持5min，共运行60min。载气为He，流速1.0mL/min，进样量0.5μL，分流比10：1。

质谱条件：EI-MS，EI离子源温度180℃，接口温度260℃，扫描范围（*m/z*）50~620。

（3）精油成分分析样品制备

精油混合样品的制备：将各化学类型的10株样株同一部位提取的精油，用移液器等量吸取并充分混合后，作为该化学类型、该部位成分分析测定的试验样品，用于进行GC-MS检测。

各样株各部位精油样品的制备：将各化学类型、各样株、各部位提取的精油，作为化学成分GC-MS检测的分析样品。

（4）数据处理及质谱检索

采用Nist谱库、保留指数法、文献检索和人工解析等联合方法，鉴定、确认各成分，利用峰面积归一法计算出各成分相对百分含量。

2.3.2 试验结果与分析

2.3.2.1 3种化学类型不同部位精油成分种类及其含量比较分析

（1）油樟不同部位精油成分组成及其含量

油樟叶、新枝、老枝、树干、主根和侧根6个部位精油成分检测的总离子流图见图2-3至图2-8。经检索、解析和文献查对，从6个部位精油中共鉴定出55种化学成分，各部位鉴定出的成分种类分别为41、37、37、27、31和31种（表2-23），其含量分别占该部位精油总量的91.21%、88.88%、90.04%、87.83%、95.14%和93.60%。

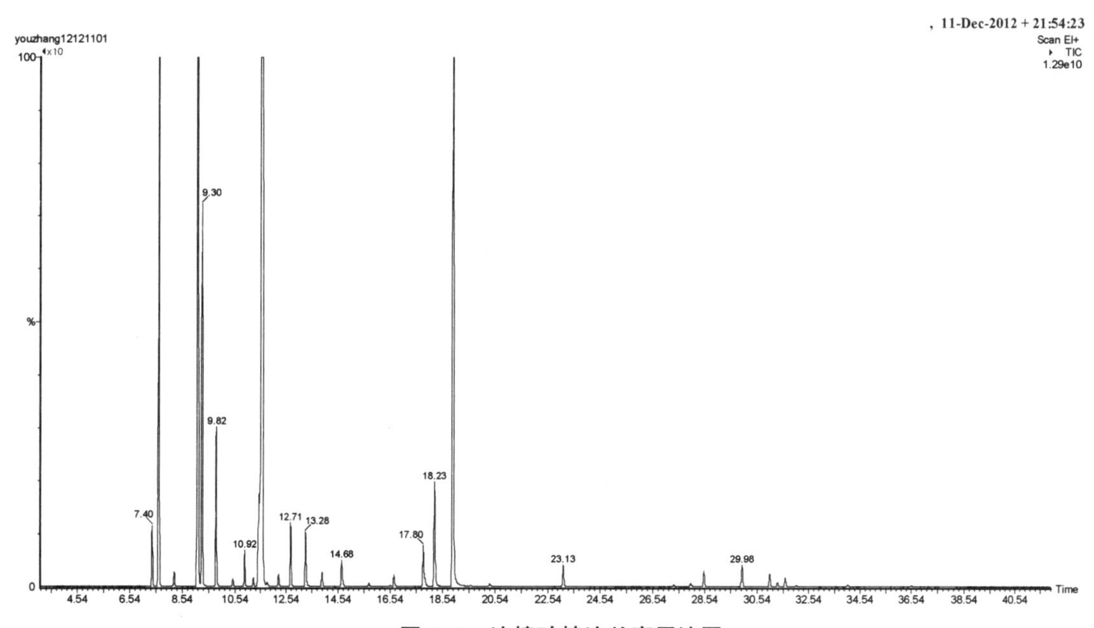

图 2-3　油樟叶精油总离子流图

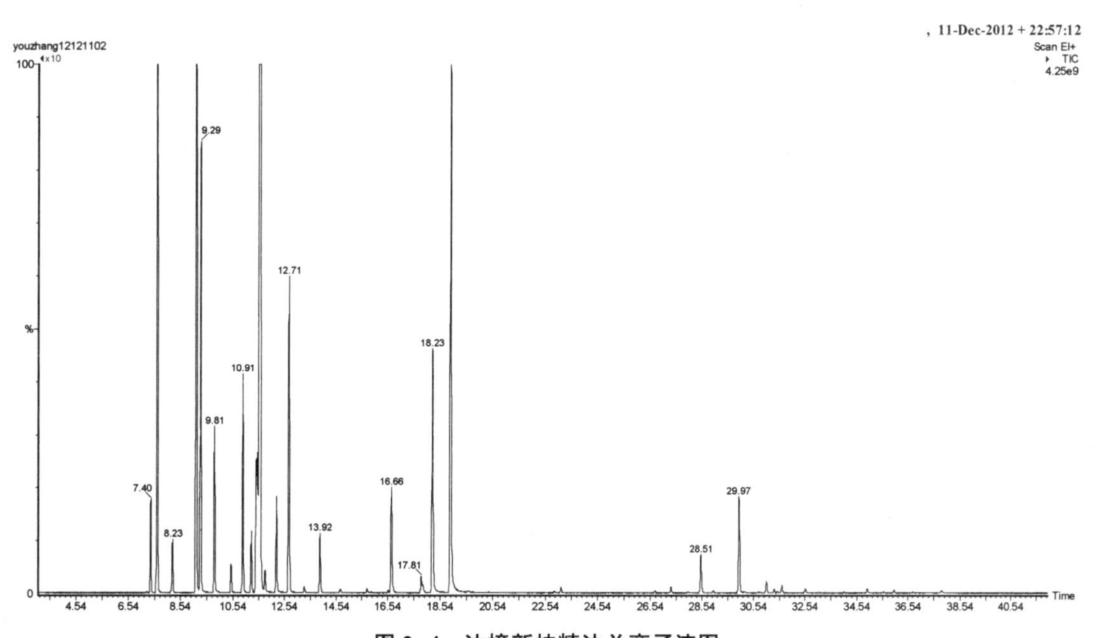

图 2-4　油樟新枝精油总离子流图

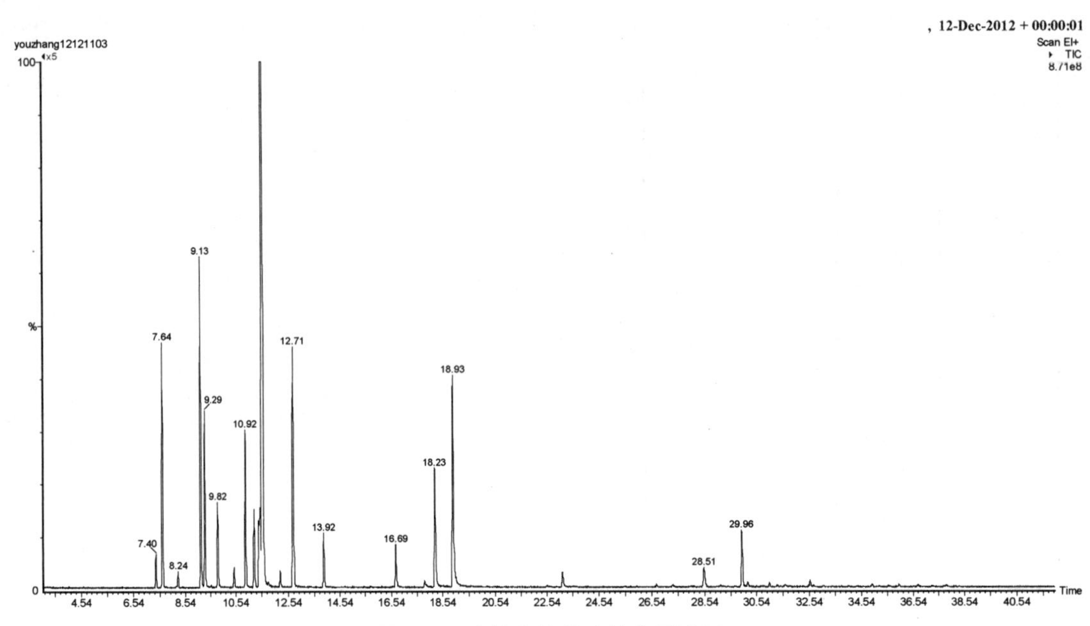

图 2-5　油樟老枝精油总离子流图

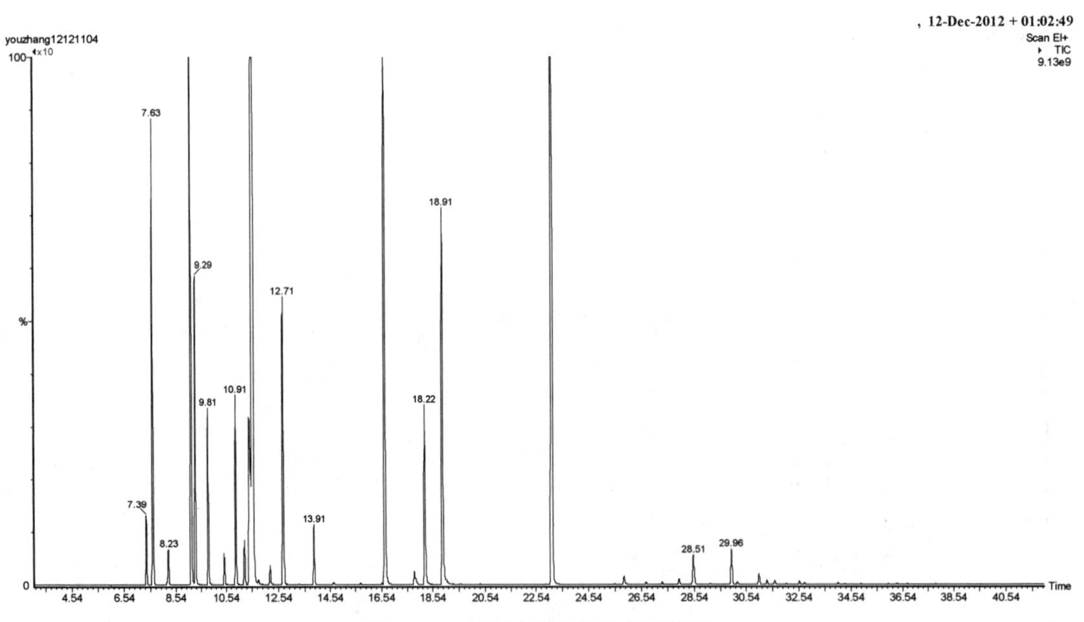

图 2-6　油樟树干精油总离子流图

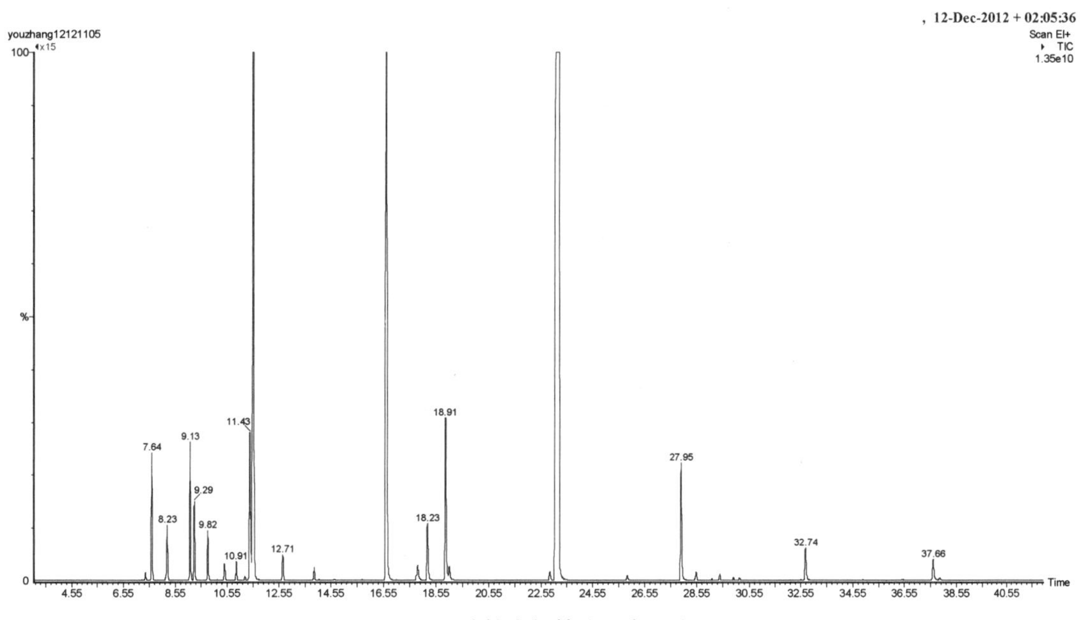

图 2-7 油樟主根精油总离子流图

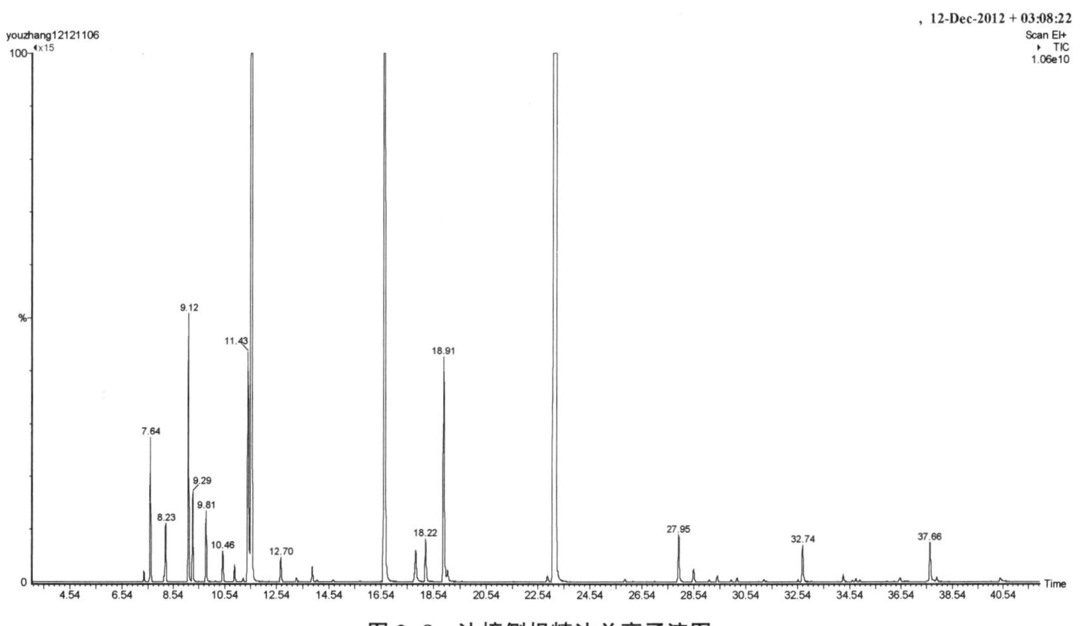

图 2-8 油樟侧根精油总离子流图

表 2-23　油樟不同部位精油成分及其含量测定结果

编号	化学物名称	中文名	相对含量（%）					
			叶	新枝	老枝	树干	主根	侧根
1	α-Phellandrene	α-水芹烯	0.01	0.24	0.31	—	0.22	0.18
2	α-Pinene	α-蒎烯	2.81	2.77	2.67	1.37	0.36	0.43
3	Camphene	莰烯	0.15	0.17	0.22	0.25	0.03	0.03
4	β-Phellandrene	β-水芹烯	9.21	4.41	2.42	1.23	0.42	0.29
5	β-Pinene	β-蒎烯	3.01	3.36	3.51	2.35	0.29	0.33
6	3-Thujene	3-侧柏烯	0.03	0.17	0.33	—	—	—
7	γ-Terpinene	γ-萜品烯	0.88	2.65	2.35	2.01	1.03	0.84
8	P-Cymene	对伞花烃	0.27	1.13	2.39	0.85	0.31	0.23
9	β-Thujene	β-侧柏烯	1.19	1.32	2.16	0.89	0.34	0.27
10	1，8-Cineole	1,8-桉叶油素	54.03	51.11	50.52	42.81	6.02	5.90
11	Ocimene	罗勒烯	0.05	0.24	0.19	0.37	—	—
12	Cis-4-thujanol	顺式-4-侧柏醇	0.64	—	—	—	—	—
13	Terpinolene	萜品油烯	0.01	0.25	0.27	0.45	0.11	0.09
14	Linalool	芳樟醇	0.03	0.31	0.28	—	0.01	0.00
15	Guaia-3，9-diene	愈创木-3，9-二烯	—	—	—	—	0.07	0.20
16	Sabinene	桧烯	0.02	0.00	0.05	0.33	0.14	0.20
17	Camphor	樟脑	1.05	1.98	3.09	6.07	5.42	5.11
18	α-Terpineol	α-松油醇	11.03	9.14	7.52	4.24	2.04	1.73
19	4-Terpineol	4-萜品醇	1.33	2.45	2.36	1.66	0.67	0.59
20	Trans-piperitol	反式薄荷醇	0.32	0.46	0.29	0.38	—	—
21	Nerol	橙花醇	0.03	—	—	—	—	—
22	Citral	柠檬醛	0.03	—	—	—	—	—

（续）

编号	化学物名称	中文名	相对含量（%）					
			叶	新枝	老枝	树干	主根	侧根
23	unclecane	十一烷	0.29	—	—	—	—	—
24	Trans-4-thujanol	反式-4-侧柏醇	0.00	—	—	—	—	—
25	2-Cyclohexen-l-ol，3-methyl -6-（1-methylethyl）-，trans-	3-甲基-6-（1-甲基），2-环己烯-1-醇	0.05	0.12	0.07	—	0.09	0.07
26	Isobornyl acetate	乙酸异龙脑酯	0.26	0.11	0.24	—	—	—
27	Safrole	黄樟油素	0.71	2.02	3.09	18.77	76.12	75.33
28	Elixene	甘香烯	0.33	0.26	0.18	0.31	—	—
29	β-Elemene	β-榄香烯	0.02	0.02	0.00	0.03	—	—
30	α-Carophyllene	α-石竹烯	0.56	1.25	2.07	1.02	0.51	0.28
31	Elemene	榄香烯	0.28	0.24	0.22	0.21	—	—
32	Germacrene D	大根香叶烯 D	0.14	0.06	0.13	—	—	—
33	β-Eudesmene	β-桉叶烯	0.57	0.33	0.32	—	—	—
34	Cadinene	杜松烯	0.18	0.27	0.36	0.41	0.02	0.03
35	γ-Elemol	γ-榄香醇	0.06	0.06	0.11	—	—	—
36	Iso-nerolidol	异-橙花叔醇	0.25	—	—	—	0.16	0.13
37	Spatulenol	匙叶桉油烯醇	0.41	0.37	0.33	—	0.11	0.12
38	Isocarophyllene	异石竹烯	0.11	0.26	0.26	0.37	—	—
39	1（5）-guaien-11-ol	1（5）-愈创木烯-11-醇	0.05	0.07	0.13	—	—	—
40	α-humulene epoxide II	α-环氧葎草烯 II	0.24	0.22	0.19	—	—	—
41	3-methyl-2-butenoic acidisobornyl ester	3-甲基-2-丁烯酸异龙脑酯	0.35	—	—	—	—	—
42	L-camphor	左旋樟脑	0.22	0.26	0.29	0.31	—	—
43	β-trans-ocimene	β-反式-罗勒烯	—	0.41	0.57	—	—	—

（续）

编号	化学物名称	中文名	相对含量（%）					
			叶	新枝	老枝	树干	主根	侧根
44	4-carene	4-蒈烯	—	0.31	0.41	0.41	—	—
45	Isoledene	异喇叭茶烯	—	0.08	0.14	—	0.05	0.05
46	Eugenol	丁香酚	—	—	—	0.27	—	—
47	α-Selinene	α-芹子烯	—	—	—	0.29	—	—
48	β-Santalene	檀香烯	—	—	—	0.17	0.12	0.23
49	Limonene	柠檬烯	—	—	—	—	0.13	0.30
50	Borneol	龙脑	—	—	—	—	0.01	0.03
51	Bornyl acetate	乙酸龙脑酯	—	—	—	—	0.11	0.26
52	Methyleugenol	丁香酚甲醚	—	—	—	—	0.04	0.04
53	Myristicin	肉豆蔻醚	—	—	—	—	0.10	0.23
54	Caryophyllene oxide	氧化石竹烯	—	—	—	—	0.09	0.11
55	E-Farnesene epoxide	E-环氧金合欢烯	—	—	—	—	0.00	0.04
合计	Total　55种		41种	37种	37种	27种	31种	31种

注："—"表示未检测到。

（2）脑樟不同部位精油成分组成及其含量

脑樟叶、新枝、老枝、树干、主根和侧根6个部位精油成分检测的总离子流图见图2-9至图2-14。经检索、解析和文献查对，从6个部位精油中共鉴定出60种化学成分，其中从各部位精油中鉴定出的化学成分种类分别为46、43、44、29、25和25种（表2-24），其含量分别占该部位精油总量的90.48%、89.44%、89.70%、95.27%、89.91%和88.21%。

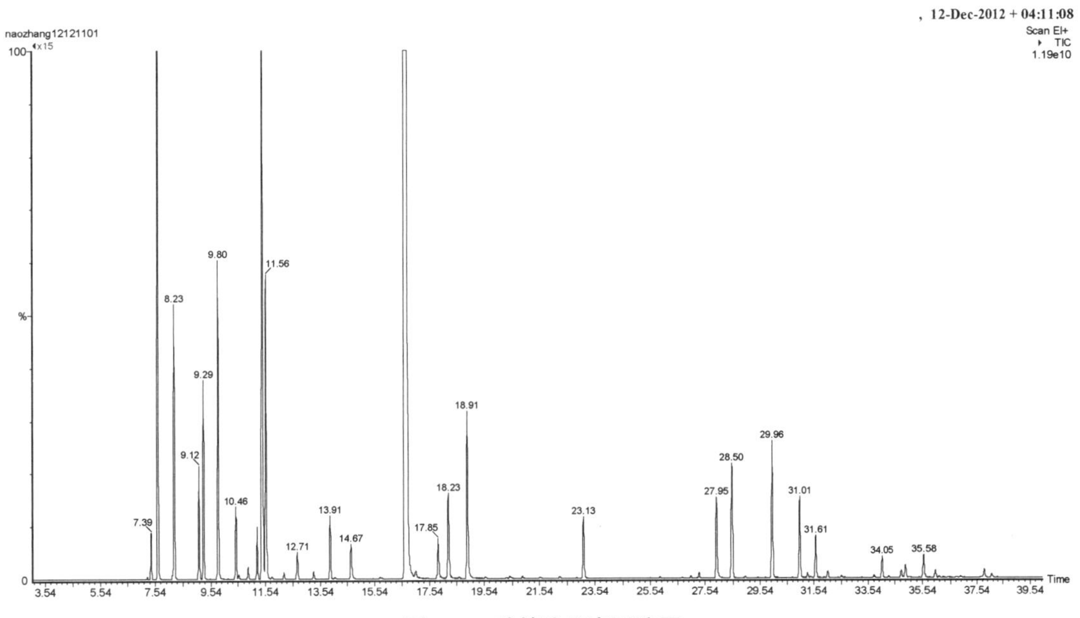

图2-9 叶精油总离子流图

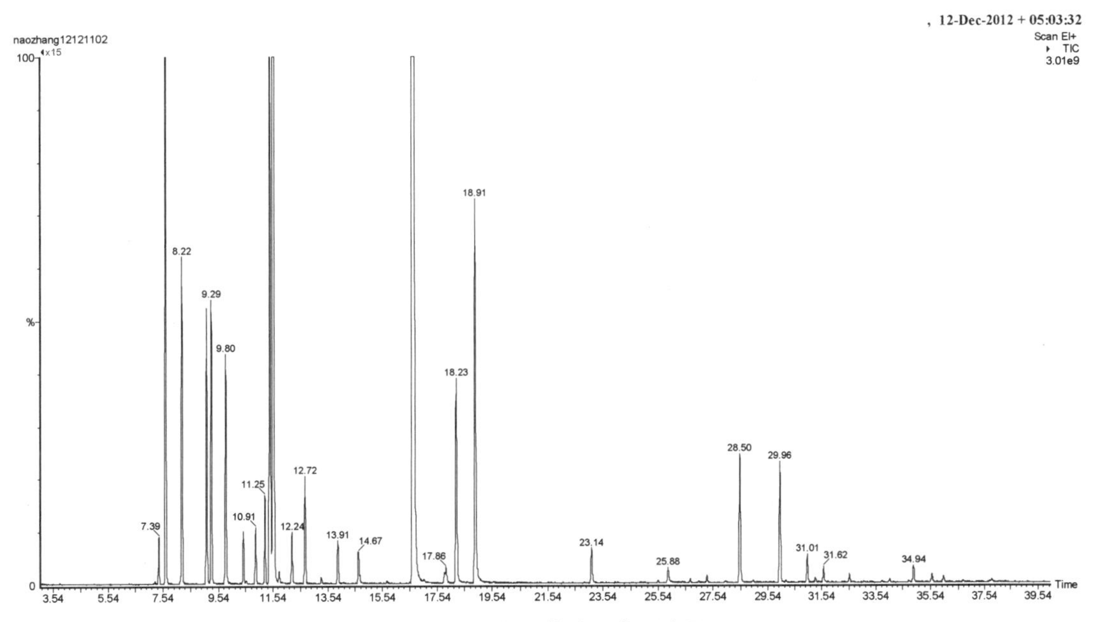

图2-10 新枝精油总离子流图

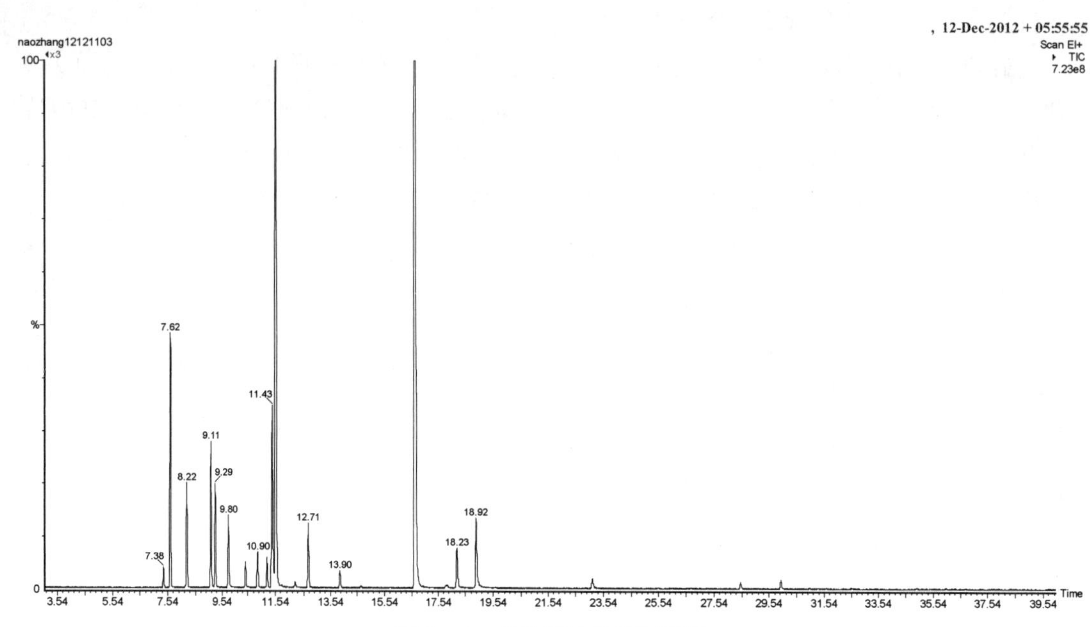

图 2-11　老枝精油总离子流图

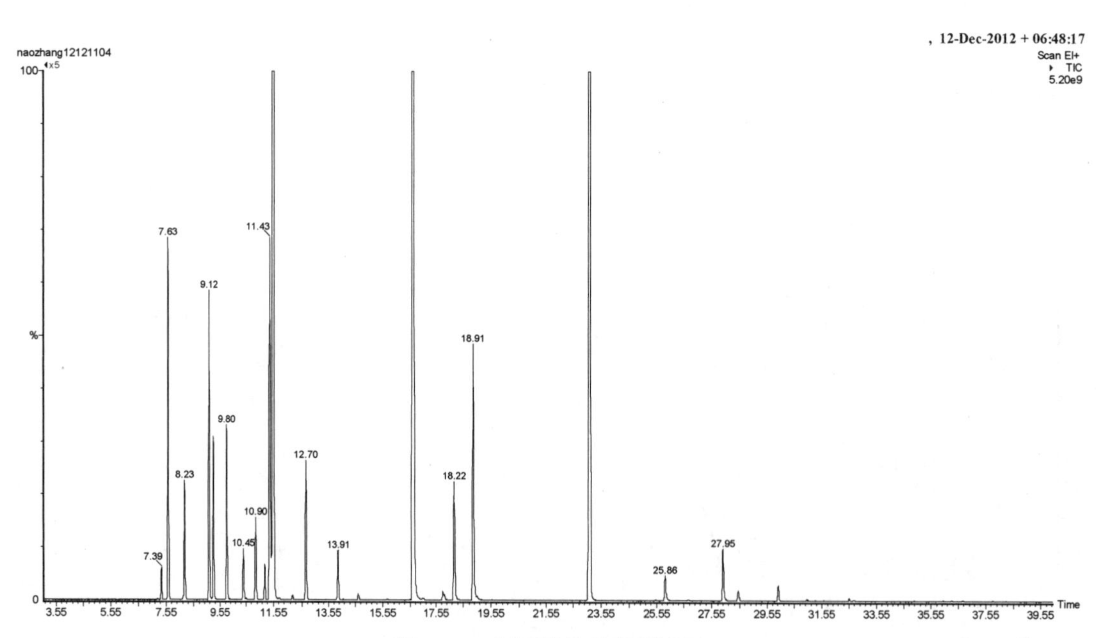

图 2-12　树干精油总离子流图

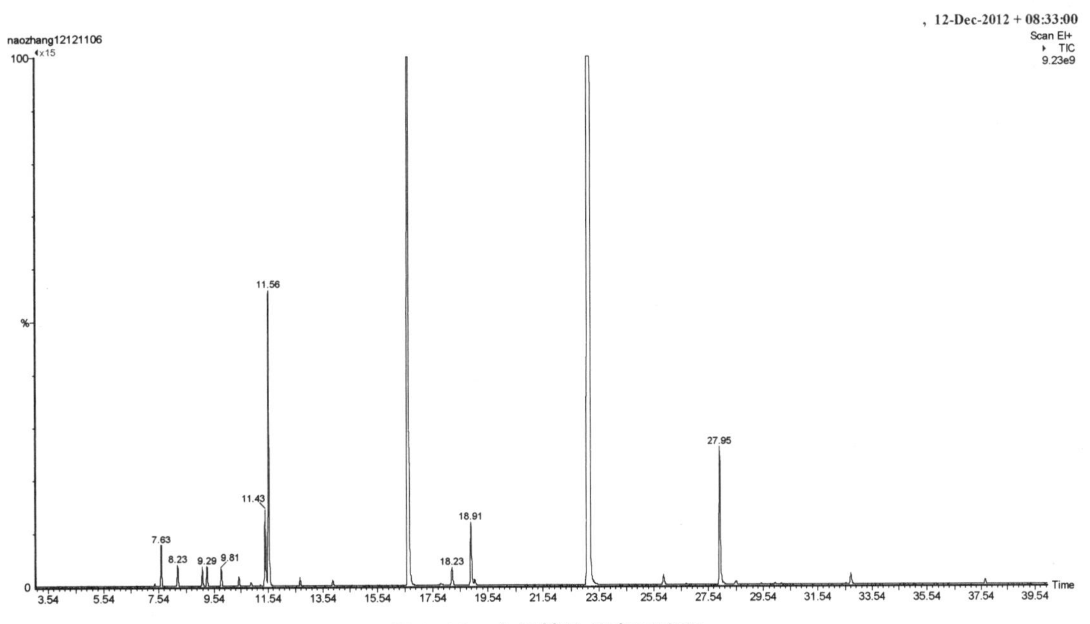

图 2-13 主根精油总离子流图

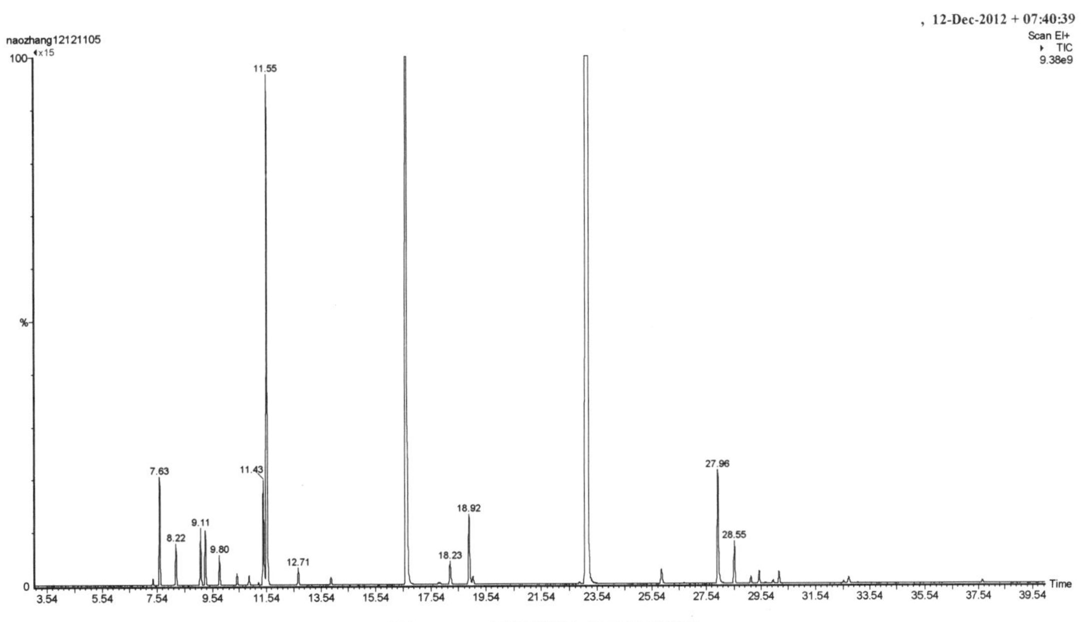

图 2-14 侧根精油总离子流图

表 2-24　脑樟不同部位精油成分及其含量测定结果

编号	化学物名称	中文名	相对含量（%）					
			叶	新枝	老枝	树干	三根	侧根
1	3-Thujene	3-侧柏烯	0. 31	0. 27	0. 19	—	—	—
2	α-Pinene	α-蒎烯	2. 51	1. 99	1. 53	1. 33	0. 89	0. 92
3	Camphene	莰烯	1. 47	1. 58	1. 50	1. 37	0. 46	0. 38
4	Sabinene	桧烯	0. 05	0. 18	0. 35	0. 44	—	—
5	β-Pinene	β-蒎烯	1. 04	1. 72	1. 70	1. 27	0. 70	0. 65
6	Myrcene	月桂烯	1. 22	1. 13	1. 05	1. 23	0. 33	0. 28
7	β-Phellandrene	β-水芹烯	0. 24	0. 27	0. 17	0. 36	0. 26	0. 24
8	β-Ocimene	β-罗勒烯	0. 33	0. 41	0. 46	0. 39	—	—
9	4-Carene	4-蒈烯	0. 09	0. 11	0. 35	0. 27	—	—
10	P-Cymene	对伞花烃	0. 03	0. 16	0. 41	0. 33	—	—
11	Limonene	柠檬烯	3. 77	3. 67	3. 49	1. 55	1. 03	0. 94
12	1，8-Cineole	1,8-桉叶油素	0. 89	6. 41	7. 67	7. 21	1. 42	1. 35
13	Ocimene	罗勒烯	0. 00	0. 21	0. 36	—	—	—
14	γ-Terpinene	γ-萜品烯	0. 49	0. 95	1. 82	0. 95	0. 26	0. 24
15	Trans-4-thujanol	反式-4-侧柏醇	0. 01	0. 15	0. 29	—	—	—
16	Terpinolene	萜品油烯	0. 47	0. 33	0. 57	0. 47	0. 36	0. 25
17	Linalool	芳樟醇	1. 23	1. 36	0. 87	0. 94	0. 48	0. 36
18	Camphor	樟脑	69. 07	56. 28	53. 45	50. 89	8. 12	8. 73
19	Citronellal	香茅醛	0. 03	0. 19	0. 20	—	—	—
20	2，6-dimethyl-3，5，7-octatriene-2-ol	2，6-二甲基-3，5，7-辛三烯-2-醇	0. 00	0. 03	0. 17	—	—	—
21	Borneol	龙脑	0. 27	0. 29	0. 33	0. 52	—	—
22	4-Terpineol	4-萜品醇	0. 61	0. 33	0. 37	0. 28	0. 15	0. 00

（续）

编号	化学物名称	中文名	相对含量（%）					
			叶	新枝	老枝	树干	主根	侧根
23	Tricyclene	三环烯	0. 12	0. 25	0. 22	—	—	—
24	Isobrnylformate	甲酸异龙脑酯	0. 02	0. 07	0. 30	—	—	—
25	α-Terpineol	α-松油醇	1. 10	2. 44	2. 37	1. 95	0. 69	0. 72
26	Nerol	橙花醇	0. 05	—	—	—	—	—
27	β-Ccitronellol	β-香茅醇	0. 14	0. 22	0. 25	—	—	—
28	Citral	柠檬醛	0. 36	0. 27	—	—	—	—
29	Isobornyl acetate	乙酸异龙脑酯	0. 22	0. 34	0. 27	—	—	—
30	Safrole	黄樟油素	1. 44	1. 58	2. 23	20. 55	73. 54	72. 32
31	α-Cubebene	α-荜澄茄油烯	0. 17	0. 09	0. 06	0. 25	—	—
32	Geranylacetate	乙酸香叶酯	0. 06	0. 04	0. 13	—	—	—
33	β-Elemene	β-榄香烯	0. 28	0. 25	0. 31	—	—	—
34	Methyl eugenol	甲基丁香酚	0. 49	0. 31	0. 40	0. 37	0. 21	0. 00
35	Isocaryophyllene	异石竹烯	0. 08	0. 04	0. 11	0. 32	0. 26	0. 00
36	α-Caryophyllene	α-石竹烯	0. 43	3. 29	2. 54	0. 79	0. 33	0. 27
37	Germacrene D	大香叶烯 D	0. 17	0. 00	0. 34	—	—	—
38	γ-Curjunene	γ-古芸烯	0. 31	0. 27	0. 51	—	—	—
39	Elemene	榄香烯	0. 04	0. 05	0. 29	0. 31	—	—
40	Isonerolidol	异-橙花叔醇	0. 08	—	—	—	—	—
41	Spatulenol	匙叶桉油烯醇	0. 31	0. 22	0. 35	—	—	—
42	Caryophyllene oxide	氧化石竹烯	0. 28	0. 35	0. 31	—	—	—
43	α-Guaiene	α-愈创烯	0. 05	0. 44	0. 35	—	—	—
44	β-Maaliene	β-橄榄烯	0. 05	0. 33	0. 28	—	—	—

（续）

编号	化学物名称	中文名	相对含量（%）					
			叶	新枝	老枝	树干	主根	侧根
45	4-methylene-1-（1-methylethyl）-cyclohexene	4-亚甲基-1-（1-甲基乙基）环己烯	—	—	0.25	—	—	—
46	β-Cubebene	β-荜澄茄油烯	—	—	—	0.17	—	—
47	α-Selinene	α-芹子烯	—	—	—	0.35	—	—
48	δ-Cadinene	δ-杜松烯	—	—	—	0.00	0.07	0.05
49	Myristicin	肉豆蔻醚	—	—	—	0.27	0.11	0.11
50	2，6-dimethyl-5，7-Octadien-2-ol	2，6-二甲基-5，7-辛二烯-2-醇	—	—	—	—	0.00	0.03
51	Santalene	檀香烯	—	—	—	—	0.12	0.12
52	Aristolene	马兜铃烯	—	—	—	—	0.07	0.09
53	Santalol	檀香醇	—	—	—	—	0.02	0.02
54	Isoledene	异喇叭茶烯	—	—	—	—	0.00	0.12
55	Cis-geraniol	顺香叶醇	0.00	—	—	—	—	—
56	widdrol	韦得醇	0.10	—	—	—	—	—
57	α-Cadinene	α-杜松烯	—	0.57	0.32	—	—	—
58	Aromadendrene oxide	香橙烯氧化物	—	—	0.21	—	—	—
59	β-guaiene	β-愈创烯	—	—	—	0.14	—	—
60	E-Farnesene epoxide	E-环氧金合欢烯	—	—	—	—	0.03	0.02
	合计 Total 60种		46种	43种	44种	29种	25种	25种

注：“—”表示未检测。

（3）异樟不同部位精油成分组成及其含量

根据异樟6个部位精油色谱-质谱条件，对其精油成分进行检测，各部位精油总离子流图见图2-15至图2-20。各色谱峰相应的质谱图经检索、解析和文献查对，结果见表2-25。由表2-25可知，6个部位精油中共鉴定出了74种化学成分。其中：叶、新枝、老枝、树干、主根和侧根分别鉴定出了41、51、51、41、39和39种成分。同时，采用峰面积归一法计算各成分的相对百分含量，其含量分别占该部位精油总量的94.05%、90.05%、91.24%、94.50%、92.64%和91.86%。

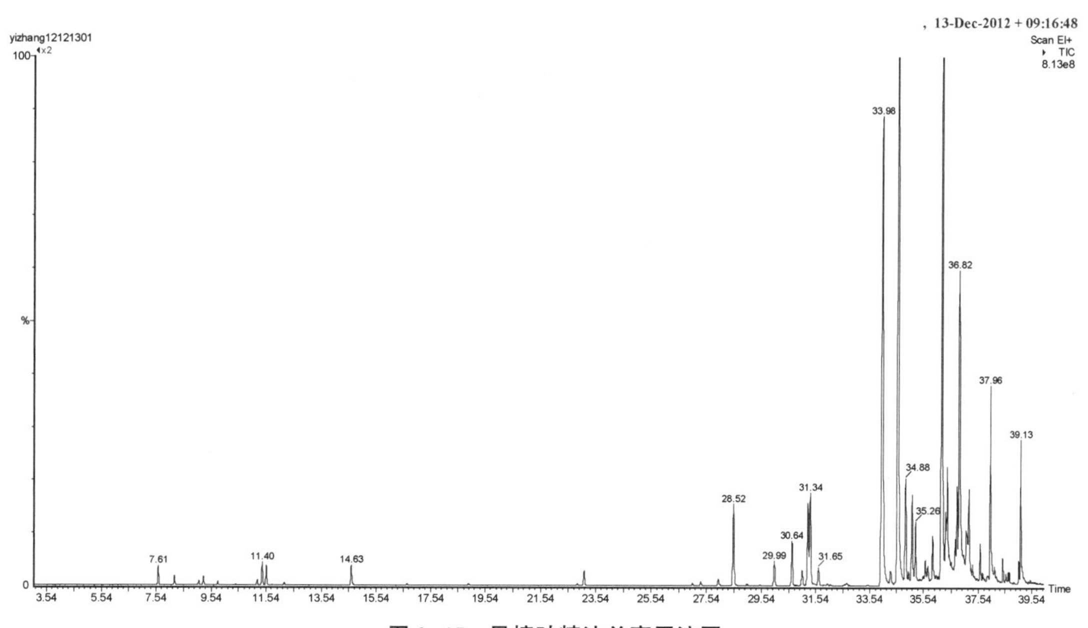

图2-15 异樟叶精油总离子流图

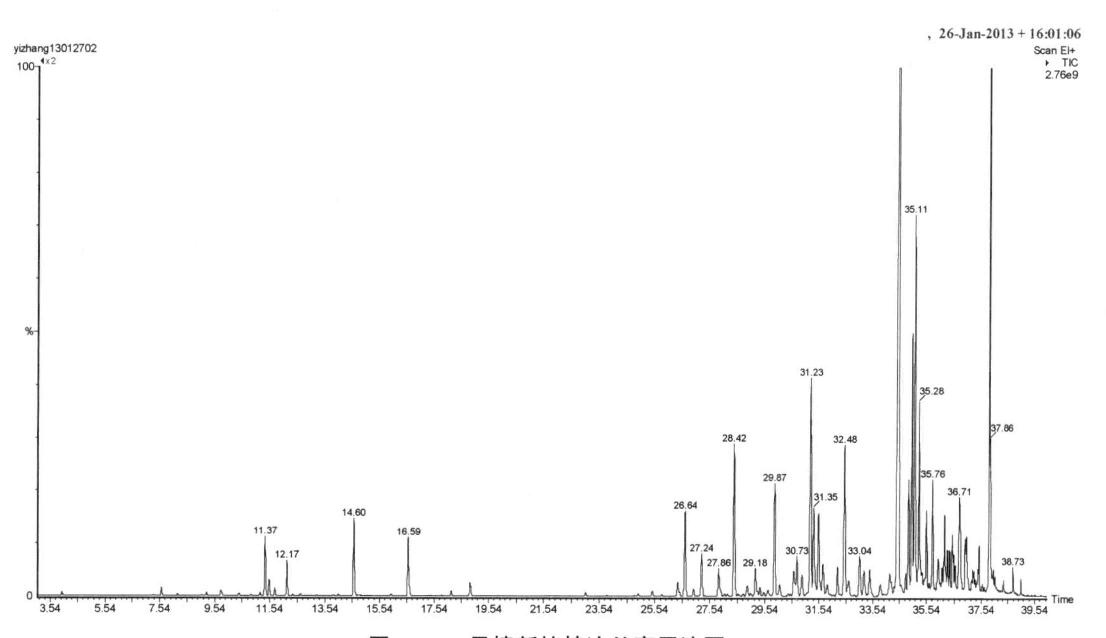

图2-16 异樟新枝精油总离子流图

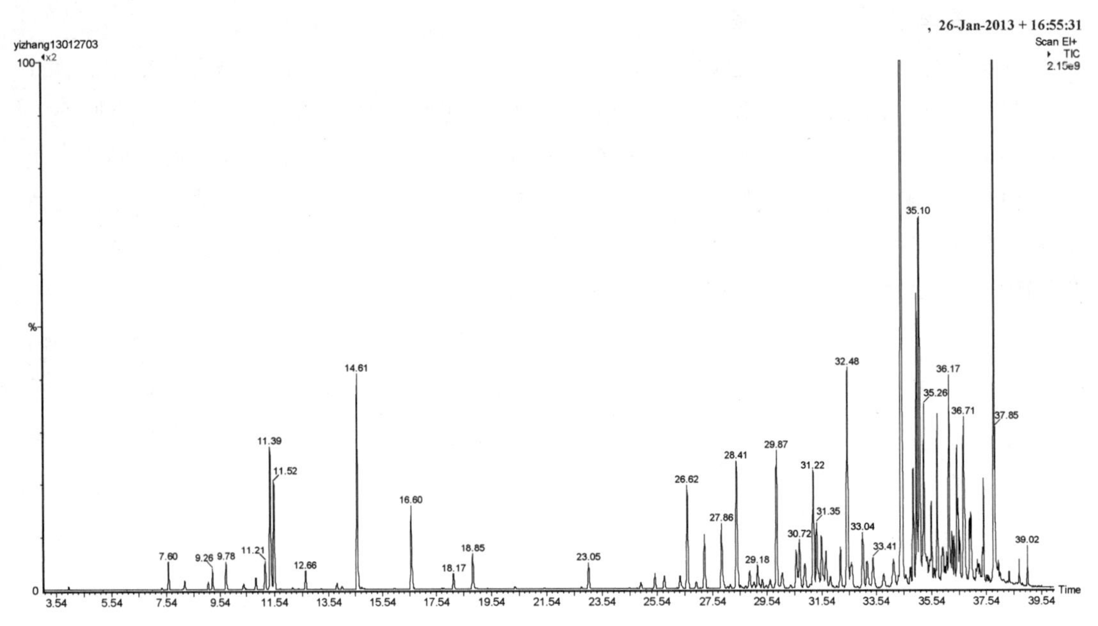

图 2-17 异樟老枝精油总离子流图

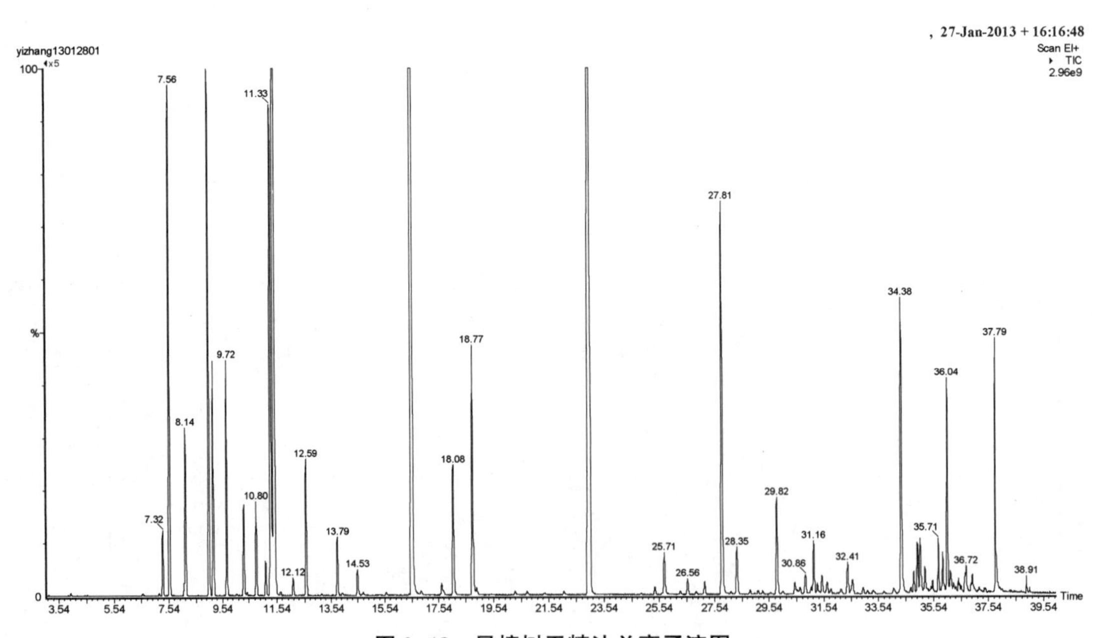

图 2-18 异樟树干精油总离子流图

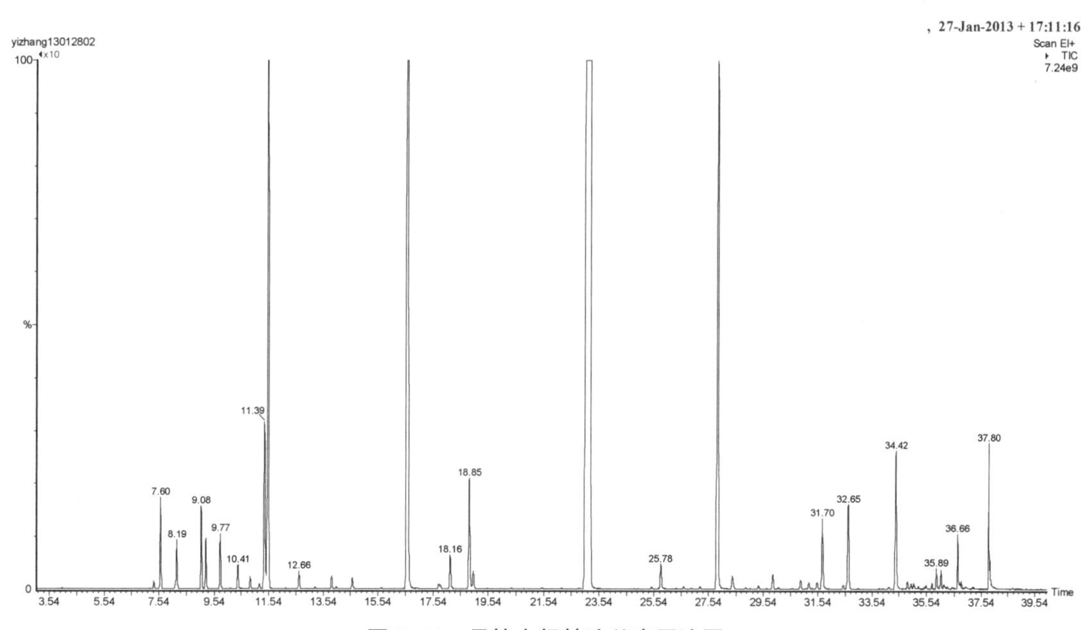

图 2-19　异樟主根精油总离子流图

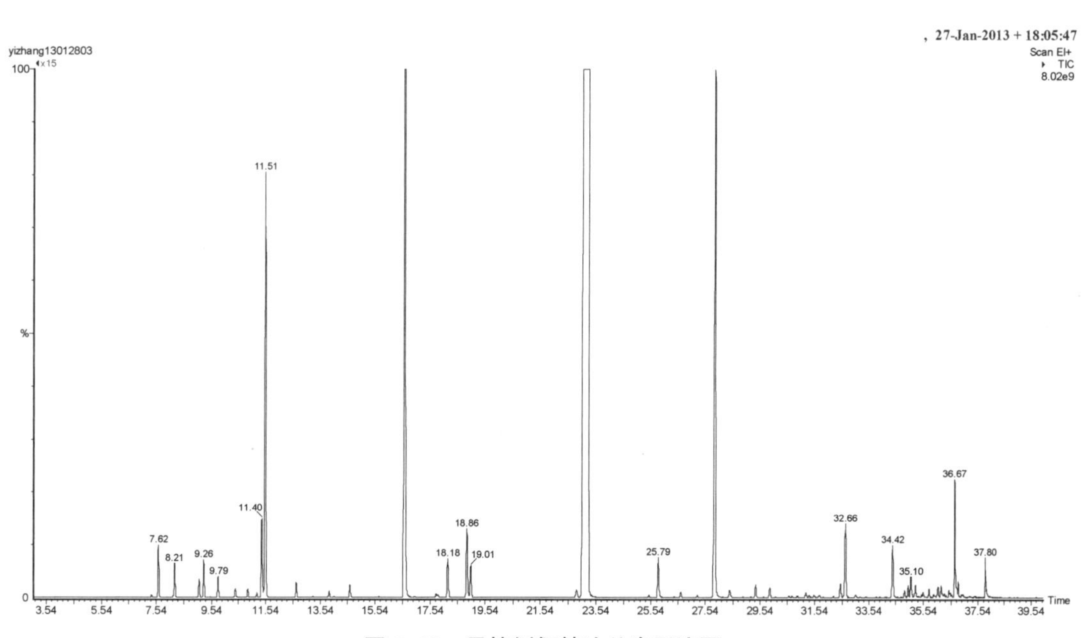

图 2-20　异樟侧根精油总离子流图

表 2-25　异樟 6 个部位精油成分及其含量测定结果

编号	化学物名称	中文名	相对含量（%）					
			叶	新枝	老枝	树干	主根	侧根
1	3-Thujene	3-侧柏烯	0. 22	—	—	0. 05	0. 03	0. 04
2	α-Pinene	α-蒎烯	0. 88	1. 68	1. 83	0. 85	0. 51	0. 45
3	Camphene	莰烯	0. 15	0. 21	0. 21	0. 47	0. 32	0. 28
4	Sabinene	桧烯	1. 62	0. 80	0. 88	0. 31	0. 24	0. 19
5	α-Phellandrene	α-水芹烯	0. 17	—	—	0. 28	—	—
7	Limonene	柠檬烯	0. 31	0. 27	0. 41	0. 28	0. 27	0. 17
8	1，8-Cineole	1，8-桉叶油素	9. 98	38. 42	39. 56	7. 90	4. 02	3. 57
9	Ocimene	罗勒烯	0. 09	0. 25	0. 18	0. 26	—	—
10	（Z）-linalool oxide	（Z）-氧化芳樟醇	0. 51	—	—	—	—	—
11	（E）-linalool oxide	（E）-氧化芳樟醇	0. 48	—	—	—	—	—
12	Linalool	芳樟醇	0. 35	0. 22	0. 31	0. 22	0. 18	0. 21
13	（3E，5E）-2，6-Dimethyl-1，3，5，7-octatetrene	2，6-二甲-1，3，5，7-辛四烯	0. 63	0. 77	0. 69	—	—	—
14	P-Cymene	对伞花烃	0. 44	0. 06	0. 00	0. 15	0. 14	0. 12
15	Camphor	樟脑	0. 66	3. 09	2. 57	7. 09	5. 69	5. 44
16	3-Octen-2-ol	3-辛烯-2-醇	0. 11	—	—	—	—	—
17	4-Terpineol	4-萜品醇	0. 09	0. 31	0. 26	0. 27	0. 16	0. 18
18	α-Terpineol	α-松油醇	1. 70	2. 51	2. 83	0. 22	0. 73	0. 71
19	Cis-2-caren-4-ol	顺式-2-蒈烯-4-醇	0. 31	—	—	—	—	—
20	β-Citronellol	β-香茅醇	0. 37	—	—	0. 33	—	—
21	L-bornyl acetate	左旋乙酸龙脑酯	0. 16	—	—	—	—	—
22	Safrole	黄樟油素	0. 76	7. 86	6. 65	62. 09	69. 01	68. 79
23	β-Bourbonene	β-波旁烯	0. 05	0. 31	0. 44	—	—	—
24	Isocaryophyllene	异石竹烯	0. 26	—	—	—	—	—
25	Methyl eugenol	甲基丁香酚	1. 51	0. 97	1. 04	0. 62	1. 14	1. 27
26	α-carophyllene	α-石竹烯	0. 73	1. 90	2. 80	1. 06	0. 49	0. 39

（续）

编号	化学物名称	中文名	相对含量（%）					
			叶	新枝	老枝	树干	主根	侧根
27	5，8-Diethyldodecane	5，8-二乙基十二烷	0.00	—	—	—	—	—
28	undecane	十一烷	0.05	—	—	—	—	—
29	β-elemene	β-榄香烯	0.41	0.36	0.52	0.49	0.28	0.22
30	Germacrene D	大香叶烯 D	0.16	—	—	—	0.19	0.13
31	β-eudesmene	β-桉叶烯	0.08	—	—	—	—	—
32	Methyl isoeugenol	异丁香酚甲醚	10.66	3.91	3.88	0.22	0.24	0.51
33	Elemene	榄香烯	0.03	0.12	0.16	0.00	—	—
34	Cadinene	杜松烯	0.15	0.26	0.27	0.18	—	—
35	Iso-nerolidol	异-橙花叔醇	33.77	11.09	12.09	4.22	5.18	4.94
36	Spatulenol	匙叶桉油烯醇	1.38	0.89	0.86	0.35	0.39	0.32
37	Caryophyllene oxide	氧化石竹烯	1.32	2.75	2.14	1.21	0.62	0.58
38	Eudesm-7（11）-en-4-ol	Eudesm-7（11）-en-4-醇	0.03	—	—	—	—	—
39	Juniper camphoy	桧脑	0.00	0.37	0.42	0.33	0.29	0.32
40	Trans-z-bisabolene epoxide	反式-Z-环氧红没药烯	0.24	0.22	0.16	—	—	—
41	3-Methyl-2-butenoic acid isoborneol ester	3-甲基-2-丁烯酸异龙脑酯	23.09	6.71	6.14	3.05	0.82	0.71
42	β-Pinene	β-蒎烯	—	0.05	0.03	0.29	0.18	0.16
43	Myrcene	月桂烯	—	0.24	0.24	0.38	0.23	0.23
44	2，6-dimethyl-2，7-octadiene-1，6-diol	2，6-二甲基-2，7-辛二烯-1，6-二醇	—	0.00	0.12	—	—	—
45	Terpinolene	萜品油烯	—	0.04	0.06	0.11	0.09	0.07
46	γ-Terpinene	γ-萜品烯	—	0.00	0.01	0.09	0.13	0.15
47	Borneol	龙脑	—	0.07	0.07	—	—	—
48	Cubebene	荜澄茄油烯	—	0.03	0.06	0.15	—	—
49	Isoeugenol	异丁香酚	—	0.41	0.37	—	0.00	0.04
50	Ylangene	衣兰烯	—	0.09	0.06	0.25	0.09	0.11
51	Copaene	古巴烯	—	0.07	0.07	0.14	0.21	0.21

（续）

编号	化学物名称	中文名	相对含量（%）					
			叶	新枝	老枝	树干	主根	侧根
52	α-Gurjunene	α-古芸烯	—	0.37	0.27	0.00	C.02	0.00
53	Dodecanal	月桂醛	—	0.20	0.21	—	—	—
54	Aristolene	马兜铃烯	—	0.05	0.07	—	—	—
55	α-Bulnesene	α-布黎烯	—	0.00	0.03	—	—	—
56	Aromadendrene	香橙烯	—	0.08	0.13	—	—	—
57	Selinene	瑟林烯	—	0.51	0.33	—	0.24	0.21
58	Ledene	喇叭烯	—	0.04	0.08	0.12	0.11	0.16
59	Valencene	瓦伦亚烯	—	0.00	0.03	—	—	—
60	Eudesma-3，7（11）-diene	3（7），11-桉叶二烯	—	0.05	0.12	—	—	—
61	Viridiflorol	绿花白千层醇	—	0.33	0.42	—	—	—
62	Bergamotenol	香柠烯醇	—	0.32	0.26	—	—	—
63	Tau.-cadinol	τ-杜松醇	—	0.21	0.22	—	—	—
64	Epiglobulol	表蓝桉醇	—	0.37	0.41	0.00	0.02	0.04
65	Ledene oxide-（II）	氧化喇叭烯（II）	—	0.09	0.02	0.13	—	—
66	Eugenol	丁香酚	—	—	—	0.05	0.02	0.09
67	Myristicin	肉豆蔻醚	—	—	—	0.00	0.15	0.26
68	Guaiene	愈创木烯	—	—	—	0.05	—	—
69	E-Farnesene epoxide	E-环氧金合欢烯	—	—	—	—	0.03	0.09
70	Humulene oxide II	葎草烯环氧化物 II	—	—	—	—	0.00	0.03
71	Eremophilene	佛术烯	—	—	—	—	0.03	0.16
72	Selina-3，7（11）-diene	γ-芹子烯	—	—	—	—	0.15	0.31
73	Limonen-6-ol，pivalate	三甲基乙酸香芹烯酯	0.14	—	—	—	—	—
74	13-Heptadecyn-1-ol	13-十七炔-1-醇	—	0.12	0.25	—	—	—
75	β-Vatirenene	β-朱栾	—	—	—	0.24	—	—
	合计 Total 75 种		41 种	51 种	51 种	41 种	39 种	39 种

注："—"表示未检测。

2.3.2.2 3种化学类型不同部位精油主成分组成及其含量比较分析

将油樟、脑樟、异樟3种化学类型6个部位精油中含量大于1%的主成分列于表2-26。3种化学类型主成分组成分析如下。

(1) 油樟不同部位精油主成分组成及含量

由表2-26可知，油樟叶精油中的主成分有8种，分别为1,8-桉叶油素、α-松油醇、β-水芹烯、β-蒎烯、4-萜品醇、α-蒎烯、β-侧柏烯和樟脑，8种主成分的含量占叶精油总含量的83.66%；新枝和老枝精油中的主成分均为12种，比叶精油多了黄樟油素、对伞花烃、α-石竹烯和γ-萜品烯4种，两者主成分含量分别占新枝和老枝精油总量的83.59%和84.15%；树干精油中的主成分有10种，比叶精油多了黄樟油素、α-石竹烯和γ-萜品烯，少了β-侧柏烯，主成分含量占精油总量的81.53%；主根精油中主成分有5种，分别为黄樟油素、1,8-桉叶油素、樟脑、α-松油醇和γ-萜品烯，其含量占精油总量的90.63%；侧根主成分仅有4种，分别为黄樟油素、1,8-桉叶油素、樟脑和α-松油醇，其含量占精油总含量的88.07%。

(2) 脑樟不同部位精油主成分组成及含量

由表2-26可看出，脑樟6个部位精油主成分数量分别为9、11、11、9、4、3种，共12种，部位间差异显著。脑樟叶精油中含量大于1%的主成分有9种，分别是樟脑、柠檬烯、黄樟油素、α-蒎烯、月桂烯、莰烯、芳樟醇、α-松油醇、β-蒎烯，含量占精油总量的82.85%，樟脑在叶精油中占绝对主导地位。新枝和老枝精油主成分数量（11种）及种类均相同，是6个部位中主成分数量最多、占精油总量比例却最低的2个部位，其含量分

表2-26 3种化学类型不同部位精油主成分及其含量

化学类型	精油中主成分	各部位精油含量（%）						备注
		叶	新枝	老枝	树干	主根	侧根	
油樟	1,8-桉叶油素	54.03	51.11	50.52	42.81	6.02	5.90	含量>1%的主成分种类
	α-松油醇	11.03	9.14	7.52	4.24	2.04	1.73	
	β-水芹烯	9.21	4.41	2.42	1.23	—	—	
	β-蒎烯	3.01	3.36	3.51	2.35	—	—	
	4-萜品醇	1.33	2.45	2.36	1.66	—	—	
	α-蒎烯	2.81	2.77	2.67	1.37	—	—	
	黄樟油素	—	2.02	3.09	18.77	76.12	75.33	
	对伞花烃	—	1.13	2.39	—	—	—	
	α-石竹烯	—	1.25	2.07	1.02	—	—	
	β-侧柏烯	1.19	1.32	2.16	—	—	—	
	γ-萜品烯	—	2.65	2.35	2.01	1.03	—	
	樟脑	1.05	1.98	3.09	6.07	5.42	5.11	
	精油中主成分个数	8	12	12	10	5	4	
	主成分占精油总量比（%）	83.66	83.59	84.15	81.53	90.63	88.07	

（续）

化学类型	精油中主成分	各部位精油含量（%）						备注
		叶	新枝	老枝	树干	主根	侧根	
脑樟	樟脑	69.07	56.28	53.45	50.89	8.12	8.73	含量>1%的主成分种类
	柠檬烯	3.77	3.67	3.49	1.55	1.03	—	
	黄樟油素	1.44	1.58	2.23	20.55	73.54	72.32	
	α-蒎烯	2.51	1.99	1.53	1.33	—	—	
	月桂烯	1.22	1.13	1.05	1.23	—	—	
	莰烯	1.47	1.58	1.50	1.37	—	—	
	芳樟醇	1.23	1.36	—	—	—	—	
	α-松油醇	1.10	2.44	2.37	1.95	—	—	
	β-蒎烯	1.04	1.72	1.70	1.27	—	—	
	α-石竹烯	—	3.29	2.54	—	—	—	
	1,8-桉叶油素	—	6.41	7.67	7.21	1.42	1.35	
	γ-萜品烯	—	—	1.82	—	—	—	
	精油中主成分个数	9	11	11	9	4	3	
	主成分占精油总量比（%）	82.85	81.45	79.35	87.35	84.11	82.40	
异樟	异-橙花叔醇	33.7	11.09	12.09	4.22	5.18	4.94	含量>1%的主成分种类
	1,8-桉叶油素	9.98	38.42	39.56	7.90	4.02	3.57	
	异丁香酚甲醚	10.66	3.91	3.88	—	—	—	
	α-松油醇	1.70	2.51	2.83	—	—	—	
	甲基丁香酚	1.51	—	1.04	—	1.14	1.27	
	匙叶桉油烯醇	1.38	—	—	—	—	—	
	氧化石竹烯	1.32	2.75	2.14	1.21	—	—	
	3-甲基-2-丁烯酸异龙脑酯	23.09	6.71	6.14	3.05	—	—	
	樟脑	—	3.09	2.57	7.09	5.69	5.44	
	黄樟油素	—	7.86	6.65	62.09	69.01	68.79	
	桧烯	1.62	—	—	—	—	—	
	α-石竹烯	—	1.90	2.80	1.06	—	—	
	α-蒎烯	—	1.68	1.83	—	—	—	
	精油中主成分个数	9	10	11	7	5	5	
	主成分占精油总量比（%）	85.03	79.92	81.53	86.62	85.04	84.01	

注："—"表示非主成分。

别为81.45%和79.35%，樟脑在这2个部位中依然是绝对主成分，略低于叶片；位列第二的1,8-桉叶油素在这2个部位中显著增加到6.41%和7.67%。树干精油9种主成分含量占精油总量的87.35%；樟脑虽然仍为绝对主成分，但其含量降为50.89%，相反，黄樟油素则跃升为第二大主成分，其含量急剧增加到20.55%；1,8-桉叶油素的含量则与老枝中的接近（7.21%）。主根精油主成分虽然只有4种，但其含量集中，达84.11%。侧根精油主成分进一步减为3种，含量则达到82.40%。这2个地下部位精油主成分的显著特点是主成分数量急剧减少，而占主导地位的主成分含量则急剧升高，突出表现为黄樟油素含量占绝对主导地位；相反，在地上4个部位中占主导地位的樟脑则退而居次位，其含量更是由绝对主导成分分别降为8.12%和8.73%。

（3）异樟不同部位精油主成分组成及含量

由表2-26可知，异樟6个部位精油中共有13种主成分，其中：①叶片有9种，分别为异-橙花叔醇、1,8-桉叶油素、3-甲基-2-丁烯酸异龙脑酯、异丁香酚甲醚、桧烯、α-松油醇、甲基丁香酚、匙叶桉油烯醇和氧化石竹烯，其含量占精油总量的85.03%；②新枝有10种，分别为异-橙花叔醇、1,8-桉叶油素、樟脑、3-甲基-2-丁烯酸异龙脑酯、异丁香酚甲醚、黄樟油素、α-松油醇、α-蒎烯、α-石竹烯和氧化石竹烯，其含量占精油总含量的79.92%；③老枝有11种，比新枝成分多了甲基丁香酚，11种成分的含量占精油总量的81.53%；④树干有7种，比新枝成分少了异丁香酚甲醚、α-松油醇和α-蒎烯3种成分，其含量占精油总量的86.62%；⑤主根有5种，分别为黄樟油素、1,8-桉叶油素、樟脑、甲基丁香酚和异-橙花叔醇，其含量占精油总含量的85.04%；⑥侧根有5种，与主根主成分完全一致，其含量占精油总含量的84.01%。由表2-26还可知，6个部位精油中共有主成分2种，即异-橙花叔醇和1,8-桉叶油素；新枝、老枝、树干、主根和侧根5个部位共有主成分2种，即樟脑和黄樟油素；地上4个部位共有主成分2种，即氧化石竹烯和3-甲基-2-丁烯酸异龙脑酯；叶、新枝和老枝共有主成分2种，即异丁香酚甲醚和α-松油醇；新枝、老枝和树干共有主成分1种，即α-石竹烯；新枝和老枝共有主成分1种，即α-蒎烯；叶片、老枝、主根和侧根共有主成分1种，即甲基丁香酚。除叶有2种特有主成分匙叶桉油烯醇和桧烯外，其他部位均没有特有主成分。

从异樟6个部位精油主成分组成来看，叶片9种主成分中，匙叶桉油烯醇和桧烯2种成分是叶片特有的主成分；其余5个部位以老枝的主成分种类为最多，新枝、树干、主根、侧根4个部位的主成分均包含在内。这5个部位的精油也就是生产上俗称的木油，成分组成相似，只不过各成分的含量不同而已。

由表2-26还可知，异樟6个部位精油中主成分含量差异也极大。叶片精油中含量最高的主成分是异-橙花叔醇（33.7%），依次是3-甲基-2-丁烯酸异龙脑酯（23.09%）、异丁香酚甲醚（10.66%）和1,8-桉叶油素（9.98%）。新枝和老枝中，3种含量最高的主成分种类相同，含量相近，分别为：1,8-桉叶油素38.42%和39.56%，异-橙花叔醇11.095%和12.09%，黄樟油素7.86%和6.65%。而树干、主根、侧根3个部位精油中，黄樟油素为绝对主导成分，分别为62.09%、69.01%和68.79%；其次为1,8-桉叶油素（7.90%、4.02%和3.57%）和樟脑（7.09%、5.69%和5.44%）。

综上可知，从精油主要成分利用的角度考虑，异樟可分为3个部位，一是叶片，主要利用成分为异-橙花叔醇、3-甲基-2-丁烯酸异龙脑酯和异丁香酚甲醚，这3种成分在其他化学类型中含量极少；二是侧枝（含新枝和老枝），主要利用成分是1,8-桉叶油素和异-橙花叔醇；三是树干和根系，主要利用成分为黄樟油素。

2.3.2.3 3种化学类型不同部位精油典型性成分组成及其含量比较

将表2-26中3种化学类型各部位精油含量大于5%的主成分列于表2-27，并将这些成分称之为典型性成分。

表2-27 油樟、脑樟、异樟不同部位精油典型性成分及其含量

化学类型	精油中主成分	各部位精油含量（%）						备注
		叶	新枝	老枝	树干	主根	侧根	
油樟	1,8-桉叶油素	54.03	51.11	50.52	42.81	6.02	5.90	含量>5%的典型性主成分
	α-松油醇	11.03	9.14	7.52	—	—	—	
	β-水芹烯	9.21	—	—	—	—	—	
	黄樟油素	—	—	—	18.77	76.12	75.33	
	樟脑	—	—	—	6.07	5.42	5.11	
	典型性成分个数	3	2	2	3	3	3	
	占精油总量比（%）	74.27	60.25	58.04	67.65	87.56	86.34	
脑樟	樟脑	69.07	56.28	53.45	50.89	8.12	8.73	含量>5%的典型性主成分
	黄樟油素	—	—	—	20.55	73.54	72.32	
	1,8-桉叶油素	—	6.41	7.67	7.21	—	—	
	典型性成分个数	1	2	2	3	2	2	
	占精油总量比（%）	69.07	62.69	61.12	78.65	81.66	81.05	
异樟	异-橙花叔醇	33.7	11.09	12.09	—	5.18	—	含量>5%的典型性主成分
	1，8-桉叶油素	9.98	38.42	39.56	7.90	—	—	
	异丁香酚甲醚	10.66	—	—	—	—	—	
	3-甲基-2-丁烯酸环丁酯	23.09	6.71	6.14	—	—	—	
	樟脑	—	—	—	7.09	5.69	5.44	
	黄樟油素	—	7.86	6.65	62.09	69.01	68.79	
	典型性成分个数	4	4	4	3	3	2	
	占精油总量比（%）	77.43	64.04	64.44	77.08	79.87	74.23	

注："—"表示非典型性成分。

2.3.2.3.1 油樟不同部位精油典型性成分组成及其含量差异比较

（1）油樟不同部位精油典型性成分组成差异比较

由表2-27可看出，油樟6个部位精油中含量大于5%的典型性成分共有5种。其中，叶片有1,8-桉叶油素、α-松油醇和β-水芹烯3种；新枝和老枝均为1,8-桉叶油素和α-松油醇；树干、主根和侧根均为1,8-桉叶油素、黄樟油素和樟脑，即油樟不同部位，其精油中典型性成分的数量、种类及其含量均不同。若按地上和地下两个部位划分，则地上4个部位精油中的主导成分为1,8-桉叶油素，地下2个部位的主导成分为黄樟油素，这为油樟不同部位目标成分的确定和利用提供了重要依据。之所以按地上和地下两个部位划分，其原因是以精油利用为目标的原料林培育，一般采用矮林作业方式，以地上部位利用为主。

(2) 油樟不同部位精油典型性成分含量差异比较

由表2-27可知，油樟若按形态学上端至下端，并以树干作为连接上、下两端的支撑点，则形态学上端（叶、新枝、老枝）精油中的主导成分为1,8-桉叶油素，其含量均在50%以上，其次为α-松油醇和β-水芹烯；形态学下端的主导成分则为黄樟油素，其含量均在75%以上，其次为樟脑；而连接两端的树干，其3种主要成分1,8-桉叶油素(42.81%)、黄樟油素（18.77%）和樟脑（6.07%）均为过渡性成分，前者为由高到低的过渡，中间为由低到高的过渡，后者则为由低到高后再由高到低的过渡。

(3) 油樟6个部位精油中典型性成分含量空间变化规律

由表2-27还可看出，在油樟各部位精油中占主导地位的典型性成分，第一是1,8-桉叶油素，该成分在地上4个部位精油成分中占主导地位，在地下2个部位中为第二主成分，从形态学上端到形态学下端，其含量呈从叶片到树干逐渐降低，从树干到侧根急剧降低的变化趋势，类似于Z形（图2-21）。其次是黄樟油素，该成分主要存在于根系之中，在根系精油中的含量达75%以上，在树干中的含量位居第二位，在叶片中含量则低于1%，其变化趋势与1,8-桉叶油素完全相反，呈反Z形变化（图2-22）。α-松油醇、β-水芹烯和樟脑3个典型成分在各部位精油中均仅为次要成分，其变化规律为：α-松油醇呈由高到

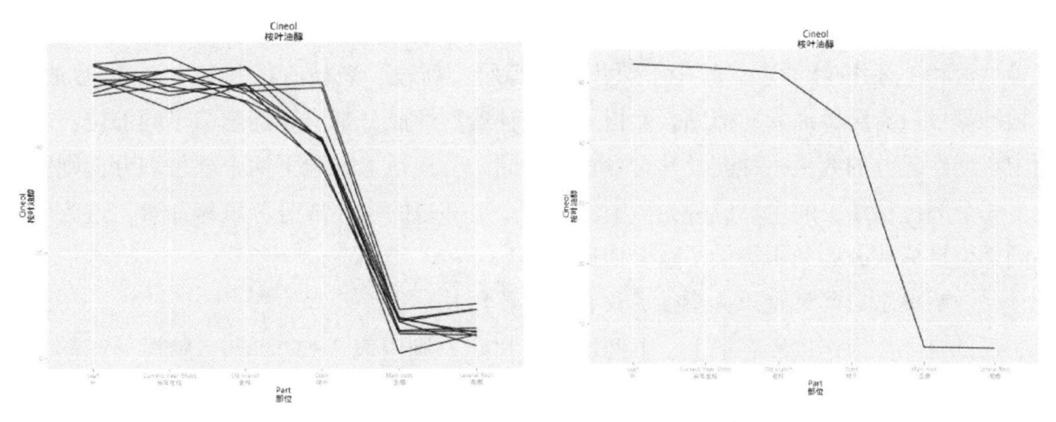

图2-21　1，8-桉叶油素含量变化趋势（左：各样株；右：各样株平均）

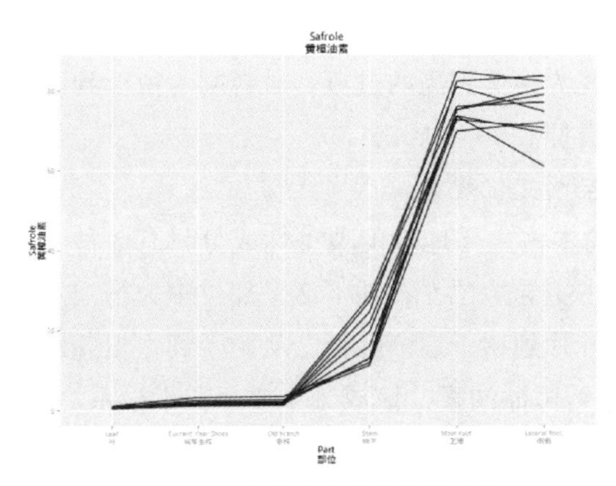

图2-22　黄樟油素含量变化趋势

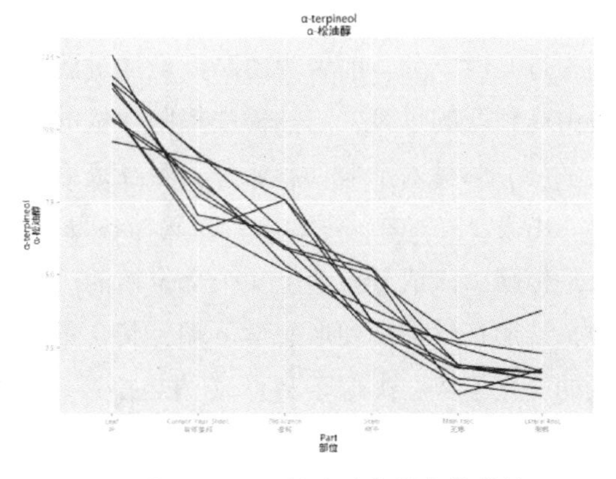

图2-23　α-松油醇含量变化趋势

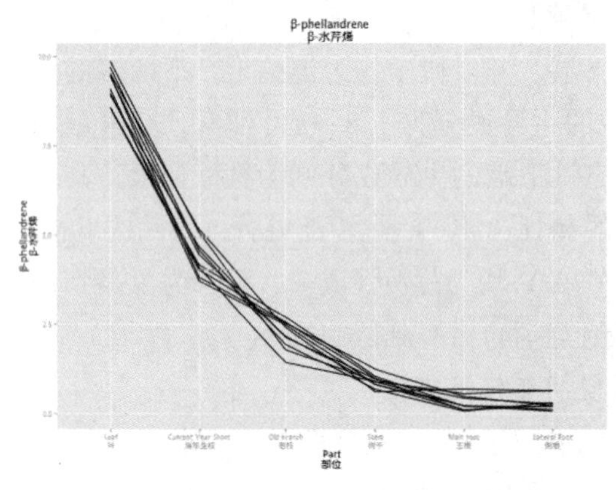

图 2-24　β-水芹烯含量变化趋势

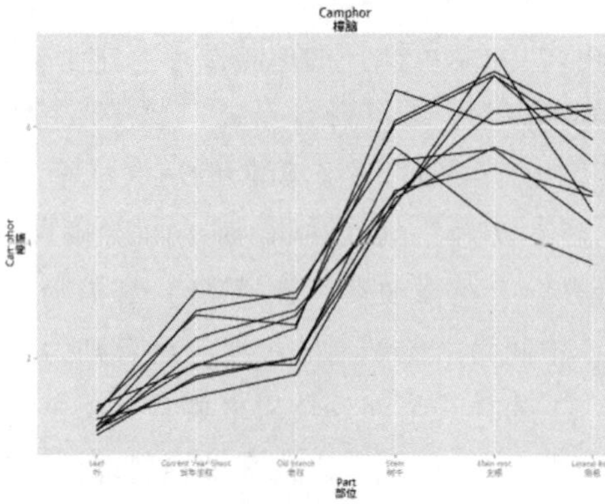

图 2-25　樟脑含量变化趋势

低的近直线型变化趋势（图 2-23）；β-水芹烯呈由高到低的曲线型变化趋势（图 2-24）；樟脑则呈总体上由低到高的近似于双峰型的变化趋势（图 2-25）。

2.3.2.3.2　脑樟不同部位精油典型性成分组成及其含量差异比较

（1）脑樟不同部位精油典型性成分组成差异比较

由表 2-27 可看出，脑樟 6 个部位精油中含量大于 5%的典型性成分只有 3 种：樟脑、黄樟油素和 1,8-桉叶油素。其中，叶片只有樟脑；新枝、老枝有樟脑和 1,8-桉叶油素；主根和侧根只有黄樟油素和樟脑，而树干则 3 种典型性成分都有。即脑樟不同部位，其精油中典型性成分的数量、种类及其含量也各不同。若按地上和地下两个部位划分，则脑樟地上 4 个部位精油中的主导成分为樟脑，地下 2 个部位的主导成分为黄樟油素，这为脑樟不同部位目标成分的利用提供了重要依据。

（2）脑樟不同部位精油典型性成分含量差异比较

仍以树干作为连接形态学上、下两端的支撑点，则由表 2-27 可知，脑樟形态学上端（叶、新枝、老枝）精油中的主导成分为樟脑，其含量在 50%以上；其形态学下端的主导成分则为黄樟油素，其含量均在 72%以上，其次为樟脑，与油樟基本一致；而连接两端的树干，3 种主要成分樟脑（50.89%）、黄樟油素（20.55%）和 1,8-桉叶油素（7.21%）均为过渡性成分，前者为由高到低的过渡，中间为由低到高的过渡，后者则为由低到高后再由高到低的过渡，与油樟中樟脑含量的变化类似。

（3）脑樟 6 个部位精油中典型性成分含量空间变化规律

由表 2-27 中还可看出，在脑樟各部位精油中占主导地位的典型性成分只有 3 种，第一是樟脑，该成分在地上 4 个部位精油成分中占主导地位，在地下 2 个部位中为第二主成分，从形态学上端到形态学下端，其含量呈从叶片到树干逐渐降低，从树干到主根急剧降低的变化趋势，类似于 Z 形（图 2-26）。其次是黄樟油素，该成分主要存在于根系之中，在根系精油中的含量达 72%以上，在树干中的含量位居第二位，在叶片中含量则只有 1.44%，其变化趋势与樟脑完全相反，呈反 Z 形变化（图 2-27）。第三是 1,8-桉叶油素，该成分在脑樟各部位精油中，仅在新枝、老枝和树干中的含量在 6.4%～7.7%之间，在其

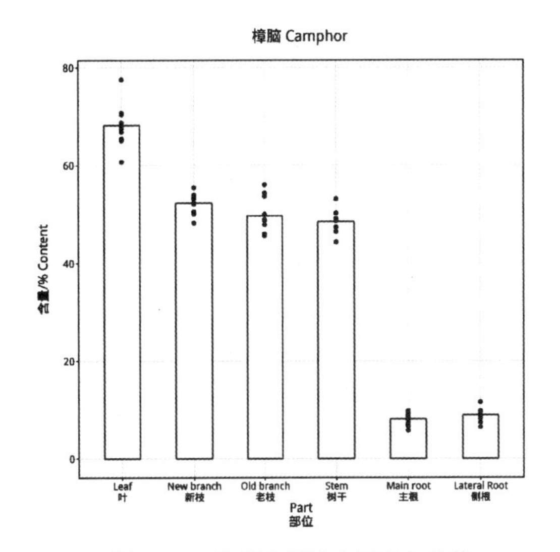

图 2-26 脑樟中樟脑含量变化趋势

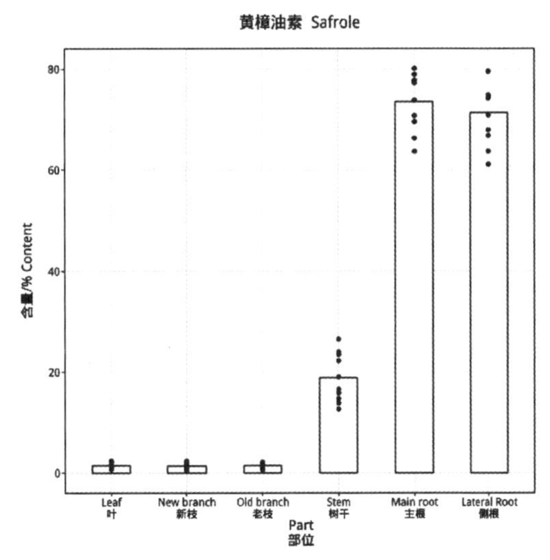

图 2-27 脑樟中黄樟油素含量变化趋势

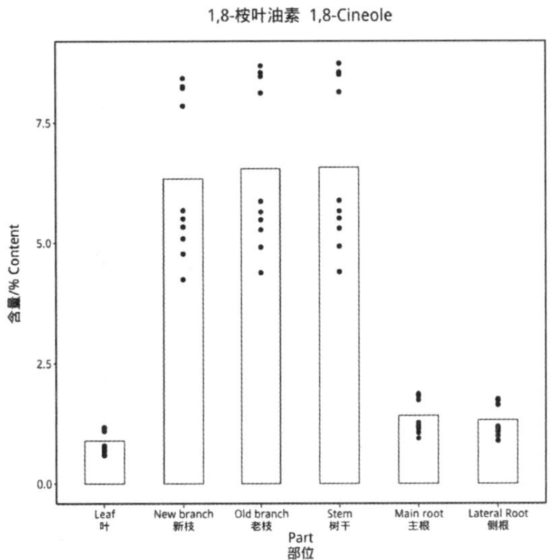

图 2-28 脑樟中 1，8-桉叶油素含量变化趋

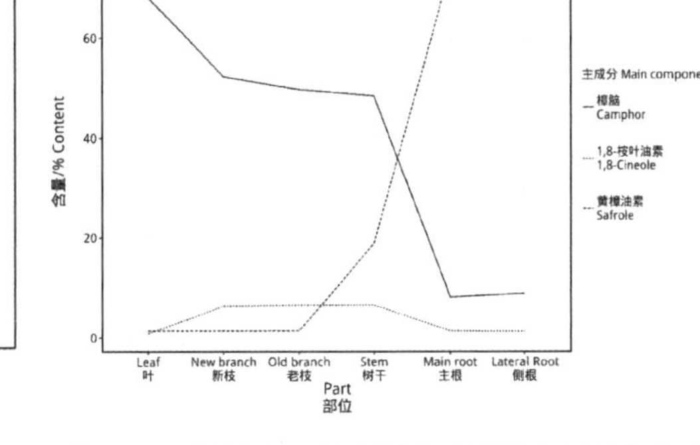

图 2-29 脑樟中 3 种典型成分平均含量变化趋势

他部位中均低于 1.5%，总体上呈两端低、中间高的变化趋势（图 2-28）。脑樟中 3 种典型性成分的平均含量变化趋势见图 2-29。

2.3.2.3.3 异樟不同部位精油典型性成分组成及其含量差异比较

（1）异樟不同部位精油典型性成分组成差异比较

由表 2-27 可看出，异樟各部位精油中含量大于 5%的典型性成分共有 6 种，分别是异-橙花叔醇、黄樟油素、3-甲基-2-丁烯酸异龙脑酯、异丁香酚甲醚、1,8-桉叶油素、樟脑，是 3 种化学类型中典型性成分数量最多的类型，与此相对应，也是主导成分不突出的一种类型。其中：叶片有异-橙花叔醇、3-甲基-2-丁烯酸异龙脑酯、异丁香酚甲醚、1，8-桉叶油素 4 种；新枝、老枝中有 1,8-桉叶油素、异-橙花叔醇、黄樟油素和 3-甲基-2-

丁烯酸异龙脑酯4种；树干中有黄樟油素、1,8-桉叶油素和樟脑3种；主根和侧根只有黄樟油素、樟脑和异-橙花叔醇3种。可见异樟6个部位间典型性成分的数量、种类等均不同。

（2）异樟不同部位精油典型性成分含量差异比较

由表2-27可知，异樟若按形态学自上至下划分，可以划分为2个部分，其中叶、新枝、老枝为一个部分，这3个部位的精油主要有异-橙花叔醇、3-甲基-2-丁烯酸异龙脑酯、异丁香酚甲醚、1,8-桉叶油素4种成分，但这4种成分的最高含量均不超过40%，亦即没有占主导地位的成分存在。树干、主根和侧根可作为另一部分，这3个部位的精油中均以黄樟油素为绝对主导成分，占60%以上。这也是异樟不同之处，异樟树干精油中黄樟油素为主导成分，达62.09%，而在油樟（18.77%）和脑樟（20.55%）树干精油中则均为次要成分。说明3种类型间树干精油中黄樟油素含量的变化不一致。黄樟油素在3种化学类型中均为主导成分。

（3）异樟6个部位精油中典型性成分含量空间变化规律

由表2-27中可看出，异樟各部位精油典型性成分共有6种。其中第一典型成分是异-橙花叔醇，该成分在叶中含量最高，在新枝和老枝中为次要成分，在其余3个部位中的含量只有约5%，从形态学上端到形态学下端，呈由叶到新枝急剧下降、由老枝到侧根逐渐降低的变化趋势（图2-30）。其次是黄樟油素，该成分主要存在于树干和根系之中，在叶片、新枝、老枝中均较低，总体上呈由叶到老枝逐渐升高、由老枝到树干急剧升高、由树干到侧根逐渐升高的变化趋势（图2-31）。第三是3-甲基-2-丁烯酸异龙脑酯，该成分仅在异樟叶、新枝和老枝精油中为典型性成分，并在叶中含量达23%，其变化趋势与异-橙花叔醇基本一致（图2-32）。第四是异丁香酚甲醚，该成分也仅在异樟叶中为典型性成分，其变化趋势也与异-橙花叔醇类似（图2-33）。第五是1,8-桉叶油素，该成分在异樟4个地上部位精油中为典型性成分，其中又以在新枝和老枝精油中的含量为最高（38.42%和39.56%），总体上呈两端低、中间高的变化趋势（图2-34）。第六是樟脑，该成分仅在

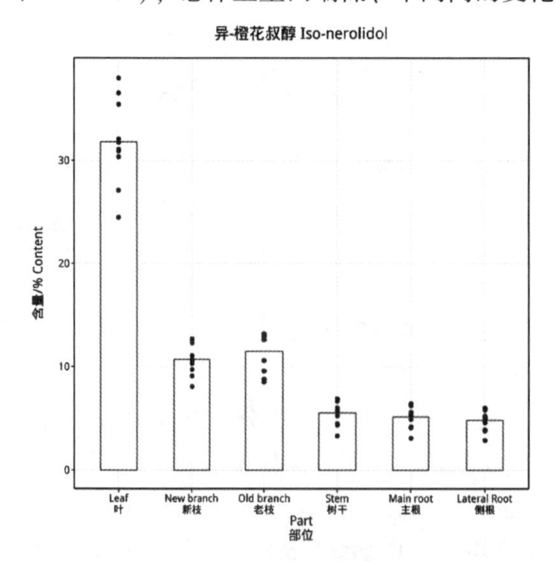

图2-30 异樟中异-橙花叔醇含量变化趋势

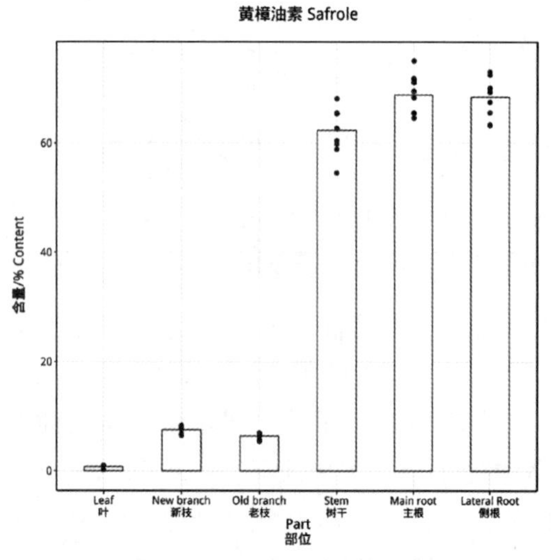

图2-31 异樟中黄樟油素含量变化趋势

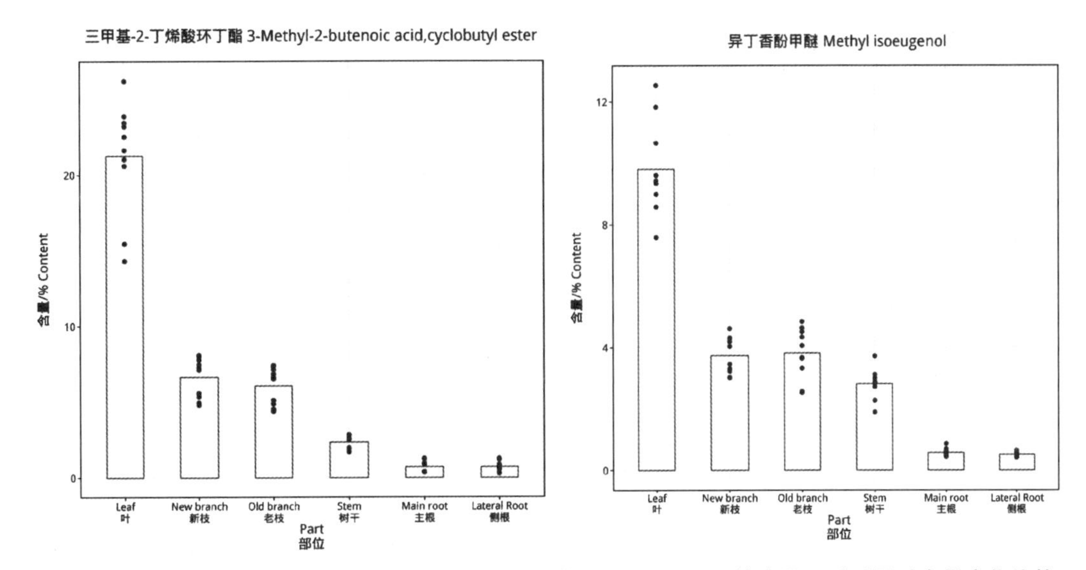

图 2-32 异樟中三甲基-2-丁烯酸环丁酯含量变化趋势　　图 2-33 异樟中异丁香酚甲醚含量变化趋势

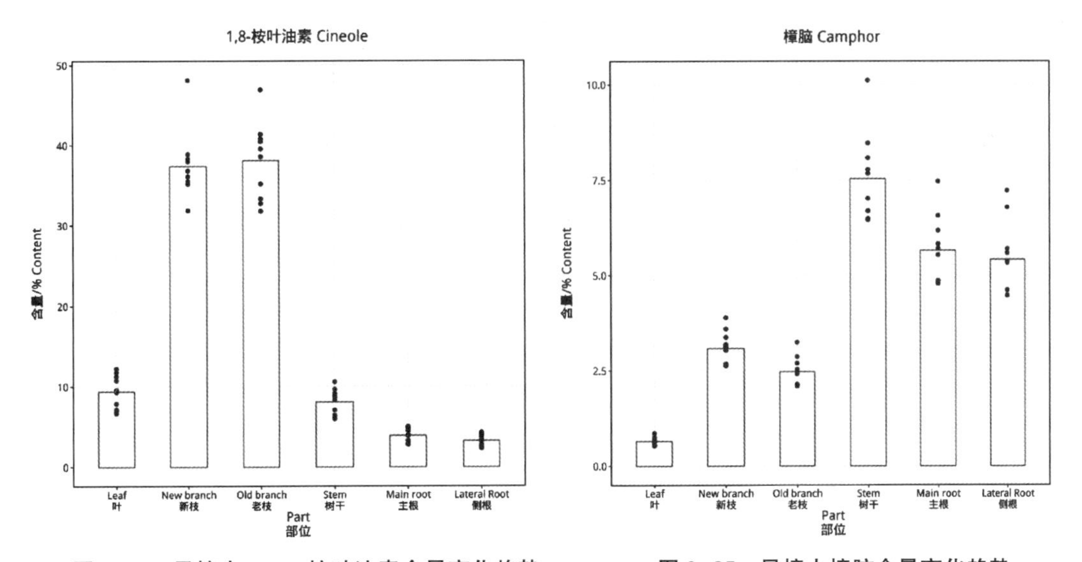

图 2-34 异樟中 1，8-桉叶油素含量变化趋势　　图 2-35 异樟中樟脑含量变化趋势

树干和根系中为典型成分，在叶中含量低于 1%，总体上呈由叶到树干逐渐升高、由树干到侧根逐渐降低的变化趋势（图 2-35）。异樟中 6 种典型性成分平均含量的变化趋势详见图 2-36。

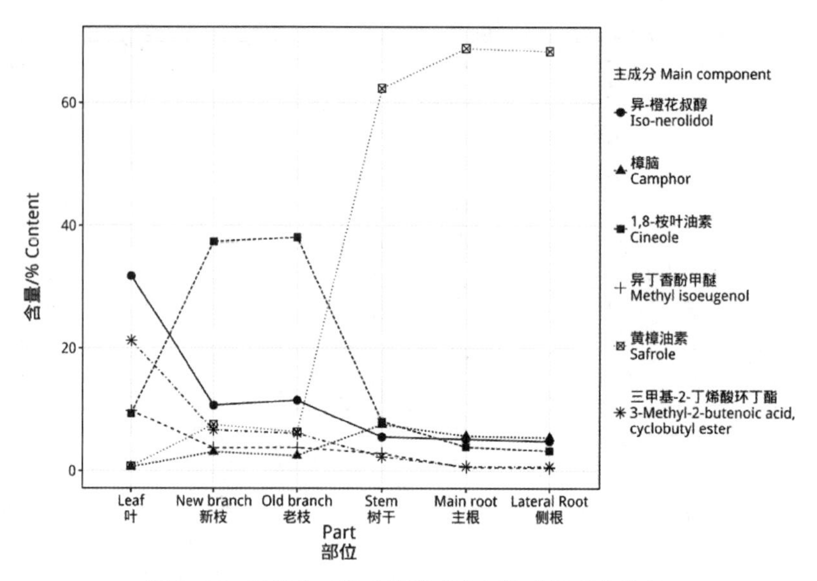

图 2-36　异樟中 6 种典型性成分平均含量变化趋势

2.3.3　结论与讨论

2.3.3.1　油樟、脑樟、异樟 3 种化学类型不同部位精油成分差异显著

从油樟 6 个部位精油中共鉴定出 55 种化学成分，各部位鉴定出的成分种类分别为 41、37、37、27、31 和 31 种化学成分，在 55 种化学成分中，6 个部位共有成分只有 16 种；从脑樟 6 个部位精油中分别鉴定出 46、43、44、29、25 和 25 种（共 60 种）化学成分，在 60 种化学成分中，6 个部位共有成分有 17 种；从异樟 6 个部位精油中分别鉴定出 41、51、51、41、39 和 39 种（共 75 种）化学成分，其中 6 个部位共有成分有 20 种。可见，3 种化学类型间、类型内不同部位间，其精油成分种类及数量均有不同。

2.3.3.2　3 种化学类型不同部位精油中典型性成分及其含量差异显著

本试验结果表明：叶片精油中含量大于 5%的成分，油樟有 3 种（1,8-桉叶油素、α-松油醇和β-水芹烯），占精油总含量的 74.27%；脑樟有 1 种（樟脑），占精油总含量的 69.07%；异樟有 4 种（异-橙花叔醇、3-甲基-2-丁烯酸异龙脑酯、异丁香酚甲醚、1,8-桉叶油素），占精油总含量的 77.43%。新枝精油中含量大于 5%的成分，油樟有 2 种（1,8-桉叶油素和 α-松油醇），占精油总含量的 60.25%；脑樟有 2 种，占精油总含量的 62.69%；异樟有 4 种，占精油总含量的 64.04%。老枝精油中含量大于 5%的成分，油樟有 2 种（1,8-桉叶油素和α-松油醇），占精油总含量的 58.04%；脑樟有 2 种，占精油总含量的 61.12%；异樟有 4 种，占精油总含量的 64.44%。树干精油中含量大于 5%的成分，油樟有 3 种（1,8-桉叶油素、黄樟油素和樟脑），占总含量的 67.65%；脑樟有 3 种（樟脑、黄樟油素和 1,8-桉叶油素），占精油总含量的 78.65%；异樟有 3 种（黄樟油素、1,8-桉叶油素和樟脑），占精油总含量的 77.08%。主根精油中含量大于 5%的成分，油樟有 3 种（黄樟油素、1,8-桉叶油素和樟脑），占总含量的 87.56%；脑樟有 2 种（黄樟油素和樟脑），占总含量的81.66%；异樟有3种（黄樟油素、樟脑和异-橙花叔醇），占精油总含量的79.88%。侧根精油中含量大于5%的成分，油樟有3种（黄樟油素、1,8-桉叶油素和樟脑），与主根一致，占总含量的86.34%；脑樟有2种（黄樟油素和樟脑），占总含量的81.05%；异樟有2种（黄樟油素和樟脑），占精油总含量的74.23%。可根据需要，分别类型和部位选择使用。

2.3.3.3 樟树3种化学类型典型性成分含量空间分布规律明显

将6个部位从形态学上端到形态学下端排列，则其空间分布：油樟中的1,8-桉叶油素为其主导性典型成分，主要存在于形态学上端的叶和枝中，其含量呈由高到低的Z形变化趋势；黄樟油素含量与1,8-桉叶油素完全相反，主要存在于形态学下端的树干和根中；α-松油醇和β-水芹烯的变化趋势与1,8-桉叶油素基本一致，主要存在于叶和枝中，呈由高到低的变化趋势；樟脑在油樟精油中为次要成分，呈两端（叶和根）低中间（枝和干）高的变化趋势。脑樟中的樟脑为其主导性典型成分，主要存在于地上4个部位，其含量总体上呈由高到低的类Z形变化趋势；黄樟油素含量则呈从叶片到老枝缓慢增加、由老枝到主根急剧增加、并在侧根保持稳定的由低到高的反Z形变化趋势；1,8-桉叶油素在脑樟中则主要存在于枝（新枝和老枝）、干中，呈两头（叶和根）低、中间高的拱形变化趋势。异樟中的异-橙花叔醇为主要典型性成分，呈由高到低的变化趋势；1,8-桉叶油素呈两端（叶片、树干、根系）低、中间（新枝和老枝）高的变化趋势；异丁香酚甲醚和3-甲基-2-丁烯酸异龙脑酯呈由叶片到新枝急剧降低、由新枝到侧根缓慢降低的变化趋势；樟脑总体上呈由低（叶）到高（树干）后再到低（根）的拱形变化趋势；黄樟油素呈由叶片到老枝逐渐升高、由老枝到树干急剧升高、由树干到侧根缓慢升高的变化趋势，整个曲线近似于S形。本研究可为3种化学类型精油典型性成分和利用部位的选择及经营方式的选择提供重要依据和参考

第3章

樟树5种化学类型叶精油比较研究及年变化规律

樟树叶精油含量与叶精油中主成分含量是体现单位林地面积中精油产量和质量的主要和关键指标。而影响这些指标的因素，除了遗传因素和经营管理水平外，一个重要的因素是采收期的选择。前已述及，樟树5种化学类型内或类型间，叶精油含量与精油中主成分含量达到最大值的时间均不同，这就为适宜采收期的选择增加了难度。为此，本研究拟对樟树5种化学类型叶精油比较及年变化规律进行研究，将5种化学类型叶精油含量和精油中典型性成分含量出现最大值时的时间，初步确定为各成分的适宜采收期，旨在为樟树5种化学类型的利用提供支撑。

3.1 5种化学类型叶精油含量比较及年变化规律研究

3.1.1 樟树5种化学类型内月份间叶精油含量差异比较

3.1.1.1 试验材料与方法

3.1.1.1.1 试验材料

在樟树自由授粉后代群体中，以叶精油中主要化学成分的含量为依据，采用闻香法对3000余株樟树进行初步化学分类，做好分类记录和档案建立。根据初步分类结果，从油樟、脑樟、异樟、芳樟、龙脑樟5种化学类型中，采取随机取样方法，从每个化学类型中随机抽取100株单株作为固定取样株进行标记和编号，画出位置图，建立取样档案。并分别于1、3、5、7、9、11月的中旬（即不同生长期）采集叶片，每株样株每次采集叶样的重量不少于300g，作为提取精油的试验材料。

3.1.1.1.2 试验方法

（1）水蒸气蒸馏法提取5种化学类型叶精油

每次采样时，准确称取200.00g新鲜叶样作为试验用叶样品。采用国家林业和草原局樟树工程技术研究中心优化的水蒸气蒸馏法提取叶精油，精油称重后计算得率。

（2）叶精油含量计算

不同生长期单株叶精油含量（%）= 精油重量/叶重；

同一生长期同一化学类型精油平均含量（%）= 100株样株精油含量之和/100。

3. 1. 1. 2 试验结果与分析

3. 1. 1. 2. 1 樟树 5 种化学型叶精油含量不同生长期方差分析结果

将油樟、脑樟、异樟、芳樟、龙脑樟 5 种化学类型样株叶精油含量测定值列于表 3-1 至表 3-5。

表 3-1 油樟 100 株样株不同月份叶精油含量测定值（%）

序号	1 月	3 月	5 月	7 月	9 月	11 月
1	0. 85	1. 33	1. 77	2. 25	1. 59	0. 97
2	1. 82	1. 80	1. 98	2. 13	2. 03	1. 98
3	1. 64	1. 85	2. 14	2. 27	1. 34	1. 36
4	1. 63	1. 58	2. 21	2. 21	1. 94	1. 90
5	1. 47	1. 82	2. 13	2. 24	1. 82	2. 01
6	1. 43	1. 78	2. 12	2. 15	1. 78	1. 12
7	0. 78	1. 61	2. 24	2. 23	2. 32	1. 85
8	1. 69	1. 57	2. 30	2. 22	2. 30	1. 89
9	1. 58	1. 88	1. 96	2. 30	2. 05	1. 97
10	1. 25	1. 78	2. 09	2. 15	2. 17	1. 88
11	1. 67	1. 85	2. 11	2. 34	1. 59	1. 93
12	1. 54	1. 45	2. 34	2. 36	2. 11	2. 12
13	1. 60	1. 40	2. 22	2. 29	2. 37	1. 91
14	1. 48	1. 74	2. 37	2. 34	2. 04	2. 00
15	1. 66	1. 47	2. 03	2. 20	1. 55	1. 89
16	1. 63	1. 51	2. 09	2. 27	2. 31	2. 21
17	1. 66	1. 83	2. 13	2. 36	2. 07	1. 63
18	1. 55	1. 45	2. 07	2. 23	1. 91	1. 88
19	1. 78	1. 53	2. 18	2. 34	2. 09	1. 99
20	1. 58	1. 41	2. 04	2. 16	2. 17	1. 83
21	1. 73	1. 76	2. 33	2. 30	1. 46	1. 57
22	1. 94	1. 83	2. 14	2. 26	2. 21	2. 21
23	1. 32	1. 75	1. 99	2. 17	2. 02	1. 94
24	1. 66	1. 73	2. 09	2. 31	2. 28	2. 10
25	1. 24	0. 83	2. 19	2. 22	2. 25	2. 16
26	1. 33	1. 69	2. 00	2. 18	1. 53	0. 89
27	1. 53	1. 65	2. 22	2. 09	2. 23	1. 97
28	1. 79	1. 76	2. 05	2. 32	2. 15	1. 91
29	1. 65	1. 90	2. 31	2. 33	2. 33	2. 09
30	1. 65	1. 65	1. 97	2. 15	2. 04	1. 95
31	1. 16	1. 60	2. 16	2. 22	2. 19	1. 99

（续）

序号	1月	3月	5月	7月	9月	11月
32	1.41	1.97	2.36	2.24	2.36	2.16
33	1.55	1.90	2.07	2.24	1.78	1.88
34	1.20	0.95	1.98	2.16	1.49	0.93
35	1.30	0.74	1.88	2.18	2.03	1.79
36	1.57	1.44	1.91	1.98	1.95	1.83
37	1.73	1.73	2.27	2.27	2.17	2.17
38	1.39	1.78	2.13	2.14	1.56	1.33
39	1.63	1.50	2.10	2.33	2.32	2.10
40	1.31	1.75	2.08	2.27	2.17	1.87
41	1.69	1.54	2.10	2.25	2.22	1.99
42	1.83	1.77	2.01	1.97	1.77	1.52
43	1.51	1.47	1.95	2.35	2.39	1.75
44	1.51	1.75	1.99	2.10	1.90	1.86
45	1.44	1.15	1.80	2.23	1.68	0.88
46	1.63	1.55	2.29	2.31	2.26	2.00
47	1.73	1.53	1.95	1.99	2.05	1.82
48	1.65	1.50	2.26	2.14	2.26	1.93
49	1.53	1.33	2.40	2.30	2.38	1.99
50	1.80	1.79	2.06	2.26	2.15	2.09
51	1.38	1.30	2.06	2.23	2.12	1.97
52	1.63	1.64	2.33	2.27	2.34	2.17
53	1.41	1.47	2.28	2.12	2.30	2.15
54	1.75	1.87	2.03	2.11	2.11	1.87
55	1.79	1.75	2.37	2.26	2.12	1.57
56	1.51	1.97	2.17	2.38	2.26	1.96
57	1.47	1.37	2.09	2.28	2.17	1.88
58	1.37	1.37	1.94	1.95	2.15	1.93
59	1.49	1.75	2.06	2.03	1.87	1.75
60	1.69	1.68	2.32	2.35	1.82	1.99
61	1.35	1.66	2.10	1.92	2.05	1.55
62	1.35	1.60	2.25	2.16	1.93	1.93
63	1.63	1.33	2.04	2.28	2.14	1.84
64	1.57	1.58	2.12	2.06	1.44	1.57
65	1.38	1.38	2.28	2.31	2.31	1.42
66	1.69	1.60	2.15	2.40	2.17	1.79
67	0.79	1.22	2.18	2.35	2.22	1.68

（续）

序号	1月	3月	5月	7月	9月	11月
68	1.43	1.88	1.92	2.02	1.88	1.47
69	1.68	1.83	2.29	2.41	2.04	1.50
70	1.59	1.85	2.22	2.03	2.19	2.22
71	1.44	1.77	2.16	2.36	2.27	2.03
72	1.40	1.38	2.07	2.19	1.78	1.89
73	1.53	1.87	2.26	2.38	1.82	1.36
74	1.63	1.63	2.05	2.14	1.97	1.91
75	1.47	1.41	2.13	2.38	2.23	1.89
76	1.58	1.83	1.99	2.13	1.78	1.83
77	1.69	1.67	2.18	2.27	2.36	2.21
78	1.67	1.66	2.07	2.16	2.01	1.78
79	1.69	1.61	2.13	2.27	1.81	2.04
80	1.47	1.84	2.26	2.34	1.94	1.94
81	1.48	1.48	2.11	2.29	2.16	2.08
82	1.41	1.22	2.05	1.98	1.39	1.09
83	1.41	1.78	1.99	2.10	1.96	1.58
84	1.55	1.45	2.25	2.39	1.50	0.77
85	0.91	1.77	2.17	2.40	1.80	1.55
86	1.50	1.32	2.03	2.22	1.57	1.03
87	1.47	1.55	2.26	2.36	1.69	1.36
88	1.40	1.47	2.26	2.26	2.05	1.95
89	0.95	1.78	1.99	1.99	1.94	0.95
90	1.57	1.48	2.15	2.25	1.54	2.07
91	1.71	1.74	2.39	2.36	2.37	2.19
92	1.56	1.55	2.23	2.26	1.33	1.04
93	1.55	1.85	2.15	2.25	1.34	0.89
94	1.51	1.87	2.06	2.27	1.88	1.24
95	1.65	1.58	2.24	2.21	1.49	2.27
96	1.53	1.82	2.37	2.29	1.55	1.43
97	1.52	1.43	1.95	2.13	1.96	0.98
98	1.49	1.68	1.97	1.89	2.02	1.68
99	0.85	1.35	2.25	2.31	1.86	1.59
100	1.59	1.87	2.31	2.27	1.73	1.68

表 3-2 脑樟 100 株样株不同月份叶精油含量测定值（%）

序号	1月	3月	5月	7月	9月	11月
1	1.86	1.88	2.11	2.22	2.01	1.94
2	0.83	1.21	1.82	2.03	1.73	1.43
3	1.98	1.85	2.27	2.31	2.22	1.95
4	1.40	1.68	2.03	2.13	1.85	1.68
5	0.88	1.25	2.00	2.26	1.91	1.68
6	1.15	1.72	2.17	2.17	2.09	1.88
7	1.30	1.38	1.88	2.09	1.96	1.55
8	0.99	1.38	2.08	2.15	1.89	1.58
9	0.94	1.30	1.94	2.14	1.73	1.64
10	0.99	1.46	2.02	2.32	1.84	1.55
11	1.09	1.50	2.32	2.35	2.19	1.95
12	1.95	1.85	2.43	2.38	2.35	2.22
13	1.98	2.04	2.30	2.32	2.35	2.35
14	1.51	1.66	2.27	2.30	2.11	1.96
15	1.56	1.63	2.21	2.39	2.17	1.94
16	0.78	1.33	2.01	2.11	1.91	1.89
17	1.09	1.63	2.27	2.34	2.29	2.00
18	0.90	0.97	2.01	2.16	1.93	1.68
19	1.46	0.93	2.21	2.31	2.15	1.92
20	2.00	2.10	2.13	2.33	2.09	2.20
21	1.87	1.68	2.37	2.39	2.27	1.99
22	1.72	1.82	2.21	2.19	2.18	1.97
23	1.82	1.91	2.38	2.34	2.38	2.13
24	1.41	1.68	2.23	2.36	2.14	1.98
25	1.87	2.12	2.39	2.39	2.35	2.11
26	0.77	1.11	1.99	2.17	1.79	1.58
27	2.00	1.94	2.35	2.32	2.26	2.00
28	1.35	2.20	2.31	2.39	2.33	2.24
29	1.72	1.85	2.17	2.22	2.08	1.91
30	1.72	1.83	2.11	2.18	2.07	1.91
31	0.85	1.29	2.35	2.36	2.13	1.85
32	1.87	1.69	2.35	2.43	2.30	2.05
33	1.35	1.52	2.27	2.27	1.99	1.77
34	1.35	1.69	1.95	2.02	1.95	1.93
35	1.99	1.38	2.22	2.25	2.16	2.16
36	0.93	1.03	2.01	2.16	1.94	1.37

（续）

序号	1月	3月	5月	7月	9月	11月
37	0.95	1.55	2.36	2.36	2.01	1.92
38	0.95	1.65	2.33	2.37	2.27	2.00
39	1.72	2.00	2.35	2.31	2.34	2.35
40	1.10	1.60	2.26	2.30	2.16	1.90
41	1.41	1.41	2.18	2.22	2.09	1.97
42	1.30	1.12	2.12	2.22	1.92	1.74
43	1.04	1.47	2.24	2.37	1.90	1.83
44	1.04	1.24	2.27	2.31	2.27	1.92
45	0.99	1.15	2.09	2.14	1.93	1.66
46	1.15	1.99	2.31	2.30	2.21	2.21
47	1.67	1.95	2.36	2.38	2.26	2.19
48	1.25	1.59	2.36	2.34	2.16	1.99
49	1.41	1.38	2.20	2.33	2.01	1.83
50	1.56	1.56	2.36	2.39	2.22	1.88
51	1.92	2.03	2.40	2.36	2.29	2.30
52	1.42	1.55	2.29	2.31	2.07	1.91
53	1.25	1.24	2.01	2.16	1.91	1.58
54	1.51	1.67	2.31	2.34	2.25	1.95
55	1.43	2.11	2.35	2.38	2.35	2.19
56	2.08	1.95	2.37	2.34	2.41	2.21
57	1.56	1.68	2.14	2.21	2.03	1.92
58	1.10	1.44	2.11	2.19	2.07	1.84
59	1.61	1.87	2.25	2.23	2.28	2.00
60	1.93	1.94	2.20	2.27	2.15	2.16
61	1.95	1.97	2.25	2.25	2.24	2.16
62	1.04	1.81	2.17	2.23	2.06	1.91
63	1.77	1.77	2.14	2.18	2.01	1.90
64	1.56	1.59	1.92	1.99	1.88	1.83
65	0.94	1.09	1.95	2.00	1.85	1.46
66	0.92	1.32	2.03	1.98	1.94	1.37
67	1.41	1.77	2.23	2.30	2.18	1.96
68	1.89	2.10	2.34	2.40	2.39	2.18
69	1.46	1.53	2.16	2.26	2.20	2.02
70	1.25	1.41	2.33	2.37	2.28	1.99
71	1.77	1.87	2.14	2.19	2.11	1.97
72	0.88	0.97	1.94	2.07	1.79	1.30

（续）

序号	1月	3月	5月	7月	9月	11月
73	1.67	1.67	2.18	2.24	1.97	1.92
74	1.25	1.24	2.13	2.12	2.02	1.81
75	1.98	1.89	2.30	2.36	2.30	2.17
76	0.89	1.58	2.29	2.35	2.28	2.16
77	0.99	1.34	2.25	2.25	2.10	1.88
78	1.46	1.58	2.10	2.21	2.18	1.90
79	1.41	1.24	2.13	2.16	1.99	1.69
80	1.89	1.68	2.14	2.16	2.05	1.88
81	0.88	1.16	1.98	2.04	1.93	1.79
82	1.24	1.76	2.31	2.27	2.26	2.18
83	1.78	1.54	2.38	2.38	2.36	2.03
84	1.93	1.88	2.41	2.39	2.31	2.17
85	1.41	2.00	2.24	2.27	2.17	1.95
86	1.20	0.93	2.11	2.22	2.04	1.78
87	1.77	1.85	2.35	2.34	2.30	2.07
88	1.51	1.81	2.39	2.36	2.42	2.13
89	1.78	1.87	2.29	2.31	2.33	2.11
90	1.04	1.65	2.27	2.36	2.19	1.99
91	1.25	1.98	2.19	2.25	2.08	2.09
92	0.83	1.44	2.01	2.17	1.92	1.57
93	0.98	1.44	2.06	2.09	2.09	1.79
94	0.86	1.15	2.11	2.10	1.91	1.65
95	1.00	1.41	2.17	2.16	2.10	1.82
96	1.53	1.77	2.27	2.35	2.05	1.92
97	1.15	1.72	2.24	2.32	2.37	2.05
98	1.15	1.45	2.30	2.34	2.36	1.94
99	1.41	2.00	2.31	2.34	2.29	1.98
100	0.94	1.51	2.16	2.22	2.16	1.79

表 3-3　异樟 100 株样株不同月份叶精油含量测定值（%）

序号	1月	3月	5月	7月	9月	11月
1	0.20	0.18	0.25	0.32	0.37	0.28
2	0.18	0.21	0.24	0.39	0.47	0.31
3	0.45	0.44	0.47	0.58	0.62	0.52
4	0.16	0.21	0.29	0.38	0.46	0.34
5	0.19	0.24	0.28	0.39	0.47	0.32

（续）

序号	1月	3月	5月	7月	9月	11月
6	0. 24	0. 26	0. 32	0. 37	0. 45	0. 32
7	0. 18	0. 18	0. 22	0. 36	0. 41	0. 29
8	0. 22	0. 27	0. 35	0. 50	0. 50	0. 42
9	0. 55	0. 57	0. 63	0. 61	0. 66	0. 62
10	0. 29	0. 32	0. 38	0. 49	0. 54	0. 44
11	0. 51	0. 48	0. 47	0. 52	0. 59	0. 48
12	0. 25	0. 33	0. 40	0. 45	0. 48	0. 43
13	0. 48	0. 48	0. 52	0. 60	0. 63	0. 58
14	0. 29	0. 35	0. 38	0. 50	0. 57	0. 42
15	0. 17	0. 25	0. 30	0. 47	0. 52	0. 41
16	0. 35	0. 30	0. 36	0. 48	0. 54	0. 43
17	0. 38	0. 39	0. 47	0. 63	0. 61	0. 55
18	0. 27	0. 25	0. 27	0. 41	0. 44	0. 34
19	0. 13	0. 21	0. 25	0. 39	0. 44	0. 30
20	0. 26	0. 33	0. 36	0. 51	0. 59	0. 42
21	0. 22	0. 26	0. 33	0. 44	0. 48	0. 39
22	0. 48	0. 45	0. 45	0. 64	0. 65	0. 59
23	0. 23	0. 28	0. 31	0. 44	0. 50	0. 37
24	0. 20	0. 21	0. 25	0. 35	0. 41	0. 29
25	0. 26	0. 28	0. 34	0. 45	0. 53	0. 38
26	0. 21	0. 26	0. 32	0. 36	0. 43	0. 38
27	0. 31	0. 33	0. 38	0. 52	0. 57	0. 45
28	0. 48	0. 48	0. 55	0. 63	0. 65	0. 63
29	0. 26	0. 33	0. 42	0. 52	0. 57	0. 47
30	0. 33	0. 46	0. 54	0. 58	0. 58	0. 52
31	0. 27	0. 34	0. 33	0. 48	0. 55	0. 4
32	0. 39	0. 41	0. 43	0. 59	0. 59	0. 52
33	0. 38	0. 45	0. 50	0. 61	0. 64	0. 58
34	0. 18	0. 15	0. 20	0. 33	0. 41	0. 27
35	0. 11	0. 18	0. 23	0. 35	0. 43	0. 28
36	0. 13	0. 16	0. 22	0. 31	0. 38	0. 28
37	0. 22	0. 29	0. 35	0. 47	0. 53	0. 41
38	0. 15	0. 23	0. 29	0. 39	0. 43	0. 33
39	0. 25	0. 30	0. 35	0. 49	0. 53	0. 43
40	0. 27	0. 33	0. 39	0. 55	0. 59	0. 47
41	0. 17	0. 25	0. 27	0. 36	0. 42	0. 34

（续）

序号	1月	3月	5月	7月	9月	11月
42	0.51	0.47	0.58	0.63	0.63	0.65
43	0.37	0.39	0.42	0.50	0.58	0.41
44	0.40	0.44	0.48	0.62	0.66	0.56
45	0.27	0.30	0.37	0.50	0.54	0.44
46	0.21	0.24	0.26	0.39	0.46	0.35
47	0.22	0.29	0.33	0.43	0.49	0.39
48	0.42	0.38	0.44	0.56	0.57	0.47
49	0.55	0.57	0.60	0.64	0.62	0.62
50	0.20	0.22	0.24	0.34	0.38	0.28
51	0.20	0.27	0.34	0.42	0.48	0.34
52	0.36	0.37	0.45	0.57	0.59	0.50
53	0.29	0.36	0.36	0.41	0.44	0.38
54	0.24	0.27	0.33	0.43	0.47	0.39
55	0.31	0.24	0.31	0.46	0.51	0.40
56	0.18	0.22	0.24	0.36	0.44	0.30
57	0.27	0.34	0.39	0.45	0.50	0.47
58	0.30	0.58	0.62	0.59	0.61	0.59
59	0.29	0.30	0.37	0.42	0.48	0.44
60	0.16	0.24	0.26	0.36	0.41	0.33
61	0.23	0.27	0.33	0.42	0.48	0.39
62	0.26	0.32	0.38	0.51	0.57	0.46
63	0.16	0.21	0.22	0.32	0.39	0.27
64	0.23	0.29	0.36	0.44	0.52	0.38
65	0.40	0.33	0.42	0.56	0.59	0.49
66	0.35	0.41	0.47	0.51	0.55	0.46
67	0.41	0.43	0.45	0.60	0.62	0.55
68	0.21	0.26	0.31	0.43	0.48	0.37
69	0.17	0.24	0.30	0.38	0.43	0.39
70	0.23	0.26	0.27	0.36	0.43	0.32
71	0.15	0.21	0.32	0.34	0.37	0.32
72	0.16	0.15	0.24	0.36	0.38	0.28
73	0.37	0.37	0.41	0.55	0.58	0.45
74	0.31	0.33	0.40	0.52	0.58	0.48
75	0.19	0.24	0.26	0.41	0.40	0.33
76	0.27	0.29	0.32	0.44	0.47	0.39
77	0.18	0.22	0.33	0.43	0.51	0.39

（续）

序号	1月	3月	5月	7月	9月	11月
78	0.24	0.27	0.35	0.48	0.53	0.40
79	0.16	0.23	0.25	0.39	0.41	0.34
80	0.24	0.33	0.39	0.52	0.56	0.47
81	0.13	0.17	0.22	0.32	0.38	0.26
82	0.24	0.27	0.34	0.52	0.55	0.39
83	0.34	0.33	0.39	0.52	0.57	0.48
84	0.22	0.25	0.28	0.37	0.43	0.31
85	0.23	0.25	0.27	0.38	0.41	0.34
86	0.15	0.22	0.30	0.43	0.49	0.38
87	0.13	0.18	0.25	0.36	0.40	0.30
88	0.29	0.36	0.43	0.53	0.55	0.49
89	0.18	0.25	0.30	0.42	0.45	0.37
90	0.14	0.18	0.24	0.37	0.38	0.30
91	0.53	0.55	0.60	0.61	0.61	0.63
92	0.14	0.18	0.26	0.38	0.42	0.32
93	0.18	0.26	0.31	0.43	0.48	0.38
94	0.25	0.24	0.33	0.39	0.41	0.37
95	0.20	0.33	0.38	0.50	0.55	0.45
96	0.27	0.35	0.39	0.48	0.56	0.42
97	0.38	0.37	0.44	0.53	0.59	0.49
98	0.25	0.31	0.37	0.50	0.53	0.43
99	0.37	0.45	0.51	0.60	0.58	0.58
100	0.46	0.44	0.50	0.61	0.61	0.57

表 3-4　芳樟 105 株样株不同月份叶精油含量测定值（%）

编号	1月	3月	5月	7月	9月	11月
1		0.85	1.49	1.05	1.07	1.08
2		0.95	0.85	1.09	0.79	0.74
3		0.95	1.09	1.10	0.93	0.95
4	0.87	0.89	1.39	1.19	1.17	1.04
5		0.79	0.84	0.44	1.19	0.88
6	1.32	0.95	1.53	1.30	1.23	1.08
7	0.74	0.75	0.98	0.84	1.03	0.99
8	1.19	0.86	0.88	1.42	1.56	1.32
9	1.09	1.28	1.85	1.53	1.18	1.41
10		0.59	0.92	0.67	0.60	0.56

（续）

编号	1月	3月	5月	7月	9月	11月
11	0.78	1.02	1.24	1.04	1.00	0.90
12	0.52	0.50	0.77	0.48	0.54	0.60
13		1.27	1.79	1.44	1.48	1.12
14	0.92	0.92	1.27	0.54	0.90	0.95
15	0.69	0.81	0.99	1.01	0.79	0.66
16	0.83	0.80	1.16	0.99	0.81	0.86
17		0.65	0.64	0.74	0.65	0.77
18	0.54	0.51	0.56	0.67	0.53	0.61
19	0.96	0.93	1.23	0.92	0.90	0.86
20	1.13	0.93	1.62	1.49	1.46	1.38
21	0.72	0.79	0.99	0.88	0.77	0.75
22		0.82	0.87	0.98	0.86	0.83
23	1.30	1.19	1.69	1.20	1.14	1.20
24	0.89	1.18	1.38	1.22	1.11	1.15
25	0.86	1.12	1.70	1.07	1.19	0.99
26	0.98	0.92	1.16	1.51	1.28	1.38
27	0.84	0.89	1.04	1.20	0.75	0.99
28	1.05	1.24	1.38	1.34	1.15	1.14
29	0.66	0.93	1.51	1.03	0.89	0.92
30	1.13	1.09	1.61	1.16	1.31	1.33
31	1.23	1.50	1.53	1.49	1.28	1.39
32	1.08	1.34	1.41	1.29	1.18	1.27
33	0.92	1.00	1.35	0.64	1.00	1.48
34	0.96	0.98	1.21	1.10	1.08	1.13
35	1.23	0.97	1.32	1.55	1.04	0.97
36	0.99	1.00	1.14	1.05	0.80	0.89
37	0.77	0.90	1.06	0.96	0.84	0.88
38	0.88	0.89	0.95	0.90	1.06	0.92
39	0.81	0.87	0.88	0.89	0.68	0.73
40	1.14	1.17	1.35	1.32	1.34	0.96
41	0.97	1.02	1.38	1.23	1.02	1.19
42	1.19	1.07	1.34	1.22	1.52	1.52
43	0.99	1.08	1.16	1.29	0.96	1.12
44	1.09	1.08	1.35	1.36	1.06	0.97
45	0.69	0.83	0.97	0.85	0.95	0.97
46	0.92	0.97	1.16	1.34	1.00	1.11

(续)

编号	1月	3月	5月	7月	9月	11月
47	0.98	1.02	1.06	1.04	0.97	0.89
48	1.47	1.23	1.76	1.94	1.57	1.77
49	1.01	1.06	1.20	1.08	1.08	1.25
50		1.02	1.02	1.01	0.98	0.94
51		1.06	1.16	1.20	1.09	1.18
52		0.94	0.85	0.70	0.78	0.69
53	1.03	1.07	0.94	1.32	1.12	0.95
54	1.02	1.05	0.97	1.01	0.86	1.02
55	0.97	0.99	0.98	1.02	0.96	0.92
56	1.12	1.25	1.13	1.52	1.15	1.13
57	1.06	1.06	1.18	1.19	1.06	1.08
58		1.08	0.99	1.07	1.05	0.98
59		0.97	1.38	1.18	1.02	1.07
60	1.07	1.13	1.69	1.38	1.36	1.45
61	1.04	1.20	1.26	1.32	1.15	1.10
62	0.88	0.92	0.97	1.14	0.89	0.90
63	0.85	0.92	1.02	0.93	0.87	0.94
64	0.91	1.04	1.09	1.40	1.17	1.25
65	1.07	1.16	1.22	1.40	1.38	1.19
66	0.89	0.92	1.12	1.01	0.95	0.95
67	0.86	0.87	1.17	1.09	0.99	0.97
68		1.22	1.70	1.43	1.46	1.12
69		1.05	1.06	1.05	1.12	0.90
70	1.25	1.72	2.03	1.76	1.51	1.64
71	1.02	1.13	1.44	1.20	1.16	1.07
72	0.98	1.01	1.11	1.01	1.20	0.92
73		0.64	0.71	0.80	0.63	0.63
74	0.74	0.82	0.85	1.19	0.94	0.71
75	0.82	0.98	1.04	1.06	1.01	0.96
76	0.95	0.91	0.99	1.16	0.93	0.96
77	0.91	0.95	0.90	0.99	0.89	0.96
78	0.71	0.86	1.03	1.18	1.06	1.10
79	1.09	1.17	1.52	1.66	1.31	1.51
80	1.57	1.39	1.43	1.70	1.60	1.77
81	1.04	1.08	1.16	1.35	1.14	1.14
82	0.91	0.97	0.97	0.99	1.07	1.08

（续）

编号	1 月	3 月	5 月	7 月	9 月	11 月
83	0. 83	0. 89	0. 97	1. 00	0. 93	0. 91
84	0. 73	0. 80	0. 82	0. 92	0. 80	0. 84
85	0. 72	0. 79	0. 83	0. 94	0. 74	1. 01
86		0. 98	1. 12	1. 17	0. 99	0. 96
87	1. 00	1. 22	1. 40	1. 30	1. 27	1. 37
88		1. 14	1. 21	1. 31	1. 19	1. 27
89		1. 52	1. 59	1. 76	1. 44	1. 50
90		0. 79	0. 87	0. 87	0. 75	0. 88
91		0. 94	1. 07	1. 10	1. 01	1. 15
92		0. 80	0. 91	1. 05	0. 92	0. 90
93		0. 88	1. 02	0. 94	0. 98	0. 80
94		0. 70	0. 95	0. 89	0. 77	0. 77
95		1. 01	1. 01	1. 12	1. 13	1. 03
96		1. 06	1. 11	1. 05	0. 97	1. 02
97		0. 82	0. 98	0. 90	0. 88	0. 89
98		0. 75	1. 40	1. 14	1. 23	1. 19
99		1. 45	1. 83	1. 80	1. 68	1. 62
100		1. 11	1. 47	1. 37	1. 28	1. 07
101		1. 03	0. 97	1. 15	1. 04	1. 09
102		0. 98	1. 09	1. 07	1. 15	1. 03
103	1. 11	1. 32	1. 69	1. 43	1. 29	1. 16
104	1. 34	1. 48	1. 92	1. 58	1. 42	1. 44
105	0. 73	0. 77	0. 81	0. 90	0. 87	0. 85

表 3-5　龙脑樟 106 株样株不同月份叶精油含量测定值（%）

序号	5 月	7 月	9 月	11 月	1 月
1	1. 10	1. 03	0. 94	0. 85	0. 83
2	0. 81	0. 84	0. 94	1. 13	1. 05
3	1. 07	1. 28	1. 11	1. 06	0. 98
4	1. 04	0. 97	0. 95	0. 82	0. 93
5	1. 00	1. 04	1. 18	1. 23	1. 09
6	0. 59	0. 69	0. 84	0. 87	0. 72
7	1. 16	1. 17	1. 42	1. 32	1. 15
8	0. 79	1. 02	1. 09	1. 01	0. 86
9	1. 16	1. 13	1. 11	1. 10	0. 89
10	1. 03	1. 07	1. 10	1. 13	1. 05

（续）

序号	5月	7月	9月	11月	1月
11	1.10	1.20	1.33	1.22	1.07
12	1.04	1.15	1.26	1.21	1.06
13	1.55	1.23	1.18	1.15	1.15
14	1.02	1.36	1.29	1.19	1.20
15	0.71	0.88	0.94	1.09	0.95
16	0.87	0.91	1.00	1.01	1.14
17	0.93	0.99	1.09	1.05	1.02
18	1.36	1.55	1.53	1.40	1.25
19	0.98	0.95	0.88	0.86	0.74
20	1.10	1.30	1.27	1.26	0.91
21	1.19	1.60	1.49	1.29	1.12
22	1.30	1.38	1.13	1.11	1.08
23	1.47	1.53	1.38	1.32	1.24
24	0.84	0.88	0.90	0.86	0.75
25	0.91	1.21	1.36	1.17	1.01
26	1.38	1.53	1.36	1.36	1.23
27	1.09	1.30	1.14	1.14	1.04
28	0.81	0.84	0.94	0.99	0.88
29	0.74	1.10	1.06	0.98	0.85
30	1.37	1.32	1.17	1.11	1.02
31	1.95	2.28	1.70	1.53	1.47
32	1.34	1.42	1.36	1.27	1.16
33	0.88	0.87	1.00	1.05	0.92
34	1.19	1.65	1.28	1.16	1.04
35	1.25	1.23	1.21	1.18	1.15
36	0.90	0.95	0.95	0.89	0.77
37	1.45	1.52	1.57	1.54	1.29
38	1.18	1.38	1.46	1.18	1.14
39	1.30	1.39	1.50	1.51	1.46
40	1.13	1.27	1.44	1.25	1.17
41	1.12	1.31	1.38	1.34	0.98
42	1.12	1.02	0.92	0.77	0.58
43	1.02	1.35	1.06	1.02	0.95

（续）

序号	5月	7月	9月	11月	1月
44	1.04	1.09	1.06	1.00	0.93
45	0.94	1.13	1.06	0.94	0.75
46	1.34	1.63	1.57	1.35	1.21
47	1.43	1.35	1.27	1.14	0.98
48	1.02	1.05	0.96	0.95	0.92
49	1.55	1.49	1.27	1.15	1.11
50	0.94	1.06	0.90	0.80	0.79
51	1.29	1.25	1.22	1.10	1.01
52	0.99	1.06	1.13	0.99	0.87
53	0.96	1.30	1.21	1.12	1.11
54	0.96	1.08	1.26	0.85	0.79
55	1.08	1.09	1.18	1.11	0.94
56	0.88	1.11	1.14	1.05	0.85
57	1.14	1.26	1.30	1.14	0.97
58	0.72	0.81	0.87	0.88	0.63
59	1.62	1.83	1.84	2.01	1.73
60	1.59	1.53	1.41	1.20	1.16
61	0.81	0.88	0.82	0.74	0.71
62	0.92	1.17	0.94	0.93	0.91
63	1.34	1.50	1.46	1.36	1.13
64	0.91	1.00	0.90	0.89	0.80
65	1.30	1.40	1.86	1.60	1.53
66	0.89	1.06	1.05	0.96	0.96
67	1.31	1.17	1.03	1.01	0.97
68	1.35	1.26	1.24	0.95	0.87
69	1.06	1.26	1.25	1.25	1.09
70	1.04	1.11	1.20	1.24	1.14
71	1.07	1.27	1.31	1.12	1.10
72	1.23	1.25	1.09	1.08	1.02
73	0.89	1.28	1.11	1.08	0.96
74	1.56	1.86	1.59	1.40	1.21
75	1.27	1.26	1.15	1.10	1.03
76	1.43	1.45	1.41	1.51	1.26

（续）

序号	5月	7月	9月	11月	1月
77	1.18	1.34	1.25	1.21	1.20
78	1.15	1.21	1.30	1.24	1.13
79	1.38	1.22	1.12	1.00	0.92
80	0.80	0.86	0.90	1.03	0.98
81	1.17	1.43	1.51	1.13	1.11
82	1.16	1.28	1.16	1.10	1.07
83	1.64	1.84	1.59	1.58	1.56
84	0.75	0.86	0.94	1.06	0.78
85	1.24	1.44	1.36	1.31	1.29
86	0.88	1.03	0.95	0.87	0.78
87	1.30	1.15	1.09	1.06	1.01
88	1.50	1.51	1.64	1.82	1.40
89	1.48	1.35	1.25	1.25	1.17
90	0.97	1.15	1.00	0.90	0.89
91	1.32	1.34	1.27	1.24	1.09
92	0.95	1.16	1.05	0.89	0.84
93	1.45	1.60	1.51	1.31	1.19
94	0.83	0.84	0.91	0.77	0.75
95	0.80	0.93	0.78	0.75	0.67
96	1.57	1.55	1.43	1.31	1.17
97	1.01	1.10	1.26	1.27	1.18
98	1.04	1.01	1.24	0.96	0.93
99	1.35	1.73	1.59	1.58	1.48
100	1.26	1.30	1.34	1.19	1.16
101	1.27	1.36	1.41	1.44	1.20
102	1.12	1.38	1.11	1.01	0.89
103	1.18	1.16	0.96	0.95	0.91
104	0.76	0.82	0.78	0.65	0.56
105	1.43	1.52	1.38	1.31	1.22
106	1.12	1.20	1.00	0.93	0.87

将5种化学类型内叶精油含量月份间的方差分析结果列于表3-6。由表3-6可知，樟树5种化学类型叶精油含量月份间差异均达到0.0001的极显著水平。说明以叶精油含量为指标进行最佳采收期的筛选，可以获得显著选择效果。

表 3-6 樟树 5 种化学型内不同月份叶精油含量方差分析表

化学类型	变异来源	平方和	自由度	均方	*F* 值	*p* 值
油樟	月份间	194.8631	5	38.9726	123.760**	0.0001
	月份内	187.0539	594	0.3149		
	总变异	381.9169	599			
脑樟	月份间	304.5312	5	60.9062	197.163**	0.0001
	月份内	183.4942	594	0.3089		
	总变异	488.0254	599			
异樟	月份间	15746.50	5	3149.301	93.384**	0.0001
	月份内	20032.26	594	33.7243		
	总变异	35778.76	599			
芳樟	月份间	24.7053	5	4.9411	10.386**	0.0001
	月份内	281.6459	592	0.4758		
	总变异	306.3513	597			
龙脑樟	月份间	19.2708	4	4.8177	11.9590**	0.0001
	月份内	211.4909	525	0.4028		
	总变异	230.7617	529			

注：精油含量（%）作 arcsin x 变换，下同。

差异显著性检验结果进一步表明（表 3-7）：油樟、脑樟 2 种化学类型叶精油平均含量的变化趋势基本一致，含量最高月份为 7 月，之后依次为 5、9、11、3、1 月。其中油樟 7 月精油含量（2.2232%）与其他月份之间的差异均达到显著或极显著水平，其他月份之间的差异也达到极显著水平，最高月份（7 月）是最低月份（1 月）的 1.47 倍；脑樟 7 月精油含量除与 5 月含量差异不显著外，与其他月份之间的差异均达到极显著水平，其他月份之间的差异也达到极显著水平，精油含量最高的月份（7 月）是最低月份（1 月）的 1.63 倍；异樟叶精油月平均含量最高的月份为 9 月，之后依次为 7、11、5、3、1 月，与油樟和脑樟 2 种类型存在较大差别；异樟叶精油含量最高的 9 月（0.5089%），与其他月份之间的差异均达到极显著水平，其他各月份相互间的差异也达到极显著水平，精油含量最高的 9 月是最低月份 1 月（0.27%）的 1.88 倍；芳樟叶精油月平均含量最高的月份为 5 月，之后依次为 7、9、11、3、1 月，芳樟叶精油含量最高的 5 月（1.1916%）和 7 月（1.1453%），与其他月份之间的差异达到显著或极显著水平，其他各月份相互间的差异也达到显著水平，其精油含量是最低月份 1 月（0.9664%）的 1.23 倍和 1.19 倍；龙脑樟叶精油月平均含量最高的月份为 7 月（1.2364%）和 9 月（1.2014%），7 月和 9 月间差异不显著，但两者与 5、11、1 月间的差异达到显著或极显著水平，5 月和 11 月间的差异不显著，与 1 月间的差异达到极显著水平，7 月精油含量是最低月份 1 月（1.0300%）的 1.20 倍。综上可知，5 种化学类型就叶精油含量对叶片采集时间进行筛选，可以获得显著选择效果。油樟叶片最佳采集时期以7月为宜，脑樟以7月和5月为宜，异樟以9月为宜，芳樟以5月和7月为宜，龙脑樟以7月和9月为宜。

表3-7 樟树5种化学类型内月份间叶精油含量差异显著性检验表

化学类型	时间（月）	$\overline{X}+S$（%）	变异系数（%）	差异显著性水平	
				5%	1%
油樟	7	2.2232±0.1187	5.34	a	A
	5	2.1324±0.1363	6.39	b	A
	9	1.9786±0.2862	14.46	c	B
	11	1.755±0.3708	21.13	d	C
	3	1.6074±0.2334	14.52	e	D
	1	1.5083±0.2216	14.69	f	E
脑樟	7	2.2593±0.1111	4.92	a	A
	5	2.2012±0.1414	6.42	a	AB
	9	2.1211±0.1715	8.09	b	B
	11	1.9165±0.2189	11.42	c	C
	3	1.6037±0.3079	19.20	d	D
	1	1.3860±0.3780	27.27	e	E
异樟	9	0.5089±0.0809	15.90	a	A
	7	0.4651±0.0914	19.65	b	B
	11	0.4150±0.0975	23.49	c	C
	5	0.3594±0.0995	27.69	d	D
	3	0.3077±0.0990	32.17	e	E
	1	0.2700±0.1072	39.70	f	F
芳樟	5	1.1916±0.3013	25.29	a	A
	7	1.1453±0.2795	24.40	a	AB
	9	1.0598±0.2395	22.60	b	BC
	11	1.0550±0.2468	23.39	b	BC
	3	1.0012±0.2076	20.74	bc	C
	1	0.9664±0.1990	20.59	c	C
龙脑樟	7	1.2364±0.2648	21.42	a	A
	9	1.2014±0.2339	19.47	a	AB
	5	1.1346±0.2508	22.10	b	B
	11	1.1330±0.2300	20.30	b	B
	1	1.0300±0.2101	20.40	c	C

3.1.1.2.2 樟树5种化学类型内各样株间叶精油含量差异比较

（1）油樟

由表3-1可知，油樟所有样株，无论哪个月份，不同个体间叶精油含量均存在极大差异。如1月，精油含量最低的样株仅为0.79%，含量最高的样株则为1.94%，为前者的2.49倍；再如7月，精油含量最低的样株为1.89%，含量最高的样株则为2.41%，为前者的1.28倍。

此外，从5月到9月，为油樟叶精油含量最高的时期。由表3-1可知，在100株样株中，叶精油含量以5月为最高的植株占15%，以7月为最高的植株占67%，以9月为最高的植株占18%，总体上以7月的平均含量为最高。叶精油含量最低的时期为11月至次年3月，其中以11月精油含量为最低的植株占22%，以1月含量为最低的植株占43%，以3月含量为最低的植株占35%，总体上以1月的平均含量为最低。有些植株3月的精油含量略高于1月，可能由于3月的气温较高，在老叶脱落之前，还能进行精油的合成和积累。若以叶精油含量为指标，油樟叶片最佳采集时间应为7月，并宜在9月前采集完。

（2）脑樟

由表3-2可知，脑樟不同个体间叶精油含量存在极大差异。如1月，精油含量最低的样株仅为0.77%，含量最高的样株则为2.08%，为前者的2.70倍；再如7月，精油含量最低的样株为1.98%，含量最高的样株则为2.43%，为前者的1.23倍。由表3-2还可知，脑樟叶精油含量最高的时期集中在5~9月，与油樟的情况类似。在脑樟的100株样株中，叶精油含量最高为5月的植株占11%，精油含量最高为7月的植株高达83%，最高为9月的植株仅占6%。说明脑樟叶精油含量最高的月份主要在7月，但9月还保持较高水平。脑樟精油含量最低的时期为11月至次年3月，但精油含量最低的月份有83%的植株集中在1月，只有17%的植株为3月；没有精油含量最低出现在11月的植株，说明脑樟在11月时还保持较高的精油含量。而油樟化学类型有22%的植株其精油含量最低的月份出现在11月。因此认为，脑樟叶片的最佳采集时间为7~9月，但宜在11月前采完。

（3）异樟

由表3-3可知，异樟化学类型的100株样株，个体间叶精油含量也存在极大差异，与前述油樟和脑樟的试验结果一致。如1月，异樟叶精油含量最低的样株仅为0.11%，含量最高的样株可达0.55%，为前者的5.00倍；再如7月，叶精油含量最低的样株为0.37%，含量最高的样株则为0.66%，为前者的1.78倍。与油樟和脑樟化学类型不同，异樟叶精油含量最高的时期出现在7~11月。在异樟的100株样株中，有97%的植株的叶精油含量最高月份出现在9月，其次为7月和11月，各占2%和1%。这一结果说明，异樟叶精油积累的时间较前两种类型滞后。此外，异樟叶精油含量最低的时期为1~3月，其中出现在1月的植株占85%，出现在3月的植株占15%。可见，异樟叶片的最佳采集时期在7~11月，以9月为最佳，但宜在11月前采完。

（4）芳樟

由表3-4可知，芳樟化学类型的105株样株，个体间叶精油含量也存在极大差异，与前述化学类型的试验结果一致。如3月，芳樟叶精油含量最低的样株仅为0.50%，含量最高的样株可达1.72%，为前者的3.44倍；再如7月，叶精油含量最低的样株为0.44%，含量最高的样株则为1.94%，为前者的4.41倍。芳樟叶精油含量最高的时期5~11月均有出现，其中，有高达48.6%的植株出现在5月，39.0%的植株出现在7月，7.6%的植株出现在9月，还有4.8%的植株出现在11月。这一结果说明，芳樟叶精油积累或持续的时间个体间差异很大，与龙脑出现的时间类似。此外，芳樟叶精油含量最低出现的时期3~11月均有出现（1月数据不全，未计），但主要出现在3月（45.7%）、11月（27.6%）和9月（21.0%），5月（1.9%）和7月（3.8%）的植株比例只占5.7%。可见，芳樟叶片的最佳采集时期在5~7月，宜在9月前采完。

（5）龙脑樟

由表3-5可知，龙脑樟化学类型的106株样株，个体间叶精油含量也存在极大差异，与前述化学类型的试验结果一致。如1月，龙脑樟叶精油含量最低的样株仅为0.56%，含量最高的样株可达1.73%，为前者的3.09倍；再如7月，叶精油含量最低的样株为0.84%，含量最高的样株则为2.28%，为前者的2.71倍。与其他类型不同，龙脑樟叶精油含量最高的时期出现在5~11月的整个生长期，其中，有16%的植株出现在5月，45.3%的植株出现在7月，23.6%的植株出现在9月，还有15.1%的植株出现在11月。这一结果说明，龙脑樟叶精油积累的时间个体间差异很大。此外，龙脑樟叶精油含量最低的时期出现在1月和5月（3月未观测），其中出现在1月的植株占70.8%，出现在5月的植株占28.3%，出现在11月的植株仅占0.94%。可见，龙脑樟叶片的最佳采集时期在7~11月，以9月为最佳，宜在11月前采完。

3.1.2 樟树5种化学型类型-月份间叶精油含量差异比较

将5种化学类型样株的叶精油平均含量作为基础数据列于表3-8。按表3-8数据进行不同化学类型不同月份间的方差分析，结果表明（表3-9），取样测定的6个月，同一月份不同化学类型间的差异均达到极显著差异，说明若以叶精油含量对化学类型进行选择，可以获得理想的选择效果。

表3-8 樟树5种化学类型叶精油月平均含量统计表（%）

月份	化学类型				
	油樟	脑樟	异樟	芳樟	龙脑樟
1	1.5083	1.3860	0.2700	0.9664	1.0300
3	1.6074	1.6037	0.3077	1.0012	
5	2.1324	2.2012	0.3594	1.1916	1.1346
7	2.2232	2.2593	0.4651	1.1453	1.2364
9	1.9786	2.1211	0.5089	1.0598	1.2014
11	1.7550	1.9165	0.4150	1.0550	1.1330

表 3-9　樟树 5 种化学类型类型-月份间叶精油含量方差分析表

变异来源（月份）	平方和	自由度	均方	F 值	p 值
1	1045.778	4	261.4446	587.273*	0.0001
3	1128.628	3	376.2093	1045.947*	0.0001
5	1753.113	4	438.2782	1497.546*	0.0001
7	1565.997	4	391.4993	1483.699*	0.0001
9	1227.369	4	306.8421	1071.642*	0.0001
11	1144.493	4	286.1232	712.945*	0.0001

差异显著性检验结果进一步表明（表 3-10），在 6 个月份中，不同化学类型间的叶精油平均含量差异显著性水平不一致。1 月时，油樟叶精油含量最高，与其他 4 种类型间的差异均达到极显著水平；在 3、5、7 月 3 个月份中，油樟和脑樟间的差异不显著，与其他 3 种类型间的差异达到极显著水平；在 9 月和 11 月中，脑樟叶精油含量最高，其他 4 种类型间的差异均达到极显著水平。

表 3-10　樟树 5 种化学类型类型-月份间叶精油含量差异显著性检验表

时间（月）	化学类型	$\overline{X}\pm S$（%）	变异系数（%）	差异显著性水平	
				5%	1%
1	油樟	1.5083±0.2216	14.69	a	A
	脑樟	1.3860±0.3780	27.27	b	B
	龙脑樟	1.0300±0.2101	20.4	c	C
	芳樟	0.9664±0.1990	20.59	c	C
	异樟	0.2700±0.1072	39.7	d	D
3	油樟	1.6074±0.2334	14.52	a	A
	脑樟	1.6037±0.3079	19.2	a	A
	芳樟	1.0012±0.2076	20.74	b	B
	异樟	0.3077±0.0990	32.17	c	C
5	脑樟	2.2012±0.1414	6.42	a	A
	油樟	2.1324±0.1363	6.39	a	A
	芳樟	1.1916±0.3013	25.29	b	B
	龙脑樟	1.1346±0.2508	22.1	b	B
	异樟	0.3594±0.0995	27.69	c	C
7	脑樟	2.2593±0.1111	4.92	a	A
	油樟	2.2232±0.1187	5.34	a	A
	龙脑樟	1.2364±0.2648	21.42	b	B
	芳樟	1.1453±0.2795	24.4	c	C
	异樟	0.4651±0.0914	19.65	d	D

（续）

时间（月）	化学类型	$\overline{X}\pm S$（%）	变异系数（%）	差异显著性水平	
				5%	1%
9	脑樟	2.1211±0.1715	8.09	a	A
	油樟	1.9786±0.2862	14.46	b	B
	龙脑樟	1.2014±0.2339	19.47	c	C
	芳樟	1.0598±0.2395	22.6	d	D
	异樟	0.5089±0.0809	15.9	e	E
11	脑樟	1.9165±0.2189	11.42	a	A
	油樟	1.755±0.3708	21.13	b	B
	龙脑樟	1.1330±0.2300	20.3	c	C
	芳樟	1.0550±0.2468	23.39	d	C
	异樟	0.4150±0.0975	23.49	e	D

若以叶精油含量最高或较高时（宜采收季节）的5月和7月来划分等级，则樟树5种化学类型叶精油平均含量可以分为3个等级：叶精油含量最高的为油樟和脑樟，其含量达到2%以上，两者差异不显著，但与其他类型间的差异达极显著水平；叶精油含量居中的为芳樟和龙脑樟，其叶精油含量约为油樟和脑樟含量的一半，两者间的差异5月不显著、7月显著，但与异樟间的差异5月和7月均达到极显著水平；叶精油含量最低的为异樟，其含量约为芳樟和龙脑樟的一半，仅为油樟和脑樟的约1/4，与其他4种类型间的差异均达到极显著水平。

3.1.3 樟树5种化学类型叶精油含量年变化规律

3.1.3.1 试验材料与方法

以樟树5种化学类型100株样株的叶精油月含量为基础数据，按叶片的自然生长季（自叶萌生至脱落）研究其年变化规律。

3.1.3.2 试验结果与分析

3.1.3.2.1 樟树5种化学类型内各样株叶精油含量年变化规律

分别油樟、脑樟、异樟、芳樟、龙脑樟5种化学型，将每种化学类型内100株样株的叶精油含量各月份的观测值（表3-1至表3-5）随叶片生长期进行作图，以期分析各化学类型内各单株的年变化趋势或规律。结果见图3-1至图3-5。5种化学类型的研究结果分述于下。

（1）油樟不同单株叶精油含量年变化规律

将表3-1中油樟化学类型的100株样株于5、7、9、11、1、3月观测的叶精油含量绘制成图3-1。由图3-1和表3-1可以看出：虽然在同一生长期内各样株叶精油含量各不相同，但绝大多数样株随生长期不同，叶精油含量的变化趋势基本一致，即3~5月为叶精油含量快速提高时期，5~9月为缓慢增长和保持期，9月后的11月至次年3月为逐渐下降时期。仅少数样株在 11 月、1 月和 3 月间的变化趋势有所不同。说明用 100 株样株的平均值得出的油樟叶精油含量年变化趋势具有较好代表性。

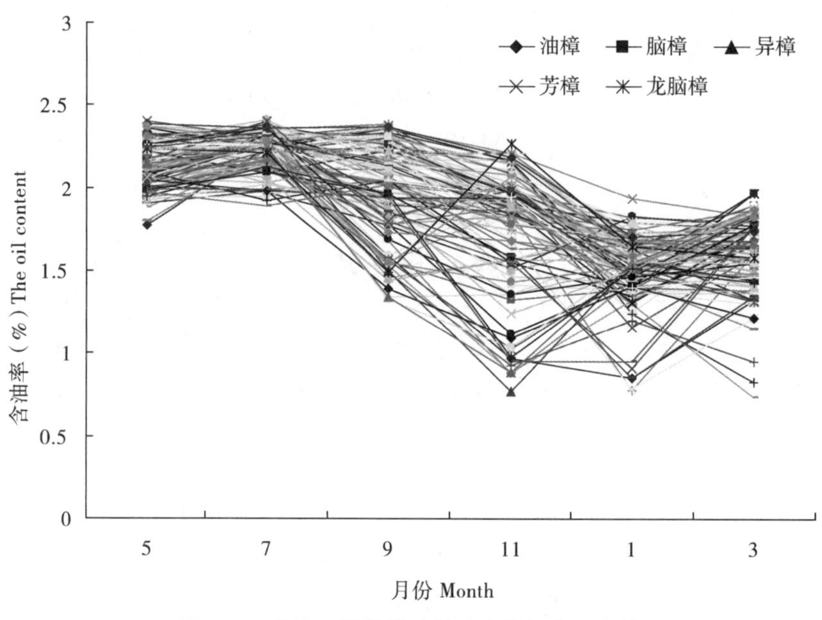

图 3-1　油樟不同单株叶精油含量年变化趋势

（2）脑樟不同单株叶精油含量年变化规律

将表 3-2 中脑樟化学类型的 100 株样株于 5、7、9、11、1、3 月测得的叶精油含量绘制成图 3-2。由图 3-2 和表 3-2 可以看出：虽然在同一生长期内各样株叶精油含量各不相同，但绝大多数样株随生长期不同，叶精油含量的变化趋势基本一致，即 3~5 月为精油含

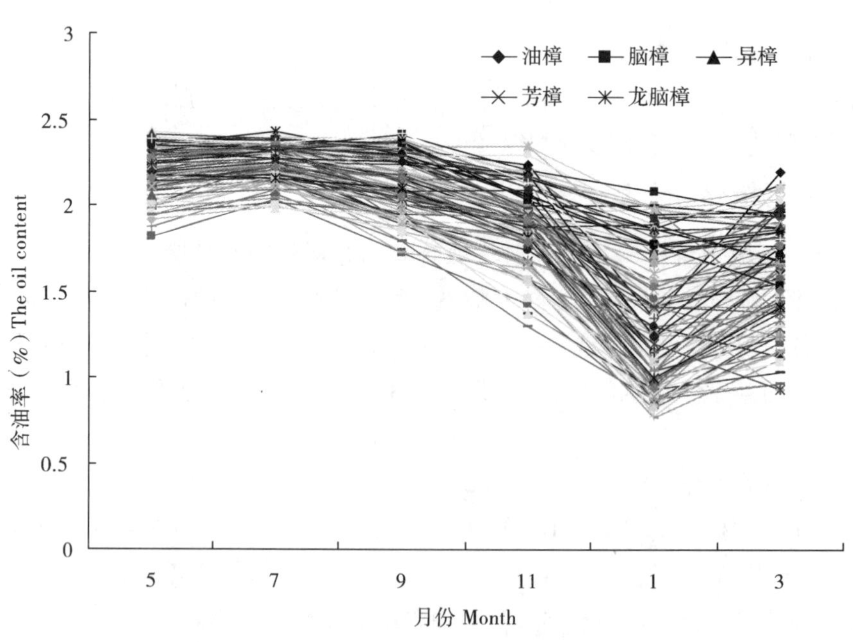

图 3-2　脑樟不同单株叶精油含量年变化趋势

量快速提高时期，5~9月为缓慢增长和保持期，其中又以7月和5月精油含量为最高，这一结果与油樟化学类型的变化趋势基本一致。11月至次年3月为叶精油含量逐渐下降时期，其中又以11月至次年1月为急速下降期，1月精油平均含量为最低（该月精油含量最低的植株比例达83%），只有17%的植株以3月为最低。这一时期的变化趋势与油樟化学类型略有不同，脑樟在11月仍保持较高的精油含量，但从11月到1月下降速度和幅度均大于油樟。上述结果表明，用100株脑樟样株的叶精油含量得出的年变化规律具有较好的代表性。

（3）异樟不同单株叶精油含量年变化规律

将表3-3中异樟化学类型的100株样株于5、7、9、11、1、3月观测的叶精油含量绘制成图3-3。由图3-3和表3-3可以看出：虽然在同一生长期内异樟各样株叶精油含量各不相同，但绝大多数样株随生长期不同，叶精油含量的变化趋势基本一致，即3~9月为异樟叶精油含量逐渐提高和保持期，其中以9月叶精油含量为最高，这一结果与油樟和脑樟化学类型不同，后两者精油含量最高月份均出现在7月。11月后至次年3月为逐渐下降时期，但9~11月，其精油含量仍保持较高水平；而由11月至次年1月，则为急速下降时期，至1月精油含量为最低；1~3月，随着气温的逐渐升高，精油含量略有回升，这与前述两种化学类型的结果类似。

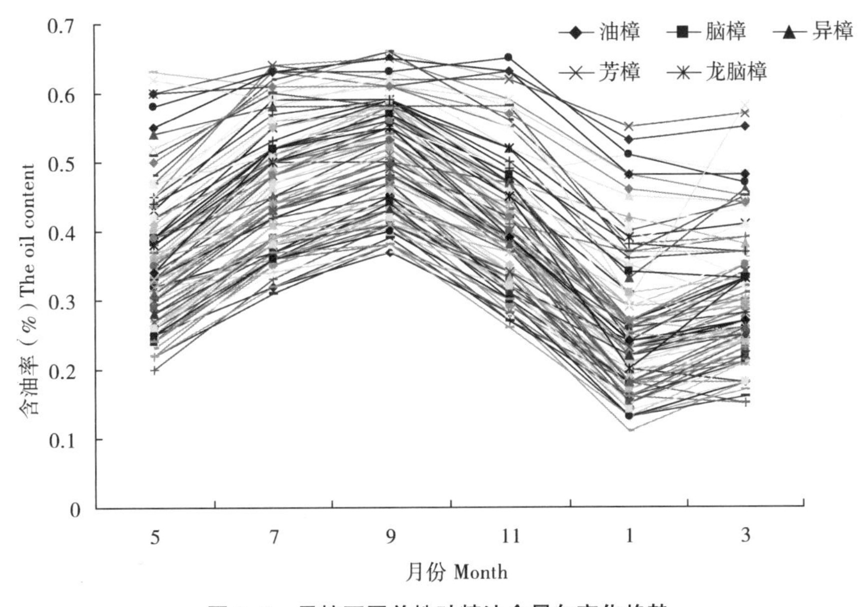

图3-3　异樟不同单株叶精油含量年变化趋势

（4）芳樟不同单株叶精油含量年变化规律

将表3-4中芳樟化学类型的105株样株于5、7、9、11、1、3月观测的叶精油含量绘制成图3-4。由图3-4和表3-4可以看出：虽然在同一生长期内芳樟各样株叶精油含量各不相同，但绝大多数样株随生长期不同，叶精油含量的变化趋势基本一致，即5月为精油含量最高时期，5~11月为保持和逐渐降低时期，11月至次年1月为急速下降时期，1~3

月略有回升。其中，有部分植株的精油含量分别在 7 月、9 月甚至 11 月达到最大或最小值。但总体而言，用 105 株样株叶精油含量得出的芳樟类型年变化规律仍具有较好的代表性。

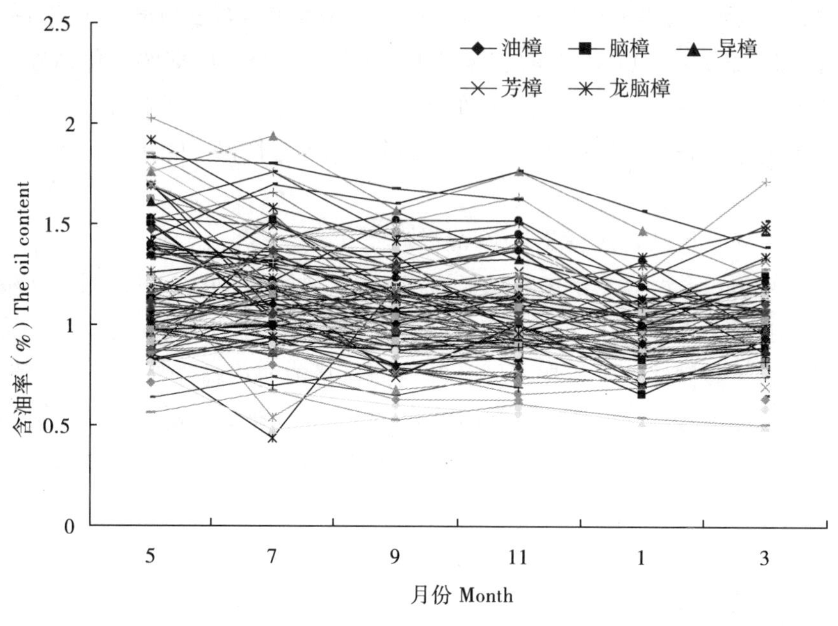

图 3-4　芳樟不同单株叶精油含量年变化趋势

（5）龙脑樟不同单株叶精油含量年变化规律

将表 3-5 中龙脑樟化学类型的 106 株样株于 5、7、9、11、1 月观测的叶精油含量绘制成图 3-5。由图 3-5 和表 3-5 可以看出：虽然在同一生长期内龙脑樟各样株叶精油含量各不相同，但绝大多数样株随生长期不同，叶精油含量的变化趋势基本一致，即 3~5 月为

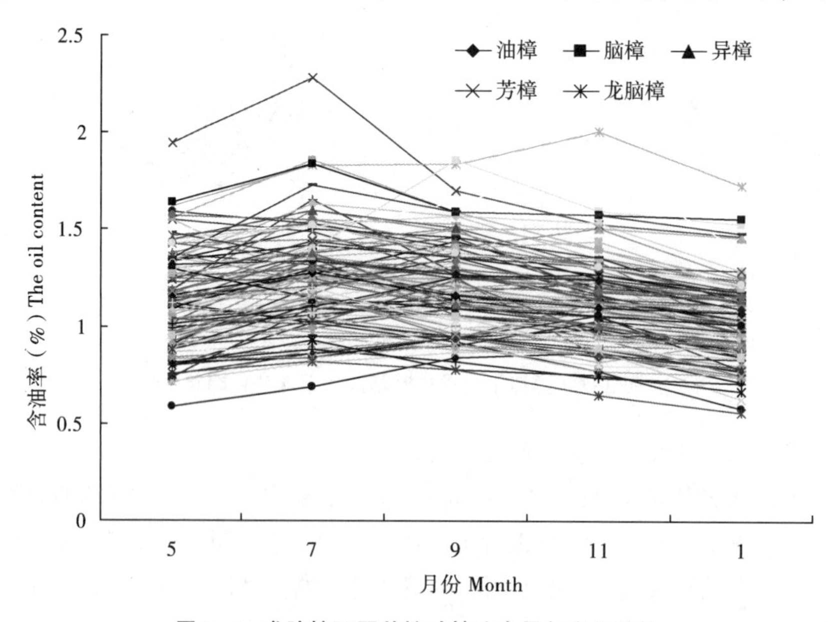

图 3-5　龙脑樟不同单株叶精油含量年变化趋势

精油含量快速提高时期，5~11 月为缓慢增长和保持期，其中又以 7 月和 9 月精油含量最高所占的植株比例为多，这一结果与油樟化学类型的变化趋势基本一致。次年 1 月为急速下降期，1 月精油含量最低的植株比例达 70.8%（3 月未测）。上述结果表明，用 106 株样株叶精油含量得出的龙脑樟年变化规律具有较好的代表性。

3.1.3.2.2　樟树 5 种化学类型间叶精油月平均含量年变化趋势

将表 3-8 中 5 种化学类型不同生长期叶精油月平均含量的变化趋势做成图 3-6。由图 3-6 可知，油樟、脑樟 2 种化学类型的年变化趋势基本一致，大约可分成 3 个阶段：5~7 月为上升阶段，7 月至次年 1 月为逐渐下降阶段，1~3 月为逐渐回升阶段，叶精油月平均含量最高的月份出现在 7 月。异樟也可分成 3 个阶段：5~9 月是逐渐上升阶段，11 月至次年 1 月为逐渐下降阶段，1~3 月为略有回升阶段，但与油樟、脑樟不同，异樟精油含量最高的月份出现在 9 月。芳樟叶精油月平均含量最高的月份出现在 5 月，因此其变化趋势总体上呈从 5 月至次年 1 月逐渐下降的趋势，1~3 月略有回升。龙脑樟 3 月未采样测定，总体上呈 5~7 月逐渐升高、7 月至次年 1 月逐渐下降的变化趋势，其叶精油月平均含量最高的月份出现在 7 月，与油樟、脑樟类似，不同的是龙脑樟从 7~9 月的下降幅度较小，2 个月份之间的差异不显著。

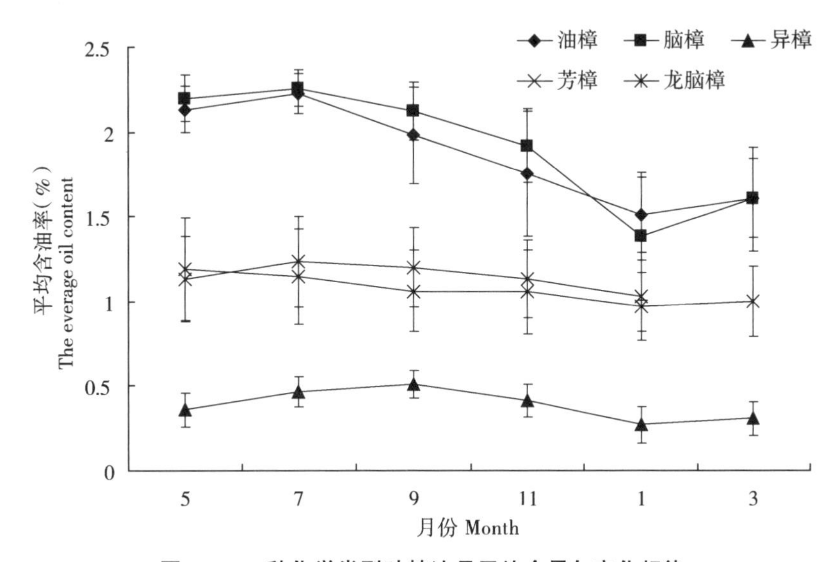

图 3-6　5 种化学类型叶精油月平均含量年变化规律

3.1.4　结论与讨论

3.1.4.1　樟树 5 种化学类型内各样株叶精油含量不同生长期差异显著

研究结果表明，樟树 5 种化学类型内不同生长期，其叶精油月平均含量之间的差异达到极显著水平。其中，油樟以 7 月的叶精油含量为最高，脑樟以 5 月和 7 月的含量为最高，异樟则以 9 月含量为最高，芳樟以 5 月和 7 月为最高，龙脑樟以 7 月和 9 月为最高，它们与其他月份之间的差异均达到显著或极显著水平。说明若以精油含量为选择指标，对叶片最佳采集期进行选择，可以获得理想的选择效果。

3.1.4.2 樟树5种化学类型内同一生长期各样株间叶精油含量差异显著

无论在哪个生长期，5种化学类型内各样株间，叶精油含量之间的差异均极显著。如叶精油含量最高或较高的7月，油樟叶精油含量最低的样株为1.89%，含量最高的样株则为2.41%，为前者的1.28倍；脑樟最低样株为1.98%，最高样株则为2.43%，为前者的1.23倍；异樟最低样株为0.37%，最高样株为0.66%，为前者的1.78倍；芳樟最低样株为0.44%，最高样株为1.94%，为前者的4.41倍；龙脑樟最低样株为0.84%，最高样株为2.28%，为前者的2.71倍。可见就叶精油含量在类型内对单株进行选择，可以获得理想的选择效果。

3.1.4.3 化学类型内样株间叶精油含量最高或最低时出现的时期不同

油樟内各样株叶精油含量最高时出现的时期在5、7、9月，植株所占比例分别为15%、67%和18%，主要集中在7月；脑樟与油樟类似，但在这3个月份中植株所占的比例不同，分别为11%、83%和6%，7月所占比例更大；异樟内各样株叶精油积累的时间较前2种化学类型滞后，叶精油含量最高的月份出现在7~11月，其中有97%的植株出现在9月，只有2%和1%的植株分别出现在7月和11月；芳樟叶精油含量达到最高的时期在5~11月的整个生长期，其中，有高达48.6%的植株出现在5月，39.0%的植株出现在7月，7.6%的植株出现在9月，还有4.8%的植株出现在11月，5月所占比例最大；龙脑樟叶精油含量最高时出现的时期与芳樟类似，为5~11月的整个生长期，不同的是，只有16%的植株出现在5月，有45.3%的植株出现在7月，23.6%的植株出现在9月，还有15.1%的植株出现在11月，7月所占比例最大。上述结果表明，叶精油含量最高时期植株所占的比例越大，则该时期叶精油平均含量就高，反之亦然；其次，叶精油含量最高时出现的时期不一致，说明在以叶精油含量为指标进行品系筛选时，必须首先了解该品系叶精油含量最高时出现的时间，这样既可以获得准确的筛选结果，也为后续生产时最佳采集时间的选择提供了依据。

3.1.4.4 樟树5种化学类型间叶精油月平均含量差异显著

油樟、脑樟、异樟、芳樟、龙脑樟5种化学类型间，在可比条件下，其叶精油平均含量存在极大差异。5种化学类型按叶精油含量大致可分为3种：油樟、脑樟2种化学类型在同一生长期非常接近，叶精油含量是5种化学类型中最高的类型；芳樟和龙脑樟叶精油在同一月份的平均含量也很接近，但其含量约为油樟和脑樟相应月份含量的一半，为中间类型；异樟是5种化学类型中叶精油含量最低的类型，仅约为油樟、脑樟类型相应月份的1/4，约为芳樟、龙脑樟类型的一半。

3.1.4.5 樟树5种化学类型间叶精油含量年变化趋势

（1）5种化学类型各样株叶精油含量年变化总体趋势

樟树5种化学类型，虽然同一样株不同生长期之间或同一生长期不同样株之间，其叶精油含量均存在显著差异，但多数样株叶精油含量随生长期的变化趋势基本一致。说明100株样株基本上能代表各化学类型的总体变化趋势。

（2）樟树5种化学类型间叶精油月平均含量年变化趋势略有不同

油樟、脑樟3~5月为精油含量快速提高时期，5~9月为缓慢增长和保持期，其中7月为含量最高期；9月后的11月至次年3月为精油含量逐渐下降时期，1月为含量最低时期，3月略有回升。异樟3~9月为叶精油含量逐渐提高和保持期，其中以9月叶精油含量为最高，这一结果与油樟和脑樟化学类型（7月）不同；11月后至次年3月为逐渐下降时期，以1月含量为最低。芳樟自5月至次年3月，叶精油含量总体上呈逐渐下降趋势，5月为平均含量最高时期，但与7月的差异不显著。龙脑樟5~9月为逐渐增长和保持期，其中7月为含量最高期，但与9月的差异不显著；9月后至次年1月为精油含量逐渐下降时期。这是因为：3月后至新叶形成时的5月，整个树体从树液开始流动进入旺盛生长期，叶片进行了新老更替大变换，老叶脱落，新叶从开始萌发到叶面积和叶片重量达到最大，叶片中各种精油成分也加速合成，因此，这一时期也是精油含量急速增加时期；5~7月树体处于正常生长时期，叶片中各精油成分合成也处于平缓的增加和积累时期，并在达到最高值后保持高含量状态，从精油含量这一指标考虑，7月也是产量最高的最佳采收时期。7月后，随着8月高温干旱季节和9月后秋季少雨季节的到来，叶片中精油含量呈逐渐下降态势，直至下一个生长季到来之前。其中1~3月为冬季老叶，树体进入休眠状态，生命活动大大降低，但叶精油的挥发却在继续，即便叶精油积累不变，其含量也在逐渐降低，因此，期间叶精油含量处于最低时期。但1月和3月又以1月为最低，这可能是因为虽然同为老叶，但3月气温逐渐回升，叶片中还能进行光合作用并合成一定量的精油，总体上出现合成量大于挥发量的趋势。较例外的是异樟，一是其叶精油含量远低于其他化学类型；二是异樟叶精油月平均含量最高时期出现在9月。

3.2 樟树5种化学类型叶精油主成分及其含量年差异比较

3.2.1 试验材料与方法

将油樟、脑樟、异樟、芳樟、龙脑樟5种化学类型每化学类型100株样株分别1、3、5、7、9、11月提取的精油，采用GC/MS技术对各样品进行定性定量检测。

3.2.2 试验结果与分析

将5种化学类型于1、3、5、7、9、11月叶精油测定的主成分种类列于表3-11。

3.2.2.1 油樟叶精油主成分种类及含量月份间差异比较

（1）主成分种类不同生长期差异比较

由表3-11可知，油樟不同月份主成分种类差异极大，6个月份100株样株的精油中总的主成分种类有20种，每个月的主成分数量分别为14、13、14、13、13、15种，但其中6个月份中共有的主成分种类只有8种。

（2）主成分含量不同生长期差异比较

前已述及，油樟叶精油中6个月份中共有主成分8种，分别是1,8-桉叶油素、β-水芹烯、α-松油醇、β-蒎烯、β-侧柏烯、α-蒎烯、樟脑和4-萜品醇（表3-11），而含量大于5%的典型性成分只有前3种，其测定值列于表3-12至表3-14。

表 3-11　樟树 5 种化学类型不同生长期叶精油主成分种类统计表

主成分	油樟						脑樟						异樟						芳樟						龙脑樟				
	月份						月份						月份						月份						月份				
	1	3	5	7	9	11	1	3	5	7	9	11	1	3	5	7	9	11	1	3	5	7	9	11	1	5	7	9	11
α-蒎烯	√	√	√	√	√	√	√	√	√	√	√	√	√			√	√	√											
β-水芹烯	√	√	√	√	√	√																							
β-蒎烯	√	√	√	√	√	√	√	√	√	√	√	√																	
β-侧柏烯	√	√	√	√	√	√								√				√											
1,8-桉叶油素	√	√	√	√	√	√							√	√	√	√	√	√											
樟脑	√	√	√	√	√	√	√	√	√	√	√	√	√	√				√											
龙脑																									√	√	√	√	√
萜品醇-4	√	√	√	√	√	√																							
α-松油醇	√	√	√	√	√	√	√	√	√	√	√	√	√	√	√	√	√	√											
异-橙花叔醇	√		√	√	√	√							√	√	√	√	√	√											
反式薄荷醇	√		√																										
十一烷	√												√	√	√		√	√											
γ-萜品烯	√																												
乙酸异龙脑酯	√	√		√	√	√								√	√	√	√												
大根香叶烯 D						√							√	√	√		√	√											
α-石竹烯		√	√			√							√		√	√	√	√											
甘香烯			√	√	√	√																							
榄香烯		√	√	√			√				√					√													
(-) -马兜铃烯																				√									
莰烯							√	√	√	√	√	√	√	√															
月桂稀							√	√	√	√	√	√																	

（续）

主成分	油樟						脑樟						异樟						芳樟						龙脑樟				
	月份						月份						月份						月份						月份				
	1	3	5	7	9	11	1	3	5	7	9	11	1	3	5	7	9	11	1	3	5	7	9	11	1	5	7	9	11
柠檬烯							√	√	√	√	√	√																	
芳樟醇							√	√	√	√	√	√							√	√	√	√	√	√					
黄樟油素							√	√	√	√	√	√																	
桧烯							√					√	√	√	√	√	√	√											
乙酸龙脑酯								√	√	√	√																		
甲基丁香酚					√	√	√						√	√	√	√	√	√											
异丁香酚甲醚													√	√	√	√	√	√											
β-榄香烯																		√											
匙叶桉油烯醇		√	√										√	√	√	√	√	√											
石竹烯氧化物													√	√	√	√	√	√											
3-甲基-2-丁烯酸环丁酯	√	√		√	√	√							√	√	√	√	√	√											
α-水芹 烯													√																
β-桉叶烯															√	√	√												
9-十八烯酸甲酯																			√				√						
	14	13	14	13	13	15	12	10	10	10	11	10	16	15	14	14	15	16	2	2	1	1	2	1	1	1	1	1	1
	20						13						21						3						1				

表 3-12　油樟叶精油中 1,8-桉叶油素含量测定值　　单位:%

序号	1月	3月	5月	7月	9月	11月
1	55.007	50.662	55.250	53.451	57.166	50.767
2	60.479	51.478	49.649	56.042	55.137	50.031
3	53.709	52.656	53.755	54.225	56.071	50.913
4	57.190	63.777	58.336	56.016	57.334	50.586
5	58.448	48.544	51.486	56.837	60.571	52.709
6	55.994	58.051	55.879	56.947	59.925	49.197
7	63.928	56.293	53.815	55.734	56.958	53.689
8	48.532	60.656	50.676	50.001	60.633	51.252
9	54.445	54.907	49.467	57.565	50.702	48.459
10	58.678	55.782	55.265	54.438	57.714	51.346
11	52.392	53.249	55.070	54.151	61.701	51.035
12	55.728	50.938	50.299	52.392	55.645	51.132
13	51.249	51.544	52.700	59.077	55.432	48.975
14	62.909	53.721	55.051	50.140	57.310	53.783
15	60.815	55.746	52.776	53.096	53.748	50.532
16	47.587	50.834	50.619	55.288	51.025	51.778
17	56.606	51.836	51.422	59.691	48.050	46.767
18	54.338	58.473	55.062	58.087	57.264	51.616
19	55.366	52.149	50.020	57.205	55.781	49.436
20	60.614	54.029	49.388	55.101	55.278	50.756
21	60.239	60.635	50.657	54.360	60.911	50.374
22	57.091	56.152	50.338	59.457	60.183	54.128
23	58.097	52.886	49.373	48.574	61.045	50.595
24	48.152	57.942	54.259	55.686	58.316	50.676
25	53.758	55.261	50.559	56.609	57.149	51.562
26	53.565	54.506	55.884	55.467	59.736	50.207
27	53.039	60.715	56.363	54.969	55.529	50.549
28	56.621	49.093	60.313	57.874	62.550	50.280
29	60.548	53.869	57.033	54.844	59.603	55.275
30	61.016	49.617	48.580	58.573	57.720	51.766
31	55.147	52.901	50.621	55.737	55.638	57.205
32	60.713	53.244	47.775	53.737	63.202	51.544
33	60.061	54.667	52.236	53.018	51.610	51.178
34	54.093	54.751	48.662	51.821	61.795	52.447
35	61.449	51.147	55.429	50.242	56.904	50.346
36	51.890	52.926	51.076	56.703	61.268	51.571

（续）

序号	1月	3月	5月	7月	9月	11月
37	56.999	52.791	50.393	49.012	53.155	50.260
38	43.387	48.340	49.869	55.344	52.457	50.248
39	49.616	50.328	48.010	54.405	54.764	48.702
40	51.945	53.748	48.495	51.468	52.234	48.807
41	46.979	47.796	52.283	54.791	58.551	50.877
42	52.592	51.572	55.860	47.808	58.576	54.791
43	54.180	53.207	50.529	59.272	58.589	51.572
44	52.367	50.207	50.563	56.319	51.578	50.813
45	48.597	48.013	44.276	47.866	59.630	47.811
46	51.670	48.738	49.553	61.181	53.513	49.931
47	50.541	60.111	54.812	55.541	55.465	48.103
48	60.034	48.317	51.157	54.398	56.296	48.750
49	48.629	50.521	47.351	50.917	56.552	54.091
50	49.334	45.265	48.264	46.047	57.708	49.200
51	47.881	47.404	51.514	55.835	50.559	49.729
52	52.113	55.319	53.510	50.542	55.920	48.394
53	59.930	54.348	51.738	56.676	57.815	49.008
54	51.267	52.663	50.099	56.055	58.118	55.928
55	58.259	60.401	55.283	53.655	68.628	52.904
56	55.986	52.911	48.554	53.668	54.200	55.501
57	52.017	50.622	50.110	54.795	54.580	47.143
58	45.224	44.999	46.667	51.520	59.377	54.384
59	60.809	63.239	53.556	57.393	50.091	53.810
60	55.463	60.087	52.576	52.445	55.555	48.976
61	50.746	55.249	52.278	58.471	57.394	54.047
62	52.739	57.331	51.887	57.483	56.731	48.922
63	55.603	61.857	55.933	55.212	51.534	48.857
64	53.012	55.404	55.584	62.282	56.343	48.497
65	51.796	51.518	51.888	49.234	54.037	50.394
66	60.287	55.073	55.435	58.240	54.673	48.092
67	53.952	46.010	46.148	53.015	60.248	48.271
68	48.023	46.504	53.583	51.033	58.050	48.307
69	52.206	50.904	48.095	51.341	50.891	57.513
70	53.643	50.115	52.323	57.246	55.238	48.689
71	45.792	53.890	45.753	47.013	59.497	47.149
72	50.009	52.831	50.452	57.737	51.653	48.756

（续）

序号	1月	3月	5月	7月	9月	11月
73	54.458	46.642	49.231	50.913	56.413	46.841
74	48.318	50.851	54.112	55.015	57.442	48.336
75	53.984	50.690	49.661	54.016	56.897	48.503
76	52.417	52.440	53.213	52.935	56.076	48.162
77	54.093	49.744	50.498	56.745	52.097	51.811
78	53.010	50.640	52.199	57.037	54.031	48.280
79	56.413	52.754	55.585	47.943	59.395	46.012
80	55.895	51.217	45.899	58.170	56.991	49.571
81	47.721	50.999	53.532	54.135	55.772	48.788
82	60.993	55.712	50.615	51.230	56.299	44.724
83	52.518	50.080	47.594	53.376	53.474	45.489
84	52.634	51.544	45.624	51.041	51.872	47.376
85	63.317	55.898	49.089	57.438	55.938	42.528
86	50.054	50.922	56.070	56.041	59.693	43.517
87	50.818	51.386	49.094	52.074	49.851	48.517
88	53.021	50.070	54.027	54.192	52.725	48.720
89	53.268	50.275	51.985	54.902	52.001	46.435
90	58.537	53.916	55.088	55.301	53.618	49.155
91	50.750	48.620	48.659	54.321	56.713	49.802
92	59.893	53.039	53.505	52.262	55.564	43.470
93	54.278	50.928	50.068	59.879	53.157	46.781
94	51.021	50.002	48.832	55.027	54.633	46.338
95	56.903	51.018	49.296	51.102	49.654	44.241
96	50.714	50.555	53.436	54.665	54.663	42.937
97	59.543	46.012	44.234	37.546	52.356	46.092
98	52.737	51.762	45.316	48.692	54.440	51.311
99	54.527	50.365	52.337	48.426	53.328	50.532
100	54.343	56.386	50.438	53.724	57.775	48.997

表 3-13 油樟叶精油中 β-水芹烯含量测定值 单位：%

序号	1月	3月	5月	7月	9月	11月
1	16.382	15.426	16.685	11.919	15.306	10.185
2	13.798	19.395	14.993	9.846	14.405	13.134
3	15.857	16.988	15.003	10.470	11.188	15.744
4	15.501	7.617	13.101	11.447	10.590	12.147
5	14.772	17.466	16.209	11.613	7.363	13.201

（续）

序号	1月	3月	5月	7月	9月	11月
6	8.638	14.716	14.904	14.427	9.294	16.606
7	8.723	15.968	15.604	11.623	9.827	8.687
8	14.237	12.462	16.233	11.972	8.992	18.744
9	16.563	14.876	17.291	12.973	15.764	15.456
10	16.130	17.282	16.668	9.557	9.231	13.641
11	15.854	16.467	14.797	11.403	9.124	8.888
12	14.798	18.601	18.372	10.071	12.421	11.272
13	16.928	18.195	14.423	8.726	13.362	14.209
14	15.685	12.150	6.425	13.679	8.207	15.666
15	13.488	18.690	17.109	10.340	13.312	12.875
16	20.505	20.903	18.055	11.606	14.495	7.770
17	20.126	17.196	16.531	6.954	14.388	10.982
18	12.291	17.848	15.983	6.600	13.978	16.252
19	17.088	18.730	14.106	11.548	11.787	16.890
20	15.628	17.391	18.054	10.454	10.179	13.430
21	15.994	14.025	19.925	10.974	7.782	14.141
22	14.854	13.136	16.192	10.784	8.469	15.815
23	16.402	10.478	22.380	10.946	6.748	14.384
24	17.51	10.803	15.984	13.081	6.391	14.579
25	14.190	12.812	13.527	12.583	11.562	14.886
26	12.378	15.185	17.262	11.987	14.567	17.960
27	16.338	14.463	13.717	9.954	12.623	15.918
28	17.072	14.957	13.191	9.588	6.505	18.259
29	12.644	16.589	15.879	10.822	9.081	14.732
30	8.579	16.631	13.557	7.512	12.117	13.560
31	11.357	18.589	16.808	11.454	10.287	11.473
32	17.890	14.983	18.748	12.131	9.809	14.202
33	14.985	17.389	16.268	12.971	14.281	15.198
34	15.284	15.027	18.374	8.975	8.458	14.555
35	13.368	13.369	10.630	9.597	13.778	17.213
36	14.082	12.376	14.137	9.458	11.672	15.930
37	14.471	16.123	19.012	9.413	12.124	14.696
38	14.980	16.530	14.182	9.584	13.673	15.797
39	18.299	16.858	17.513	12.463	9.589	16.161
40	19.037	18.970	16.770	12.759	12.157	17.904
41	12.286	18.316	12.186	9.548	12.778	16.521

（续）

序号	1月	3月	5月	7月	9月	11月
42	16.015	15.386	8.254	10.157	9.555	12.607
43	17.948	14.007	13.776	10.915	12.372	14.325
44	15.901	20.683	16.084	7.713	15.359	18.033
45	15.250	16.793	27.766	8.803	10.536	15.722
46	13.791	16.070	13.134	11.570	12.021	17.085
47	13.750	9.949	14.081	9.289	9.900	16.930
48	14.153	22.948	15.646	10.560	10.859	16.931
49	14.623	14.085	18.741	8.376	12.880	16.351
50	14.174	16.290	21.669	13.080	7.159	15.530
51	16.882	20.313	13.737	10.326	15.400	17.324
52	14.239	16.856	11.197	10.097	14.890	18.933
53	14.580	17.381	14.246	10.311	10.748	16.421
54	16.625	15.677	18.376	8.848	10.192	11.428
55	19.140	9.815	16.659	8.143	7.731	16.448
56	13.610	16.580	18.532	8.818	13.682	11.396
57	16.723	17.638	12.678	10.872	13.880	15.613
58	15.801	16.384	16.826	10.322	11.691	12.319
59	5.546	11.032	18.363	9.095	13.674	13.855
60	12.794	15.666	17.135	13.084	10.710	18.887
61	16.240	16.489	13.607	10.388	14.875	15.708
62	17.278	15.800	15.444	10.556	11.503	18.727
63	20.912	12.251	19.882	12.172	14.843	19.239
64	17.299	17.772	14.092	10.572	10.012	18.409
65	14.239	20.713	17.652	9.865	13.999	17.633
66	15.019	19.602	14.002	10.399	9.997	16.057
67	15.992	16.890	17.777	12.791	9.454	17.168
68	12.879	17.196	12.369	13.999	11.997	16.785
69	16.112	18.658	17.497	10.419	13.952	17.091
70	11.225	15.066	15.945	12.307	11.403	16.849
71	16.356	12.233	18.902	14.140	9.108	16.878
72	19.037	14.758	16.916	9.832	13.449	17.600
73	14.581	18.789	17.699	10.931	10.254	18.186
74	18.785	16.178	17.012	9.622	14.443	19.949
75	14.288	19.050	19.992	12.978	12.003	16.487
76	17.301	15.572	14.987	10.713	8.164	17.787
77	13.047	18.231	16.730	9.999	13.759	18.156

（续）

序号	1月	3月	5月	7月	9月	11月
78	10.145	18.906	13.088	12.992	13.978	17.278
79	14.973	16.216	11.682	14.742	10.989	18.923
80	11.376	18.789	15.444	10.477	8.976	18.406
81	15.913	14.554	11.991	13.744	13.112	16.011
82	15.189	11.277	16.013	14.924	12.665	18.731
83	13.812	17.738	19.067	11.252	14.912	18.453
84	16.714	16.200	15.667	12.446	11.479	18.209
85	13.576	14.757	14.755	10.726	15.136	17.418
86	17.436	16.700	8.375	11.272	10.428	18.990
87	15.396	19.492	19.392	10.381	15.183	17.590
88	16.467	18.071	15.621	9.875	14.399	16.740
89	17.622	19.023	17.715	11.686	12.959	18.459
90	7.822	18.165	12.969	9.310	14.435	17.499
91	15.429	16.904	17.287	9.916	13.830	17.579
92	16.678	17.432	14.610	11.144	10.990	18.787
93	16.663	14.354	12.502	11.745	15.136	17.412
94	14.938	18.677	13.546	11.770	16.388	17.049
95	10.899	17.499	16.285	10.088	17.902	18.593
96	15.995	18.111	11.224	13.348	14.098	19.329
97	16.663	18.008	16.264	15.404	13.471	17.124
98	18.080	15.463	16.615	10.360	13.763	16.728
99	17.258	16.593	11.385	14.658	15.285	16.055
100	16.132	15.273	17.193	12.074	14.176	17.590

表 3-14 油樟叶精油中 α-松油醇含量 单位:%

序号	1月	3月	5月	7月	9月	11月
1	9.718	7.837	7.612	11.476	9.909	16.209
2	8.024	9.095	9.409	13.426	12.145	15.878
3	13.033	9.314	5.666	13.574	13.422	16.056
4	9.821	4.584	7.364	10.704	14.836	18.678
5	10.085	8.308	9.746	9.609	13.589	15.274
6	12.949	8.917	9.111	8.173	13.502	14.638
7	9.451	9.506	9.158	11.032	12.566	16.279
8	13.033	8.626	9.591	11.934	12.166	9.012
9	11.305	9.253	9.733	7.338	12.952	13.921
10	9.924	8.361	9.995	12.601	12.667	12.633

（续）

序号	1月	3月	5月	7月	9月	11月
11	12.999	9.874	9.454	10.355	9.345	15.755
12	10.828	8.608	10.898	13.154	10.128	14.436
13	9.884	8.983	9.854	9.925	11.204	14.096
14	5.661	8.996	13.752	14.609	13.836	14.714
15	7.702	7.420	9.971	11.523	11.427	16.001
16	14.331	7.561	8.171	10.103	12.502	15.001
17	5.373	8.682	7.595	9.557	14.397	15.321
18	9.823	7.571	9.901	14.546	8.994	13.051
19	12.408	7.703	8.568	7.465	10.162	13.248
20	8.685	9.020	9.162	11.159	10.791	14.155
21	11.110	9.757	9.615	8.431	11.099	13.793
22	13.197	8.298	8.612	10.099	12.209	14.774
23	7.102	8.078	8.990	14.256	13.184	15.269
24	8.007	6.869	9.640	8.272	11.924	16.462
25	9.107	9.763	12.292	7.662	10.018	15.019
26	17.404	8.324	9.960	10.151	11.019	13.111
27	10.222	8.577	9.654	12.066	10.113	16.497
28	5.992	8.865	9.564	7.247	11.450	13.476
29	11.257	8.775	9.628	11.472	11.966	12.087
30	11.573	7.701	13.149	16.171	9.343	14.069
31	10.969	8.856	10.478	10.540	13.568	16.150
32	6.012	7.930	12.376	9.613	11.879	15.571
33	8.518	9.680	10.220	9.366	12.969	16.049
34	13.773	7.035	11.752	14.674	13.064	14.643
35	8.230	8.002	12.574	13.911	7.697	13.527
36	11.808	10.012	9.243	9.751	11.482	14.458
37	7.552	9.033	10.248	13.894	13.240	12.883
38	8.225	8.460	9.815	9.640	11.508	14.585
39	11.152	10.687	8.609	11.242	13.806	14.764
40	8.596	5.388	12.942	12.115	13.236	14.769
41	12.830	5.679	12.557	14.429	9.568	11.839
42	8.284	12.992	13.569	14.006	10.374	16.076
43	11.543	12.833	10.712	12.095	9.338	13.317
44	13.115	8.117	12.025	16.509	13.432	13.461
45	12.542	8.657	10.205	12.951	12.175	16.751
46	18.279	9.847	11.723	10.340	10.494	12.024

（续）

序号	1月	3月	5月	7月	9月	11月
47	12.998	10.309	10.501	13.328	14.858	11.539
48	10.073	9.309	12.273	11.366	12.313	13.471
49	10.562	12.365	11.034	14.398	10.621	14.527
50	13.257	9.056	9.332	11.641	14.121	15.575
51	9.321	7.322	9.305	11.718	13.625	14.814
52	11.427	9.315	13.416	15.820	9.688	12.542
53	9.883	8.308	12.253	13.428	12.342	14.781
54	11.416	10.818	8.934	15.570	14.244	14.197
55	8.399	12.103	8.650	14.890	7.231	12.821
56	10.347	9.014	12.983	13.666	15.779	15.024
57	12.503	9.382	10.705	12.535	13.423	15.942
58	13.993	9.848	10.392	13.087	10.913	13.323
59	8.186	8.552	9.346	12.773	12.011	12.102
60	10.479	8.013	9.959	12.610	13.864	14.796
61	14.399	9.271	10.908	11.104	13.828	13.522
62	10.469	8.700	7.514	11.000	13.124	13.566
63	10.023	8.312	6.483	12.932	14.775	15.000
64	10.249	9.456	9.058	8.373	12.692	13.110
65	12.499	8.370	9.416	14.428	12.314	13.325
66	7.457	6.686	4.426	8.219	12.001	14.313
67	9.364	8.888	9.888	13.152	12.272	14.917
68	12.791	9.682	9.376	14.992	10.798	13.853
69	7.849	6.738	8.087	13.252	12.106	12.953
70	9.164	8.901	8.340	8.089	9.156	14.869
71	9.590	7.987	9.054	14.872	10.765	13.990
72	9.437	9.537	9.518	9.787	11.992	14.530
73	9.384	8.634	8.961	13.827	12.414	17.700
74	9.914	7.986	6.914	12.925	11.773	16.030
75	13.070	8.462	9.156	10.432	11.524	14.958
76	5.077	9.600	9.648	13.969	13.754	16.420
77	10.119	7.891	8.623	9.278	12.502	13.955
78	14.362	8.947	9.759	12.626	12.453	16.729
79	12.957	9.395	9.153	14.892	12.537	15.367
80	13.077	8.145	13.356	10.606	13.555	13.931
81	12.192	8.223	12.192	12.968	12.998	17.019
82	8.540	7.529	8.914	9.463	11.402	14.993

（续）

序号	1月	3月	5月	7月	9月	11月
83	9.791	8.707	8.496	13.687	12.549	14.278
84	9.884	8.048	12.227	13.856	12.603	14.999
85	5.522	8.555	13.250	10.907	12.354	18.336
86	10.731	9.951	10.817	13.054	13.352	17.144
87	13.703	6.309	9.127	12.304	12.666	15.665
88	11.672	9.277	8.983	11.959	14.619	14.968
89	11.942	8.232	8.583	12.192	15.159	16.671
90	11.688	9.001	11.275	13.365	13.036	15.098
91	10.119	9.210	9.141	11.375	12.457	16.079
92	8.994	8.559	10.500	13.816	12.293	17.500
93	5.399	7.311	14.037	11.755	12.340	15.682
94	10.780	7.705	13.389	12.729	10.166	16.409
95	10.476	8.142	8.637	14.974	12.563	18.338
96	11.072	8.996	12.912	9.845	13.397	15.838
97	4.784	8.297	13.333	14.674	15.449	16.003
98	10.448	9.070	13.623	14.851	11.551	14.877
99	9.156	8.501	14.711	14.670	12.833	15.328
100	13.703	10.719	9.011	14.275	10.491	14.945

将油樟8种共有主成分含量在不同生长期的观测值进行方差分析，结果表明（表3-15）：8种主成分含量在不同生长期的差异均达到极显著水平。说明就8种目标主成分含量对采集期进行选择，可以获得显著的选择效果。

表3-15　油樟叶精油主成分含量不同生长期方差分析表

主成分	变异来源	平方和	自由度	均方	F值	p值
1,8-桉叶油素	月份间	827.8128	5	165.5630	37.521	0.0001
	误差	2621.03	594	4.4125		
	总变异	3448.843	599			
β-水芹烯	月份间	1779.2017	5	355.8403	77.353	0.0001
	误差	2732.5282	594	4.6002		
	总变异	4511.7299	599			
β-蒎烯	月份间	748.9105	5	149.7821	92.422	0.0001
	误差	962.6554	594	1.6206		
	总变异	1711.566	599			
β-侧柏烯	月份间	187.3023	5	37.4605	45.531	0.0001
	误差	488.7087	594	0.8227		
	总变异	676.011	599			

（续）

主成分	变异来源	平方和	自由度	均方	F 值	p 值
α-蒎烯	月份间	669.9818	5	133.9964	51.360	0.0001
	误差	1549.713	594	2.6089		
	总变异	2219.695	599			
樟脑	月份间	60.9928	5	12.1986	14.588	0.0001
	误差	496.6945	594	0.8362		
	总变异	557.6873	599			
4-萜品醇	月份间	423.3285	5	84.6657	58.962	0.0001
	误差	852.9527	594	1.4359		
	总变异	1276.281	599			
α-松油醇	月份间	1795.3581	5	359.0716	113.910	0.0001
	误差	1872.4228	594	3.1522		
	总变异	3667.7809	599			

油樟不同生长期精油主成分含量差异显著性检验结果表明（表3-16）：①第一主成分1,8-桉叶油素含量最高的月份为9月，其平均值达56.1211±3.5479%，与其他月份间的差异达到0.01的极显著水平。因此认为，以1,8-桉叶油素为目标成分的最佳采收期应为9月。②第二主成分β-水芹烯含量最高的月份为3月（16.2298±2.6673%）和11月（15.9346±2.5286%），这2个月份间的差异不显著，但它们与其他月份间的差异达到显著或极显著，说明β-水芹烯含量在树体进入休眠期后至叶片脱落前的几个月内达到最高。若仅以β-水芹烯在精油中的含量为目标，则其最佳采收期应为当年11月至次年3月。③第三主成分α-松油醇，其含量最高时出现的时间为11月（14.7844±1.5740%），与其他月份之间的差异均达到0.01的极显著水平。因此认为，以α-松油醇为目标成分的最佳采收期应为11月。④油樟精油中另外5种共有主成分β-蒎烯、α-蒎烯、4-萜品醇、樟脑、β-侧柏烯，其含量均小于5%。其中，β-蒎烯含量最高的月份为3月（3.6308±0.6648%）、5月（3.6375±0.726%）和7月（3.492±1.0098%），这3个月之间的差异不显著，但它们与其他月份之间的差异均达到极显著水平；α-蒎烯含量最高的月份为1月（3.2047±0.8223%）、3月（3.2027±0.8677%）和5月（3.1186±1.0691%），这3个月之间的差异不显著，与其他月份之间的差异均达到极显著水平；萜品醇-4含量最高的月份为7月（2.3942±0.7119%），与其他月份之间的差异均达到极显著水平；樟脑含量最高的月份为5月（1.0485±0.3851%）和3月（1.0052±0.3727%），与其他月份之间的差异达到显著或极显著水平；β-侧柏烯含量最高的月份为5月（1.0095±0.2779%）、3月（0.9488±0.2948%）和7月（0.9308±0.2646%），与其他月份之间的差异达极显著水平。上述结果表明，若仅考虑这5种目标成分在精油中的含量而对采收期进行选择，则其含量最高的月份即可作为其最佳采收期。

表 3-16 油樟叶精油主成分含量不同生长期间差异显著性分析

主成分	生长期（月）	$\overline{X}\pm S$（%）	变异系数（%）	差异显著性水平	
				5%	1%
1,8-桉叶油素	9	56. 1211±3. 5479	6. 32	a	A
	1	54. 2930±4. 4074	8. 12	b	B
	7	54. 1656±3. 6922	6. 82	b	B
	3	52. 7774±3. 9114	7. 41	c	C
	5	51. 4876±3. 1890	6. 19	d	C
	11	49. 8495±2. 9035	5. 82	e	D
β-水芹烯	3	16. 2298±2. 6673	16. 43	a	A
	11	15. 9346±2. 5286	15. 87	a	AB
	5	15. 7288±2. 9871	18. 99	ab	AB
	1	15. 123±2. 6501	17. 52	b	B
	9	11. 9781±2. 5335	21. 15	c	C
	7	11. 0021±1. 7633	16. 03	d	D
α-松油醇	11	14. 7844±1. 5740	10. 65	a	A
	9	12. 1634±1. 6412	13. 49	b	B
	7	12. 0547±2. 2332	18. 53	b	B
	1	10. 4613±2. 5234	24. 12	c	C
	5	10. 1474±1. 9322	19. 04	c	C
	3	8. 7208±1. 3149	15. 08	d	D
β-蒎烯	3	3. 6308±0. 6648	18. 31	a	A
	5	3. 6375±0. 7260	19. 96	a	A
	7	3. 4920±1. 0098	28. 92	a	A
	1	2. 5092±0. 5040	20. 09	b	B
	11	2. 3522±0. 6975	29. 65	b	B
	9	2. 0789±0. 5233	25. 17	c	C
α-蒎烯	1	3. 2047±0. 8223	25. 66	a	A
	3	3. 2027±0. 8677	27. 09	a	A
	5	3. 1186±1. 0691	34. 28	a	A
	7	2. 4278±0. 7088	29. 20	b	B
	9	1. 9258±0. 6713	34. 86	c	C
	11	1. 8782±0. 7185	38. 25	c	C
4-萜品醇	7	2. 3942±0. 7119	29. 73	a	A
	5	2. 0754±0. 6083	29. 31	b	B
	3	1. 8163±0. 5971	32. 87	c	C
	11	1. 4818±0. 4743	32. 01	d	D
	1	1. 4201±0. 3689	25. 98	d	DE
	9	1. 2480±0. 2765	22. 16	e	E

（续）

主成分	生长期（月）	$\overline{X}\pm S$（%）	变异系数（%）	差异显著性水平	
				5%	1%
樟脑	5	1.0485±0.3851	36.73	a	A
	3	1.0052±0.3727	37.08	a	AB
	7	0.8895±0.2820	31.70	b	BC
	9	0.7987±0.3160	39.56	c	CD
	1	0.7875±0.2221	28.20	c	CD
	11	0.7659±0.2230	29.12	c	D
β-侧柏烯	5	1.0095±0.2779	27.53	a	A
	3	0.9488±0.2948	31.07	a	A
	7	0.9308±0.2646	28.43	a	A
	1	0.6619±0.3352	50.64	bc	B
	9	0.6588±0.2351	35.69	b	B
	11	0.5946±0.2895	48.69	c	B

3.2.2.2 脑樟叶精油主成分含量月份间差异比较

（1）主成分种类不同生长期差异比较

由表3-11可知，脑樟不同月份主成分种类差异极大，6个月份的样品精油中总的主成分种类有13种，每个月的主成分数量分别为12、10、10、10、11、10种，其中6个月份中共有的主成分种类有9种。说明与油樟相比，月份间的主成分种类差别较小，含量较低的主成分在不同月份间的含量相对稳定。

（2）主成分含量不同生长期差异比较

脑樟叶精油中6个月份共有的9种主成分分别是樟脑、莰烯、β-蒎烯、月桂烯、柠檬烯、芳樟醇、α-蒎烯、α-松油醇和黄樟油素，这9种主成分在不同生长期，其在精油中的含量不同，其中只有樟脑的含量大于5%，其测定结果见表3-17。

表3-17　脑樟叶精油中樟脑含量　单位:%

序号	1月	3月	5月	7月	9月	11月
1	75.414	70.140	76.271	76.082	70.135	72.417
2	72.045	73.189	80.216	77.370	75.776	75.932
3	69.385	70.086	75.616	75.220	76.052	79.553
4	67.839	72.044	73.217	80.138	75.968	77.482
5	71.580	73.586	71.074	80.406	75.072	80.056
6	69.765	75.031	77.333	74.782	75.847	76.784
7	72.461	65.770	73.931	79.104	80.017	75.472
8	82.038	70.482	80.721	74.429	77.395	71.310
9	65.258	65.910	74.044	71.514	74.502	77.412

（续）

序号	1月	3月	5月	7月	9月	11月
10	70.984	70.162	73.229	75.411	77.376	73.789
11	78.382	69.708	80.983	80.895	77.569	77.770
12	72.942	76.153	75.335	70.661	72.794	72.925
13	72.498	68.542	75.531	70.283	75.267	77.489
14	73.956	70.313	78.049	79.868	78.561	73.599
15	71.059	68.321	75.018	70.401	73.776	62.276
16	77.364	63.575	76.039	77.174	70.553	79.667
17	72.554	65.483	76.541	71.319	81.057	73.549
18	70.589	69.746	78.185	75.892	80.847	73.613
19	75.206	72.676	80.426	74.415	79.935	79.735
20	76.068	70.096	75.866	70.765	76.862	79.932
21	79.221	68.021	80.312	80.293	80.429	71.616
22	71.757	69.665	76.891	70.442	70.593	72.244
23	72.249	77.532	81.854	77.799	80.231	78.893
24	75.198	68.515	79.271	74.168	76.478	73.923
25	75.136	75.292	78.589	75.573	80.443	79.546
26	76.655	66.983	78.408	70.001	75.533	78.937
27	72.734	73.168	72.650	75.140	76.060	70.718
28	77.638	77.458	69.109	80.936	76.108	80.080
29	72.123	73.426	77.352	76.684	77.591	78.497
30	69.046	63.065	67.342	70.200	77.589	75.340
31	70.060	73.374	77.763	73.440	74.914	73.403
32	74.537	76.940	69.692	80.491	77.192	81.277
33	71.069	70.992	77.939	70.350	75.343	75.746
34	71.514	71.880	77.316	77.102	76.033	76.960
35	76.283	70.808	74.553	78.846	79.015	81.659
36	76.226	69.670	78.374	76.685	78.448	79.775
37	80.479	70.458	72.771	78.165	73.460	70.107
38	73.766	62.087	66.891	73.365	74.754	70.152
39	77.393	66.905	80.841	79.312	81.499	71.084
40	77.499	66.905	75.429	76.473	79.705	74.553
41	79.625	69.401	76.074	74.359	77.399	79.195
42	72.984	72.275	79.170	72.500	72.267	80.068
43	72.366	73.421	67.890	78.163	75.265	75.191
44	77.524	63.307	76.684	75.323	74.100	79.782
45	75.208	80.238	77.826	79.784	78.058	74.183

（续）

序号	1月	3月	5月	7月	9月	11月
46	75.196	68.012	80.097	84.860	80.265	79.943
47	75.874	72.072	72.567	74.140	77.492	71.315
48	71.427	75.111	75.088	80.860	73.816	72.359
49	67.795	68.121	71.358	72.163	74.436	70.765
50	72.745	74.382	83.008	79.478	81.233	70.721
51	74.815	68.421	76.848	80.303	80.356	77.825
52	74.607	69.913	83.269	78.696	79.032	71.709
53	77.110	72.725	81.524	80.493	76.667	81.589
54	69.702	70.723	72.245	80.915	83.245	75.367
55	74.879	76.986	77.416	77.673	78.346	75.252
56	78.299	66.245	77.830	74.962	78.411	78.463
57	76.625	81.062	80.890	80.220	76.547	78.935
58	73.976	74.850	76.767	78.894	78.731	83.227
59	78.649	74.471	75.091	78.310	73.661	74.015
60	72.133	76.149	74.171	80.084	77.219	75.067
61	80.679	78.806	78.757	78.745	81.168	73.958
62	76.790	71.070	70.030	82.500	73.448	74.419
63	72.360	73.625	78.983	79.864	77.234	78.721
64	77.707	67.969	80.412	74.859	77.048	79.503
65	78.748	74.125	78.520	76.999	78.718	77.710
66	83.301	76.859	80.914	84.258	75.097	70.030
67	73.384	63.392	76.480	80.598	78.012	70.557
68	73.244	72.543	80.367	70.859	71.706	72.554
69	75.060	70.554	78.208	80.074	80.073	79.485
70	71.117	73.654	75.471	75.012	76.411	79.035
71	73.305	70.988	73.361	75.587	80.189	76.673
72	77.469	68.269	80.753	78.706	71.038	79.047
73	74.189	73.017	79.897	75.465	78.790	80.461
74	74.324	75.188	74.955	78.895	76.465	70.690
75	75.177	64.998	77.919	80.113	73.624	73.505
76	73.043	74.722	80.032	81.276	77.038	79.605
77	74.100	70.090	79.370	80.352	78.790	80.954
78	75.218	75.056	75.865	80.784	76.465	78.791
79	78.718	69.211	79.458	82.214	73.324	77.395

（续）

序号	1月	3月	5月	7月	9月	11月
80	74.745	70.364	80.072	71.653	78.148	75.033
81	74.954	63.577	81.395	75.717	82.636	74.781
82	73.276	65.063	77.932	78.492	77.047	81.948
83	84.312	69.270	77.566	81.058	81.206	76.703
84	84.256	80.925	84.991	73.350	75.596	82.659
85	74.580	70.312	79.521	80.248	78.128	82.795
86	74.810	71.054	76.099	73.347	75.030	72.337
87	80.082	66.599	82.068	80.960	77.208	72.500
88	78.142	72.439	81.355	80.701	82.137	78.886
89	77.866	68.492	78.619	86.620	75.587	79.198
90	76.804	80.678	74.315	79.892	74.563	66.210
91	75.143	74.226	80.633	75.971	73.340	75.696
92	80.424	74.359	77.144	75.384	76.951	84.324
93	75.971	72.109	78.029	72.577	80.092	71.284
94	74.137	78.393	80.057	70.612	79.080	74.923
95	77.043	76.540	75.871	82.409	77.390	81.082
96	72.331	82.404	80.238	80.532	75.899	76.869
97	78.784	76.284	77.785	82.058	75.747	80.500
98	75.570	78.549	79.543	80.837	76.318	75.192
99	76.967	77.118	80.767	82.572	76.161	80.411
100	73.624	69.186	79.573	81.129	77.620	81.807

方差分析结果（表3-18）表明：脑樟9种主成分含量在不同生长期中均存在着极显著差异，差异显著性水平达到0.0001。说明就目标成分含量对采集期进行选择，可以获得显著的选择效果。

表3-18　脑樟叶精油主成分含量的年变化的方差分析

主成分	变异来源	平方和	自由度	均方	F值	p值
樟脑	月份间	1023.5561	5	204.7112	33.197**	0.0001
	误差	3662.8917	594	6.1665		
	总变异	4686.4477	599			
莰烯	月份间	98.9275	5	19.7855	11.636**	0.0001
	误差	1010.023	594	1.7004		
	总变异	1108.95	599			
β-蒎烯	月份间	70.6152	5	14.123	13.94**	0.0001
	误差	601.7793	594	1.0131		
	总变异	672.3945	599			

（续）

主成分	变异来源	平方和	自由度	均方	F 值	p 值
月桂烯	月份间	163.0553	5	32.6111	17.70**	0.0001
	误差	1094.30	594	1.8423		
	总变异	1257.355	599			
柠檬烯	月份间	1667.1138	5	333.4228	138.13**	0.0001
	误差	1435.037	594	2.4159		
	总变异	3102.1508	599			
芳樟醇	月份间	158.2916	5	31.6583	7.07**	0.0001
	误差	2659.098	594	4.4766		
	总变异	2817.39	599			
α-蒎烯	月份间	175.4911	5	35.0982	12.20**	0.0001
	误差	1708.872	594	2.8769		
	总变异	1884.363	599			
α-松油醇	月份间	244.1372	5	48.8274	26.00**	0.0001
	误差	1115.35	594	1.8777		
	总变异	1359.487	599			
黄樟油素	月份间	93.0252	5	18.605	5.60**	0.0001
	误差	1974.741	594	3.3245		
	总变异	2067.766	599			

不同生长期差异显著性检验结果进一步表明（表3-19）：第一主成分樟脑，其含量最高的7月的平均含量达77.2705±3.8395%，说明樟脑在脑樟叶精油中为绝对主成分，且5、7、9、11这4个月之间的差异未达到显著水平，说明该成分自5月新叶形成后至11月进入休眠期以前，其含量一直保持最高水平。但这4个月的含量与1月和3月之间的差异均达到极显著水平，说明以樟脑为目标成分的最佳采收期，在5~11月间均可，但11月之前宜采收完毕。

由表3-19还可看出，脑樟精油中另外8个共有主成分的含量均低于5%。其中：柠檬烯含量最高的月份为3月（4.4515±1.6340%），与其他月份之间的差异均达到0.01的极显著水平；α-蒎烯含量最高的月份为3月（3.2530±0.8368%），与其他月份之间的差异达极显著水平；芳樟醇含量最高的月份为3月（2.0793±1.2617%）和5月（1.9029±1.0917%），与其他月份之间的差异达到显著或极显著水平；黄樟油素含量最高的月份为3月（1.7947±0.8549%）和5月（1.6412±0.8915%），与其他月份之间的差异达显著或极显著水平；月桂烯含量最高的月份为5月（1.7806±0.6412%），与其他月份之间的差异均达到极显著水平；莰烯含量最高的月份为5月（1.5105±0.4301%），与其他月份之间的差异达显著或极显著水平；α-松油醇量最高的月份为7月（1.3493±0.5445%）和3月（1.2796±0.5691%），与其他月份之间的差异达显著或极显著水平；β-蒎烯含量最高的月份为7月（1.1972±0.4347%），与其他月份之间的差异均达到显著或极显著水平。

表 3-19　脑樟叶精油主成分含量的年变化的差异显著性分析

主成分	时间（月）	$\overline{X}\pm S$（%）	变异系数（%）	差异显著性水平	
				5%	1%
樟脑	7	77.2705±3.8395	4.97	a	A
	5	77.2011±3.5491	4.60	a	A
	9	76.9385±2.7632	3.59	a	A
	11	76.2847±4.0237	5.27	a	A
	1	74.9126±3.4920	4.66	b	B
	3	71.6412±4.4194	6.17	c	C
柠檬烯	3	4.4515±1.6340	36.71	a	A
	1	3.7927±1.5176	40.01	b	B
	11	2.5078±0.4770	19.02	c	C
	7	1.9683±0.4136	21.01	d	D
	9	1.9282±0.3593	18.63	de	D
	5	1.7806±0.6412	36.01	e	D
α-蒎烯	3	3.2530±0.8368	25.72	a	A
	5	2.9213±0.6618	22.65	b	AB
	7	2.6729±0.8548	31.98	c	BC
	9	2.6402±1.1141	42.20	cd	D
	11	2.4433±1.2197	49.92	d	C
	1	2.4286±0.8028	33.06	cd	D
芳樟醇	3	2.0793±1.2617	60.68	a	A
	5	1.9029±1.0917	57.37	ab	AB
	1	1.6836±0.9670	57.44	bc	AB
	9	1.5883±0.9722	61.21	c	BC
	7	1.5759±0.8638	54.81	c	BC
	11	1.3018±0.7182	55.17	d	C
黄樟油素	3	1.7947±0.8549	47.63	a	A
	5	1.6412±0.8915	54.32	ab	AB
	1	1.5788±0.8893	56.33	bc	ABC
	9	1.4081±0.7222	51.29	bcd	BC
	11	1.3878±0.8607	62.02	cd	BC
	7	1.3178±0.8105	61.50	d	C
月桂烯	5	1.7806±0.6412	36.01	a	A
	3	1.4316±0.6947	48.53	b	B
	7	1.2981±0.5054	38.93	bc	B
	11	1.2952±0.6353	49.05	bc	BC
	1	1.2093±0.5024	41.54	cd	BC
	9	1.0742±0.3860	35.93	d	C

（续）

主成分	时间（月）	$\overline{X}$±S（%）	变异系数（%）	差异显著性水平	
				5%	1%
莰烯	5	1.5105±0.4301	28.47	a	A
	9	1.4015±0.6069	43.30	ab	AB
	7	1.3317±0.4282	32.15	b	AB
	3	1.2902±0.7537	58.42	bc	BC
	1	1.0947±0.3227	29.48	cd	C
	11	1.0774±0.4878	45.28	d	C
α-松油醇	7	1.3493±0.5445	40.35	a	A
	3	1.2796±0.5691	44.47	a	A
	5	0.9142±0.4742	51.87	b	B
	1	0.8819±0.4577	51.90	b	B
	9	0.8072±0.4805	59.53	b	B
	11	0.7830±0.4686	59.85	b	B
β-蒎烯	7	1.1972±0.4347	36.31	a	A
	3	1.0911±0.3809	34.91	ab	AB
	5	1.0280±0.3013	29.31	bc	BC
	9	0.9559±0.3279	34.30	cd	BC
	11	0.9288±0.4445	47.86	de	CD
	1	0.8160±0.2395	29.35	e	D

3.2.2.3　异樟叶精油主成分种类及含量不同生长期差异比较

（1）叶精油主成分种类差异比较

由表3-11可知，异樟不同月份主成分种类差异极大，6个月份的样品精油中总的主成分种类有21种，每个月的主成分数量分别为16、15、14、14、15、16种，其中6个月份中共有的主成分种类有9种。说明异樟月份间主成分种类差别很大，有些含量较低的主成分在不同月份间不够稳定。

（2）叶精油主成分含量差异比较

异樟叶精油各批次样品中共有的9种主成分分别是：异-橙花叔醇、3-甲基-2-丁烯酸异龙脑酯、1,8-桉叶油素、异丁香酚甲醚、α-松油醇、甲基丁香酚、桧烯、匙叶桉油烯醇和氧化石竹烯，其中含量大于5%的典型性成分有4种，即异-橙花叔醇、3-甲基-2-丁烯酸异龙脑酯、1,8-桉叶油素、异丁香酚甲醚（表3-20至表3-23）。

表3-20　异樟叶精油中异-橙花叔醇含量　单位：%

序号	1月	3月	5月	7月	9月	11月
1	40.215	50.785	48.131	48.605	41.800	32.041
2	41.100	38.542	35.466	33.945	47.973	41.452

（续）

序号	1月	3月	5月	7月	9月	11月
3	40.220	49.329	40.151	29.245	42.588	33.479
4	34.832	33.455	45.112	45.422	34.484	36.990
5	34.228	31.221	45.529	50.993	44.789	43.408
6	40.603	47.525	47.489	34.939	46.895	34.673
7	37.212	40.236	33.354	43.753	37.613	25.587
8	30.225	31.712	40.397	40.811	47.753	43.746
9	35.720	38.312	47.373	42.727	40.675	27.550
10	40.238	50.851	50.498	37.488	43.889	32.613
11	35.712	43.004	37.875	43.157	33.938	40.413
12	33.123	40.898	42.186	40.425	40.658	43.690
13	36.372	40.012	32.115	50.026	43.051	33.279
14	29.241	40.572	34.727	50.126	37.206	33.605
15	39.708	38.742	55.914	50.777	33.305	30.023
16	35.638	35.791	33.920	50.486	44.023	27.490
17	38.655	43.902	32.269	42.573	45.942	36.087
18	35.508	30.880	38.091	33.324	35.798	28.719
19	44.428	41.754	36.123	49.123	52.832	53.185
20	39.946	32.853	36.123	43.653	40.700	50.758
21	30.109	40.930	46.850	40.674	40.526	32.974
22	37.154	40.504	41.441	53.021	46.254	27.230
23	40.738	31.553	35.297	38.860	33.939	35.430
24	40.759	30.005	43.727	50.663	39.761	41.720
25	44.079	42.767	51.473	47.214	43.800	36.143
26	36.603	47.987	50.734	44.376	33.070	37.107
27	35.622	37.931	41.416	49.071	35.552	43.742
28	33.446	35.252	54.108	38.730	37.125	38.206
29	39.485	41.830	36.515	39.330	54.754	41.191
30	47.890	41.317	41.037	37.710	39.215	48.153
31	40.578	33.510	49.753	37.760	40.544	33.588
32	33.469	35.929	44.412	49.774	48.501	28.090
33	43.873	40.187	51.355	50.753	36.713	33.295
34	34.651	50.816	42.251	45.925	43.849	36.022
35	33.853	32.556	36.649	44.388	44.307	40.299
36	38.066	44.283	36.874	43.023	33.398	26.637
37	36.864	33.263	47.527	40.404	30.191	35.551
38	43.415	38.798	37.968	32.580	42.992	33.584

（续）

序号	1月	3月	5月	7月	9月	11月
39	35. 537	34. 351	47. 602	39. 334	31. 967	41. 990
40	30. 887	42. 248	36. 473	35. 983	37. 467	43. 256
41	35. 353	34. 182	47. 696	40. 708	38. 913	33. 374
42	36. 746	45. 241	34. 896	34. 798	45. 132	37. 034
43	39. 534	50. 586	40. 775	32. 100	42. 875	38. 868
44	40. 672	40. 036	49. 034	40. 050	48. 122	36. 256
45	37. 596	50. 729	37. 472	33. 856	35. 871	28. 727
46	44. 860	47. 286	31. 190	40. 001	29. 432	37. 849
47	30. 696	40. 236	33. 462	35. 541	22. 580	48. 272
48	38. 775	39. 094	34. 368	38. 088	42. 524	40. 975
49	45. 971	41. 872	43. 711	42. 124	45. 769	40. 744
50	43. 973	33. 448	36. 728	41. 816	39. 703	40. 450
51	37. 957	35. 249	46. 113	34. 295	36. 472	34. 748
52	32. 455	30. 834	38. 903	24. 363	39. 882	41. 292
53	40. 806	50. 255	23. 250	43. 791	37. 318	29. 512
54	40. 412	37. 247	51. 209	30. 142	42. 911	45. 012
55	33. 067	43. 060	37. 823	34. 258	45. 737	38. 377
56	35. 025	27. 698	42. 019	35. 124	29. 602	35. 153
57	34. 947	45. 243	33. 097	45. 081	30. 915	39. 154
58	38. 240	50. 025	30. 909	31. 425	36. 954	29. 506
59	38. 457	33. 687	32. 135	40. 116	36. 125	37. 971
60	20. 959	38. 961	34. 012	40. 179	35. 643	36. 683
61	25. 947	40. 776	49. 510	50. 012	28. 997	43. 087
62	40. 872	28. 654	37. 756	43. 261	40. 996	29. 341
63	40. 405	43. 359	29. 099	41. 792	36. 645	34. 384
64	34. 218	41. 671	44. 730	50. 674	41. 671	41. 978
65	35. 924	42. 507	53. 985	52. 509	34. 224	40. 764
66	38. 931	45. 012	34. 027	40. 771	48. 393	42. 510
67	42. 861	44. 662	33. 260	40. 126	37. 891	39. 102
68	34. 503	37. 450	40. 022	38. 901	35. 576	49. 412
69	38. 486	39. 486	43. 536	30. 464	38. 706	42. 268
70	36. 219	50. 749	41. 933	30. 099	40. 628	41. 619
71	49. 329	45. 955	43. 122	43. 529	40. 663	48. 674
72	38. 316	50. 989	37. 013	29. 663	40. 791	43. 343
73	31. 889	44. 856	42. 861	25. 324	32. 690	34. 607
74	41. 714	40. 960	40. 070	34. 128	33. 433	37. 971

（续）

序号	1月	3月	5月	7月	9月	11月
75	35.882	37.297	50.006	40.843	33.610	44.357
76	38.454	50.269	40.338	56.224	34.049	42.774
77	38.325	44.663	34.843	45.086	36.986	31.872
78	34.455	40.792	36.814	44.760	38.906	38.302
79	39.972	44.470	40.585	40.281	37.698	39.824
80	47.767	39.486	40.398	43.288	35.579	40.929
81	39.394	29.341	47.858	50.016	48.796	31.088
82	37.325	40.110	34.538	35.060	36.301	36.012
83	33.624	50.283	42.292	31.362	36.779	25.737
84	38.687	35.661	49.297	40.157	34.721	35.862
85	40.280	33.950	43.880	49.057	37.356	37.152
86	36.945	37.361	46.320	36.368	37.005	37.064
87	35.452	32.294	33.400	28.338	35.093	31.156
88	39.097	42.406	43.089	41.693	41.669	33.445
89	41.762	33.000	45.320	50.544	33.853	43.362
90	44.810	37.629	44.449	42.648	41.532	39.280
91	40.495	27.557	48.784	48.629	37.186	35.486
92	37.884	30.299	50.019	33.999	40.983	37.138
93	39.075	30.979	29.930	40.797	33.857	43.076
94	42.155	30.509	38.785	38.131	33.722	41.083
95	48.791	43.332	52.975	46.608	33.519	46.247
96	39.634	36.911	38.493	50.799	36.440	38.871
97	36.423	33.629	41.075	53.372	40.470	40.543
98	33.742	34.999	35.878	43.311	36.784	31.053
99	31.842	40.813	42.882	35.711	29.332	33.814
100	36.098	37.067	38.365	35.468	28.068	37.012

表 3-21　异樟叶精油中 3-甲基-2-丁烯酸异龙脑酯含量　　单位：%

序号	1月	3月	5月	7月	9月	11月
1	19.748	13.186	17.265	23.105	26.226	27.606
2	16.013	16.362	18.256	34.151	19.213	21.976
3	19.211	13.354	18.540	29.599	17.610	26.555
4	23.159	18.991	20.114	22.759	28.224	21.539
5	23.502	25.079	17.212	18.120	20.688	15.311
6	20.813	12.334	18.306	27.447	14.491	25.317
7	19.742	6.466	21.300	14.004	18.159	28.593

（续）

序号	1月	3月	5月	7月	9月	11月
8	20.358	31.162	17.880	20.350	19.486	18.337
9	20.007	14.466	16.800	25.051	20.761	36.079
10	12.914	12.701	14.158	30.230	25.992	36.370
11	24.203	14.037	28.045	20.633	24.701	20.819
12	16.805	26.656	19.920	27.330	23.636	25.569
13	21.103	25.298	25.574	13.350	20.218	19.584
14	15.869	18.441	23.900	6.940	23.173	30.490
15	20.087	20.492	5.977	5.066	29.507	27.344
16	21.885	15.586	30.767	17.525	20.875	29.133
17	16.129	12.993	22.240	16.519	14.483	25.770
18	22.238	25.430	25.990	30.166	16.631	24.772
19	12.448	18.111	19.588	16.398	14.284	12.325
20	14.109	22.940	17.571	18.983	17.492	10.295
21	26.659	16.402	18.808	24.538	15.403	32.066
22	19.741	23.838	26.788	14.244	16.637	36.655
23	14.891	25.547	15.393	12.849	18.426	21.862
24	11.500	34.016	12.907	8.545	21.165	18.331
25	13.881	12.397	8.238	16.938	20.259	18.954
26	9.150	7.480	10.013	18.645	19.432	19.435
27	16.648	8.686	11.699	15.563	30.829	16.010
28	20.045	31.295	9.675	24.417	22.270	18.624
29	18.911	16.631	18.428	22.935	10.647	20.838
30	13.631	27.351	21.701	26.086	23.008	24.213
31	11.908	25.217	13.360	31.771	19.438	29.888
32	13.770	24.907	8.517	15.224	12.141	38.104
33	13.074	16.851	8.297	7.457	12.472	25.295
34	20.522	8.519	9.431	20.308	23.520	25.103
35	20.542	25.710	22.443	22.197	20.028	28.428
36	19.618	18.281	24.144	22.897	23.693	24.926
37	13.641	21.365	15.457	24.204	30.840	24.114
38	15.749	20.032	30.555	31.457	22.657	25.985
39	20.239	20.936	16.622	22.265	27.523	19.807
40	22.223	11.766	21.335	17.639	21.177	20.225
41	19.440	22.688	14.051	26.720	23.079	31.098
42	18.429	16.716	24.926	25.627	17.397	21.110
43	13.909	12.415	22.246	33.626	20.365	20.534

（续）

序号	1月	3月	5月	7月	9月	11月
44	21.148	20.055	20.341	24.080	20.158	29.280
45	15.411	9.883	20.825	21.951	13.551	26.758
46	12.006	6.703	25.182	18.003	26.440	25.672
47	19.459	22.284	27.248	27.899	32.468	22.150
48	10.786	12.474	23.890	25.526	16.111	18.070
49	15.903	5.935	15.997	26.591	17.926	14.259
50	12.207	21.819	14.707	24.216	24.884	20.667
51	21.636	23.269	14.770	30.451	27.416	29.003
52	19.970	25.471	17.475	38.493	21.658	16.820
53	18.998	15.093	34.562	15.630	29.137	37.351
54	16.723	24.889	13.492	36.067	25.249	23.483
55	21.519	15.388	23.174	26.997	21.207	17.285
56	24.689	19.657	18.100	30.321	30.638	17.562
57	29.501	17.886	24.879	21.529	24.858	24.996
58	23.693	8.833	28.348	30.304	22.917	32.729
59	15.990	18.698	26.639	22.394	22.798	28.889
60	44.260	20.635	26.116	21.056	20.159	20.967
61	34.292	19.233	14.907	11.079	28.166	24.541
62	13.893	30.975	21.616	17.041	16.614	31.350
63	12.107	13.157	20.417	14.309	22.398	18.574
64	19.468	9.909	18.930	15.001	20.729	25.612
65	23.593	18.276	8.301	13.125	31.717	25.663
66	15.050	12.298	25.451	19.070	13.384	20.414
67	11.274	8.935	19.956	21.990	19.793	24.332
68	23.897	35.294	26.334	22.512	23.177	17.633
69	24.738	26.937	20.723	36.348	17.890	17.895
70	22.269	13.101	28.215	36.135	26.004	25.050
71	16.797	13.103	16.247	16.500	20.744	13.669
72	12.827	12.007	21.322	31.985	20.787	20.885
73	18.929	14.882	16.035	32.886	25.224	26.224
74	15.887	22.308	24.333	27.313	26.923	19.089
75	23.793	22.424	13.538	25.846	29.524	21.943
76	11.560	12.904	11.914	11.840	21.896	21.703
77	26.201	16.399	26.571	17.850	23.059	31.224
78	16.327	20.570	23.291	20.343	16.579	18.018
79	16.282	11.990	22.704	22.493	17.699	20.784

（续）

序号	1月	3月	5月	7月	9月	11月
80	16.092	26.937	16.188	24.194	30.324	28.625
81	23.318	23.626	8.704	16.218	17.535	27.239
82	18.299	25.047	24.799	31.297	26.944	29.125
83	24.750	9.467	17.616	33.432	27.791	33.970
84	21.033	25.600	20.850	28.512	24.776	27.548
85	21.586	24.547	15.000	20.097	24.193	32.207
86	19.880	25.189	20.111	29.116	27.871	21.639
87	19.422	19.954	31.925	42.027	33.689	29.827
88	24.505	11.727	21.661	22.758	22.021	26.485
89	20.435	20.511	15.601	18.091	27.383	24.019
90	18.253	26.904	18.906	27.504	26.729	23.431
91	10.917	26.245	7.345	16.251	25.021	26.248
92	25.872	30.072	8.110	28.912	25.014	25.326
93	17.299	26.249	26.224	23.377	31.005	24.376
94	18.034	26.889	13.383	28.610	29.498	17.723
95	8.982	21.306	13.009	20.450	29.686	20.539
96	17.524	10.967	15.437	12.243	27.164	24.747
97	12.966	24.904	18.755	13.105	28.416	27.726
98	11.394	12.304	18.712	17.773	22.371	33.453
99	12.034	11.925	16.784	27.007	36.143	31.794
100	11.778	12.009	15.834	28.143	28.021	27.005

表 3-22 异樟叶精油中1,8-桉叶油素含量 单位:%

序号	1月	3月	5月	7月	9月	11月
1	15.788	9.437	10.035	9.068	9.588	9.037
2	16.191	15.346	10.568	10.326	10.053	9.712
3	16.148	10.596	13.021	11.190	8.465	10.251
4	17.042	12.459	8.036	8.036	8.032	8.338
5	15.041	12.357	11.048	9.094	9.712	9.378
6	15.653	10.148	10.162	14.417	16.724	13.048
7	14.059	17.443	15.191	14.253	12.731	13.014
8	16.098	5.156	9.098	9.159	6.037	9.020
9	15.745	12.131	11.092	8.630	9.300	9.040
10	17.283	13.262	10.102	11.290	7.177	8.416
11	15.150	15.571	11.157	11.616	10.057	9.062
12	16.936	9.222	10.205	8.875	7.007	8.435

（续）

序号	1月	3月	5月	7月	9月	11月
13	17.070	9.357	9.661	9.071	13.093	9.404
14	16.111	10.107	11.038	12.132	13.010	9.022
15	12.098	14.678	12.381	11.322	14.463	10.146
16	14.745	9.138	10.044	8.046	9.687	10.169
17	16.002	17.137	13.555	13.265	17.144	10.014
18	15.207	11.071	10.050	11.444	10.897	9.317
19	17.422	9.162	11.061	9.127	9.051	9.218
20	14.826	9.939	10.175	9.991	9.044	9.021
21	16.794	13.084	9.092	9.323	10.143	8.056
22	16.452	13.338	11.520	14.060	15.021	11.288
23	13.569	14.119	11.104	11.233	14.040	10.031
24	15.832	9.089	9.069	9.019	8.031	8.030
25	16.173	12.216	12.136	10.098	9.068	9.035
26	17.670	9.116	10.141	9.023	8.030	8.230
27	14.440	14.876	13.050	10.028	12.546	13.157
28	15.021	9.292	10.230	9.095	9.287	9.721
29	15.389	11.184	10.089	9.101	10.121	8.034
30	16.010	9.054	10.366	11.011	11.041	8.031
31	15.125	12.272	11.280	11.443	9.035	7.539
32	17.681	9.097	9.084	9.026	12.050	8.044
33	15.090	14.964	10.035	11.138	14.039	13.330
34	16.185	10.338	13.034	10.433	7.024	8.231
35	16.067	8.386	10.037	11.166	8.057	8.441
36	15.241	11.115	9.042	10.563	9.720	10.039
37	16.047	11.794	9.152	10.173	12.256	12.056
38	16.096	11.021	9.064	10.069	9.031	10.061
39	13.077	12.318	11.075	11.341	12.575	13.032
40	15.084	9.199	10.032	11.153	11.092	11.914
41	17.089	10.116	11.115	8.063	9.123	9.062
42	15.073	9.125	8.123	9.022	8.014	10.032
43	12.787	8.338	8.034	9.105	10.063	11.081
44	14.339	10.225	9.277	10.577	8.670	8.391
45	13.064	9.035	14.334	10.452	13.722	14.362
46	16.256	16.067	12.083	11.043	14.721	9.332
47	15.388	9.108	11.115	11.033	11.715	8.156
48	16.127	12.055	9.057	10.045	9.911	9.481

（续）

序号	1月	3月	5月	7月	9月	11月
49	11. 675	15. 064	11. 233	10. 017	11. 120	12. 600
50	15. 048	14. 104	10. 115	8. 180	9. 024	9. 194
51	11. 861	11. 284	13. 006	10. 440	12. 880	10. 051
52	16. 642	12. 251	13. 327	11. 225	10. 050	12. 596
53	14. 047	9. 131	10. 077	8. 286	9. 029	8. 728
54	15. 189	9. 141	8. 043	7. 012	8. 045	8. 008
55	14. 885	10. 718	12. 049	11. 019	11. 415	9. 040
56	16. 052	15. 944	12. 024	11. 776	13. 474	13. 042
57	12. 310	9. 098	11. 233	10. 793	11. 265	9. 432
58	16. 642	12. 085	12. 901	11. 014	8. 851	6. 505
59	14. 045	11. 220	11. 580	8. 406	6. 254	4. 174
60	9. 395	11. 061	11. 544	9. 031	8. 099	8. 838
61	10. 053	8. 730	7. 626	9. 476	9. 493	9. 064
62	16. 045	9. 527	9. 242	6. 358	7. 061	7. 721
63	14. 504	12. 314	11. 759	12. 303	13. 268	12. 663
64	17. 550	15. 502	9. 067	9. 046	7. 592	5. 017
65	14. 012	10. 175	11. 614	10. 033	10. 054	10. 376
66	15. 148	9. 352	11. 623	11. 269	11. 025	11. 077
67	15. 068	8. 864	9. 194	11. 239	12. 057	13. 025
68	16. 558	9. 193	9. 256	9. 120	10. 300	9. 255
69	15. 037	7. 676	8. 442	8. 027	12. 021	11. 088
70	12. 088	9. 196	9. 087	9. 079	8. 694	8. 343
71	11. 047	11. 260	11. 385	11. 048	10. 478	9. 057
72	15. 054	9. 491	10. 696	9. 076	8. 572	10. 641
73	14. 054	11. 349	10. 239	11. 087	11. 857	6. 716
74	14. 047	13. 662	10. 261	8. 452	9. 548	9. 365
75	15. 081	8. 074	10. 241	7. 066	8. 057	9. 391
76	15. 035	9. 286	10. 806	9. 284	13. 217	6. 157
77	15. 123	12. 127	11. 800	12. 285	10. 062	9. 438
78	14. 391	9. 394	11. 166	9. 028	13. 108	9. 054
79	16. 094	11. 030	13. 079	11. 359	13. 024	12. 071
80	11. 051	9. 098	11. 312	9. 064	9. 273	9. 112
81	14. 081	10. 321	12. 086	9. 092	10. 103	8. 921
82	16. 064	9. 043	9. 059	6. 058	10. 059	6. 890
83	13. 067	9. 245	10. 106	8. 235	8. 025	8. 040
84	14. 065	9. 897	5. 031	6. 027	8. 050	6. 036

（续）

序号	1月	3月	5月	7月	9月	11月
85	16.088	11.565	9.519	6.085	9.041	6.055
86	15.050	9.954	8.088	9.121	10.254	10.689
87	17.910	15.738	8.861	8.257	7.234	11.462
88	11.036	12.348	11.479	10.029	9.305	11.043
89	12.089	15.524	7.525	9.553	8.072	8.183
90	11.048	9.096	10.406	11.479	10.222	10.078
91	16.096	14.233	10.027	10.776	12.049	11.017
92	11.046	10.131	11.065	12.471	11.186	10.043
93	16.092	8.162	10.035	8.057	10.870	8.198
94	14.034	9.038	11.650	7.892	8.160	8.235
95	13.116	11.128	9.102	6.063	6.225	8.032
96	16.056	16.025	10.779	11.231	10.247	8.798
97	15.023	9.235	8.644	7.092	8.237	11.074
98	16.071	12.335	9.228	7.058	7.098	7.005
99	17.991	11.236	8.112	6.673	6.078	8.094
100	14.563	13.894	8.999	6.796	7.044	7.935

表 3-23 异樟叶精油中异丁香酚甲醚含量 单位:%

序号	1月	3月	5月	7月	9月	11月
1	7.694	9.978	9.031	8.824	8.117	9.766
2	10.234	11.024	8.246	8.046	6.882	7.694
3	11.715	10.044	10.578	10.409	14.943	11.798
4	8.099	9.997	8.246	10.032	10.198	12.052
5	7.356	8.072	9.378	8.333	9.188	9.674
6	9.458	11.876	8.760	8.065	11.108	8.899
7	11.245	14.301	11.227	7.164	12.435	9.400
8	12.624	11.460	10.714	10.026	10.045	9.733
9	10.223	9.789	9.520	8.987	9.819	10.864
10	9.003	7.063	7.113	7.509	6.972	6.619
11	8.983	9.667	9.139	8.881	10.471	9.322
12	8.753	7.063	8.063	7.093	9.193	9.052
13	10.134	9.667	9.903	9.283	10.860	12.876
14	13.467	12.599	11.619	10.635	10.321	8.112
15	11.496	9.880	8.376	10.028	5.745	7.010
16	8.346	12.599	10.369	10.312	9.321	11.851
17	7.044	9.880	9.038	10.040	9.118	9.649

（续）

序号	1月	3月	5月	7月	9月	11月
18	10.071	12.324	8.441	9.135	12.021	10.563
19	10.089	13.547	14.944	10.058	11.142	8.298
20	12.209	13.345	14.262	11.003	10.487	9.476
21	11.104	12.052	11.331	9.785	10.086	11.009
22	8.044	6.085	6.580	6.209	8.489	8.599
23	10.181	11.530	11.165	10.093	10.600	12.315
24	11.796	10.645	10.044	11.730	11.093	9.204
25	7.122	9.889	9.176	9.051	10.625	11.907
26	8.069	11.638	11.476	9.267	11.735	11.883
27	12.391	13.146	11.026	10.276	8.496	14.853
28	6.923	8.885	9.004	10.149	12.212	11.199
29	7.175	11.114	10.325	9.083	11.734	10.169
30	6.440	7.090	6.629	9.701	5.994	6.227
31	13.178	11.174	10.075	8.068	10.945	9.121
32	10.234	12.133	12.200	9.601	13.503	8.090
33	12.244	9.453	9.038	13.127	12.710	10.542
34	11.700	10.876	9.991	8.795	10.101	6.766
35	10.430	9.569	9.040	6.337	6.645	5.287
36	10.323	10.431	11.635	7.779	11.756	14.794
37	11.484	12.023	13.064	10.245	9.150	10.109
38	7.144	5.684	7.349	9.018	10.153	11.907
39	9.954	11.409	8.469	7.458	10.060	8.313
40	14.133	15.779	13.103	15.698	13.026	11.633
41	10.910	11.130	11.298	10.675	9.896	11.235
42	8.579	9.993	12.035	10.896	8.171	8.131
43	12.088	11.125	12.326	11.667	11.806	6.412
44	10.638	11.573	9.785	11.120	8.365	4.857
45	11.012	10.055	9.641	14.436	13.356	13.371
46	5.824	9.547	10.553	12.003	9.397	8.297
47	16.695	13.665	12.021	9.175	11.705	5.117
48	10.010	8.631	9.123	7.837	9.347	9.902
49	8.511	12.031	10.069	6.525	10.163	10.588
50	10.578	10.645	10.655	11.510	10.114	10.250
51	12.679	10.895	11.256	9.687	9.092	9.563
52	14.402	13.014	12.530	11.523	13.652	10.511
53	11.215	11.412	10.432	9.051	6.639	8.049

（续）

序号	1月	3月	5月	7月	9月	11月
54	14.551	11.471	12.390	10.014	7.052	5.179
55	8.747	10.993	11.127	10.026	7.908	9.290
56	9.080	13.789	9.560	8.946	10.0254	9.912
57	8.242	10.669	9.879	10.084	10.177	11.175
58	5.240	9.528	10.538	11.243	10.104	11.664
59	10.522	11.136	9.906	9.043	6.458	6.299
60	9.323	12.670	11.350	10.470	12.508	13.003
61	13.603	10.504	11.265	13.645	10.188	10.701
62	12.428	10.824	10.049	10.109	8.356	6.381
63	11.875	12.437	11.376	10.212	10.297	13.860
64	12.223	12.501	14.441	10.268	10.466	7.928
65	8.184	8.659	9.146	10.068	7.945	10.286
66	14.640	13.030	12.098	10.174	11.223	11.730
67	12.076	10.844	11.287	9.072	13.950	10.121
68	10.145	7.814	8.113	10.140	9.378	9.828
69	4.051	5.894	5.051	10.108	10.116	10.634
70	14.350	11.080	10.034	10.024	13.179	11.423
71	7.535	9.581	10.957	9.895	10.131	7.984
72	12.830	10.039	10.037	13.417	14.599	11.592
73	12.396	11.858	11.342	12.366	11.418	9.284
74	6.342	6.667	8.092	10.051	10.164	5.314
75	8.156	10.434	10.043	10.027	10.118	8.672
76	9.486	11.590	12.208	9.030	12.554	9.159
77	9.101	7.812	8.035	10.120	11.771	7.990
78	12.941	11.512	11.428	10.032	14.094	15.846
79	11.407	7.812	7.798	10.094	10.526	10.859
80	11.865	11.512	12.034	9.072	10.662	8.848
81	8.866	10.833	11.793	9.111	10.120	11.040
82	2.728	8.653	9.170	10.651	6.180	7.572
83	9.771	11.553	12.553	10.023	10.171	11.788
84	8.498	10.822	11.579	8.934	11.828	12.304
85	9.395	12.653	14.026	10.005	10.093	7.369
86	12.366	9.857	9.030	10.188	10.051	12.079
87	8.122	11.178	12.036	8.116	6.669	8.593
88	9.624	8.683	9.113	9.415	10.179	7.206
89	7.674	9.778	9.022	6.728	11.856	7.932

（续）

序号	1月	3月	5月	7月	9月	11月
90	6.810	9.903	9.087	6.088	10.458	8.914
91	10.489	9.448	10.004	9.089	10.391	8.779
92	12.099	12.673	11.035	10.418	9.099	9.605
93	5.603	9.402	12.278	10.057	10.085	7.786
94	8.769	11.026	11.894	9.021	10.077	9.475
95	6.025	5.570	6.081	8.569	6.362	7.724
96	10.308	11.537	12.084	11.456	13.024	10.293
97	12.265	13.880	10.460	10.083	11.587	9.596
98	12.620	15.061	14.090	13.546	11.943	12.374
99	10.999	13.442	12.096	11.254	10.252	11.798
100	12.045	11.078	13.333	12.089	10.045	13.003

这9种共有主成分除匙叶桉油烯醇和石竹烯氧化物外，其余7种主成分含量在不同生长期的差异均达到显著/极显著水平（表3-24）。说明就这7种目标成分含量对采集期进行选择，可以获得显著的选择效果。

表3-24　异樟叶精油主成分含量的年变化的方差分析

主成分	变异来源	平方和	自由度	均方	*F*值	*p*值
异-橙花叔醇	月份间	413.0159	5	82.6032	6.561**	0.0001
	误差	7478.2777	594	12.5897		
	总变异	7891.2936	599			
1,8-桉叶油素	月份间	1593.7949	5	318.7590	92.23**	0.0001
	误差	2052.9342	594	3.4561		
	总变异	3646.7292	599			
α-松油醇	月份间	116.5165	5	23.3033	5.248**	0.0001
	误差	2637.5100	594	4.4403		
	总变异	2754.0270	599			
甲基丁香酚	月份间	67.0998	5	13.4200	4.531**	0.0005
	误差	1759.3170	594	2.9618		
	总变异	1826.4160	599			
异丁香酚甲醚	月份间	60.0595	5	12.0119	2.993**	0.0112
	误差	2383.9317	594	4.0134		
	总变异	2443.9912	599			
桧烯	月份间	186.5366	5	37.3073	10.671**	0.0001
	误差	2076.6600	594	3.4961		
	总变异	2263.1970	599			

（续）

主成分	变异来源	平方和	自由度	均 方	F 值	p 值
匙叶桉油烯醇	月份间	18.4527	5	3.6905	1.406	0.22
	误差	1558.7680	594	2.6242		
	总变异	1577.2200	599			
氧化石竹烯	月份间	25.5566	5	5.1113	1.582	0.1632
	误差	1919.4775	594	3.2314		
	总变异	1945.0341	599			
3-甲基-2-丁烯酸异龙脑酯	月份间	1699.2582	5	339.8516	17.199**	0.0001
	误差	11737.4080	594	19.7599		
	总变异	13436.6657	599			

异樟叶精油月份间差异显著性检验结果表明（表 3-25）：第一主成分异-橙花叔醇含量最高的月份为 7 月（41.1283±6.9009%）和 5 月（41.0664±6.5674%），这 2 个月之间的差异不显著，但与其他月份之间的差异则达到显著或极显著水平。由此认为，异-橙花叔醇的最佳采收期为 5～7 月。异樟叶精油中的第二主成分是 3-甲基-2-丁烯酸异龙脑酯，该成分是异樟叶精油中的特有成分，其含量最高的月份为 11 月（24.3898±5.7229%），但 9 月（22.7973±5.2796%）和 7 月（22.6817±7.3731%）的含量也很高，从 7～11 月呈逐渐升高的趋势，11 月与 9 月间的差异较显著，与其他月份之间的差异则达到显著或极显著水平。说明 3-甲基-2-丁烯酸异龙脑酯的适宜采收期应为 11 月。第三主成分 1,8-桉叶油素含量最高的月份为 1 月（14.932±1.8178%），与其他月份之间的差异均达到极显著水平。因此认为，1,8-桉叶油素的最佳采收期应为 1 月。第四主成分异丁香酚甲醚也是异樟叶精油中的特有主成分，其含量最高的月份为 3 月（10.6819±2.0028%），该月份与含量最低的 11 月之间的差异达到极显著水平，与其他 4 个月份之间的差异达到较显著或显著水平。

α-松油醇、桧烯和甲基丁香酚 3 种主成分在异樟叶精油中的含量均低于 5%，但其含量在不同生长期还是存在着显著差异。其中：桧烯含量最高的月份为 3 月（2.4127±0.9608%），与其他月份之间的差异达到极显著水平；α-松油醇含量最高的月份为 5 月（2.0939±0.9215%），与其他月份之间的差异达到较显著至极显著水平；甲基丁香酚含量最高的月份为 1 月（1.5412±0.6841%），与其他月份之间的差异达到较显著至极显著水平。

表 3-25　异樟叶精油主成分含量不同生长期差异显著性分析

主成分	时间（月）	$\overline{X}$±S（%）	变异系数（%）	差异显著性水平	
				5%	1%
异-橙花叔醇	7	41.1283±6.9009	16.78	a	A
	5	41.0664±6.5674	15.99	a	A
	3	39.6356±6.2436	15.75	ab	AB
	9	38.7391±5.6094	14.48	bc	AB
	1	37.8449±4.6293	12.23	c	B
	11	37.5455±5.8208	15.50	c	B

（续）

主成分	时间（月）	$\overline{X}$±S（%）	变异系数（%）	差异显著性水平	
				5%	1%
3-甲基-2-丁烯酸异龙脑酯	11	24. 3898±5. 7229	23. 46	a	A
	9	22. 7973±5. 2796	23. 16	ab	A
	7	22. 6817±7. 3731	32. 51	b	A
	5	19. 0594±6. 0619	31. 81	c	B
	3	18. 7918±6. 8023	36. 20	c	B
	1	18. 4592±5. 4109	29. 31	c	B
1,8-桉叶油素	1	14. 932±1. 8178	12. 17	a	A
	3	11. 1821±2. 4397	21. 82	b	B
	5	10. 4428±1. 6152	15. 47	c	BC
	9	10. 1524±2. 3360	23. 01	cd	CD
	7	9. 7713±1. 7922	18. 34	de	CD
	11	9. 4593±1. 8945	20. 03	e	D
异丁香酚甲醚	3	10. 6819±2. 0028	18. 75	a	A
	5	10. 3976±1. 8705	17. 99	ab	AB
	9	10. 2729±1. 9743	19. 22	abc	AB
	1	10. 0787±2. 4969	24. 77	bc	AB
	7	9. 8403±1. 6716	16. 99	bc	AB
	11	9. 7311±2. 2330	22. 95	c	B
桧烯	3	2. 4127±0. 9608	39. 82	a	A
	5	1. 9097±0. 8594	45. 00	b	B
	1	1. 8739±0. 8633	46. 07	bc	B
	7	1. 7316±0. 8588	49. 60	bcd	B
	11	1. 6422±0. 756	46. 04	cd	B
	9	1. 6205±0. 8808	54. 35	d	B
α-松油醇	5	2. 0939±0. 9215	44. 01	a	A
	3	1. 8755±0. 9747	51. 97	ab	AB
	7	1. 8532±0. 9254	49. 94	abc	AB
	9	1. 7133±0. 9245	53. 96	bcd	B
	1	1. 6289±0. 9817	60. 27	cd	B
	11	1. 5665±1. 0259	65. 49	d	B
甲基丁香酚	1	1. 5412±0. 6841	44. 39	a	A
	9	1. 4708±0. 7555	51. 37	ab	AB
	11	1. 4249±0. 7162	50. 26	ab	ABC
	3	1. 2731±0. 8131	63. 87	bc	BC
	7	1. 2461±0. 6123	49. 14	bc	BC
	5	1. 1603±0. 6155	53. 05	c	C

3.2.2.4 芳樟叶精油主成分含量月份间差异比较

（1）芳樟叶精油主成分种类差异比较

由表 3-11 可知，芳樟不同月份主成分种类差异不大，6 个月份的样品精油中总的主成分种类只有 3 种，每个月的主成分数量分别为 2、2、1、1、2、1 种，其中 6 个月份中共有的主成分种类只有芳樟醇 1 种，除此之外，3 月份有（-）-马兜铃烯，1 月和 9 月份有 9-十八烯酸甲酯。说明芳樟不同月份间主成分芳樟醇相当集中，（-）-马兜铃烯和 9-十八烯酸甲酯仅在个别月份中含量略高于 1%。

（2）芳樟叶精油主成分芳樟醇含量差异比较

芳樟叶精油各批次样品中共有的主成分只有芳樟醇，且精油中含量大于 5%的成分也只有芳樟醇，其测定结果见表 3-26。

表 3-26 芳樟叶精油中芳樟醇含量

单位:%

序号	1 月	3 月	5 月	7 月	9 月	11 月
1		85.10	89.92	91.26	89.34	87.86
2		87.61	88.84	87.88	86.86	88.28
3		82.69	89.85	91.54	87.78	85.69
4	86.70	89.45	93.57	91.92	88.62	86.97
5		75.35	85.07	85.18	88.78	84.89
6	87.55	85.13	86.78	91.92	89.45	86.66
7	86.73	85.38	83.77	87.32	85.62	84.72
8	88.08	83.62	87.67	94.09	91.28	87.91
9	86.60	85.03	92.76	93.76	88.68	89.91
10		84.47	86.82	88.99	85.15	86.55
11	86.36	88.22	90.82	93.54	86.12	86.43
12	88.93	86.35	86.97	87.97	85.60	84.66
13		91.54	90.18	90.51	90.52	87.29
14	88.03	88.75	85.45	82.75	86.65	84.33
15	84.90	88.75	93.68	92.79	86.95	83.68
16	85.60	88.94	91.10	90.23	88.29	85.20
17		84.76	91.36	92.06	89.26	87.07
18	83.29	86.11	89.88	89.49	86.19	85.26
19	86.45	92.23	94.79	93.56	88.56	89.43
20	85.62	88.48	92.25	88.29	89.08	88.34
21	88.11	89.13	92.73	91.86	89.11	87.28
22		73.83	75.68	79.15	82.17	75.58
23	74.60	83.81	83.32	79.03	78.17	79.15
24	86.26	88.98	88.24	89.05	88.63	88.41
25	89.78	91.39	92.60	93.95	90.31	90.35

（续）

序号	1月	3月	5月	7月	9月	11月
26	86. 82	89. 33	89. 42	92. 71	88. 86	84. 83
27	88. 16	88. 47	91. 70	91. 46	89. 28	87. 33
28	86. 16	89. 03	93. 98	93. 43	90. 47	91. 25
29	89. 24	87. 03	90. 05	92. 33	91. 08	91. 00
30	88. 27	88. 68	92. 13	94. 17	88. 18	88. 60
31	90. 46	92. 69	93. 11	93. 30	90. 78	90. 28
32	88. 65	90. 67	92. 53	94. 35	89. 92	89. 65
33	83. 66	84. 43	85. 97	82. 55	82. 29	84. 09
34	88. 70	86. 11	89. 73	91. 42	92. 30	89. 80
35	91. 06	92. 20	92. 98	93. 87	88. 70	88. 87
36	86. 08	88. 98	90. 37	93. 67	89. 87	88. 66
37	88. 43	88. 24	90. 83	92. 33	90. 45	85. 96
38	86. 87	88. 71	93. 53	93. 61	90. 11	89. 76
39	84. 05	88. 69	92. 52	94. 60	90. 45	89. 21
40	88. 66	92. 60	94. 12	94. 75	90. 59	90. 02
41	85. 19	89. 07	89. 75	92. 98	88. 11	87. 06
42	89. 30	90. 59	92. 28	95. 11	89. 33	89. 42
43	88. 50	90. 39	92. 56	94. 54	91. 27	88. 66
44	91. 90	93. 84	93. 63	94. 81	89. 65	88. 28
45	88. 40	86. 83	88. 97	88. 86	90. 37	88. 25
46	88. 98	91. 47	94. 92	92. 80	90. 70	89. 13
47	86. 05	88. 55	91. 17	88. 60	87. 29	86. 50
48	87. 41	94. 10	95. 02	94. 00	90. 39	89. 96
49	87. 96	90. 61	90. 67	88. 83	88. 81	88. 47
50		91. 24	93. 43	90. 83	90. 62	88. 43
51		89. 32	91. 59	93. 14	87. 55	84. 15
52		87. 24	88. 04	89. 47	87. 99	85. 74
53	87. 34	91. 02	93. 53	90. 55	90. 89	87. 60
54	88. 40	89. 00	90. 34	93. 75	91. 04	90. 76
55	90. 18	91. 05	95. 46	93. 26	92. 57	88. 44
56	83. 47	84. 15	85. 00	85. 23	85. 98	85. 08
57	81. 79	83. 39	85. 30	89. 25	85. 93	80. 44
58		89. 79	94. 20	93. 64	91. 06	88. 19
59		85. 50	89. 09	90. 09	90. 91	87. 57
60	89. 53	89. 74	89. 87	86. 91	87. 22	85. 34
61	83. 52	90. 57	92. 82	92. 17	88. 20	80. 64

（续）

序号	1 月	3 月	5 月	7 月	9 月	11 月
62	86.26	87.05	87.35	87.63	88.32	86.56
63	84.16	85.71	90.28	88.32	85.23	79.80
64	83.27	88.46	90.28	91.98	88.23	84.01
65	86.26	87.54	87.88	86.80	85.45	83.08
66	84.17	91.88	92.16	91.87	92.10	87.64
67	85.88	89.05	91.67	89.47	88.50	88.43
68		86.92	89.54	91.82	88.25	87.89
69		88.84	89.70	92.22	88.98	86.46
70	88.05	89.37	92.34	91.29	88.97	88.88
71	84.28	86.35	89.66	91.02	87.10	83.19
72	86.69	90.86	91.66	94.09	91.63	88.17
73		79.86	83.46	87.83	85.76	85.22
74	87.48	89.68	93.51	91.04	89.00	87.89
75	84.25	86.84	91.24	90.70	85.93	84.92
76	89.24	91.86	93.15	93.86	88.55	87.80
77	88.05	90.72	91.45	92.15	90.84	87.27
78	87.35	88.11	92.30	93.07	89.23	88.36
79	86.29	89.53	90.88	93.41	89.84	85.11
80	83.61	83.86	87.67	87.05	87.16	85.59
81	86.28	88.42	89.31	90.76	91.25	88.78
82	83.42	89.46	89.73	91.53	89.02	88.78
83	89.85	89.89	91.15	94.22	91.50	88.14
84	87.29	89.02	92.28	91.40	91.31	87.47
85	88.80	89.93	90.95	91.93	91.57	90.13
86		88.17	90.53	89.62	89.47	89.03
87	86.88	88.72	89.58	94.38	91.64	90.72
88		84.08	88.01	92.67	90.75	87.35
89		91.85	92.16	89.85	90.16	87.60
90		89.64	91.76	92.12	89.38	88.48
91		89.86	94.27	94.39	94.43	90.46
92		85.79	90.03	93.69	88.98	87.73
93		88.10	92.03	93.29	90.03	87.86
94		73.91	79.55	83.72	82.01	80.21
95		90.31	93.10	90.82	89.37	88.62
96		91.42	95.10	95.28	89.99	88.98
97		88.54	95.79	96.61	92.98	91.78

（续）

序号	1月	3月	5月	7月	9月	11月
98		89.57	91.23	96.35	91.27	89.19
99		85.65	89.48	90.55	89.68	89.06
100		90.26	92.69	94.73	90.37	86.25
101		90.76	91.49	95.09	91.80	91.49
102		89.72	89.88	89.68	90.49	88.59
103	88.56	90.80	90.97	89.84	86.32	84.79
104	88.21	90.75	91.15	93.46	87.37	86.75
105	87.02	91.87	92.59	93.04	89.57	89.06

根据表3-26的数据进行月份间方差分析，结果见表3-27。由表3-27可以看出，芳樟叶精油中芳樟醇含量不同月份间的差异达到极显著水平。说明就叶精油中芳樟醇含量对采集月份进行选择，可以获得极显著选择效果。

表3-27 芳樟叶精油主成分芳樟醇含量月份间方差分析

变异来源	平方和SS	自由度	均方	*F*值	*p*值
月份间	1537.912	5	307.582	33.784**	0.0001
误差	5389.844	592	9.104		
总变异	6927.756	597			

差异显著性检验结果进一步表明（表3-28）：芳樟叶精油中芳樟醇含量最高的月份为7月（91.2390±3.2830%）和5月（90.5305±3.2303%），这2个月之间的差异不显著，但与其他月份之间的差异则达到极显著水平。由此认为，若以芳樟叶精油中芳樟醇含量为选育目标，其最佳采收期应为5~7月。

表3-28 芳樟叶精油主成分芳樟醇含量不同月份间差异显著性分析

时间（月）	$\bar{X}\pm S$（%）	变异系数（%）	差异显著性水平	
			5%	1%
7	91.2390±3.2830	3.60	a	A
5	90.5305±3.2303	3.57	a	A
9	88.9158±2.4571	2.76	b	B
3	88.1657±3.5200	3.99	b	BC
11	87.1704±2.7733	3.18	c	C
1	86.8271±2.5478	2.93	c	C

3.2.2.5 龙脑樟叶精油主成分含量月份间差异比较

（1）龙脑樟叶精油主成分种类差异比较

由表3-11可知，龙脑樟不同月份主成分种类没有差异，6个月份的样品精油中总的主成分种类只有龙脑1种，说明龙脑樟不同月份间主成分数量及其含量相当集中。

(2) 龙脑樟叶精油主成分含量差异比较

龙脑樟叶精油中唯一的主成分龙脑的方差分析结果表明（表3-29）：龙脑樟叶精油中龙脑含量不同月份间的差异达到极显著水平。说明就叶精油中龙脑含量对采集月份进行选择，可以获得极显著选择效果。

表3-29　龙脑樟叶精油主成分含量的年变化的方差分析

主成分	变异来源	平方和	自由度	均方	F值	p值
龙脑	月份间	3311.756	4	827.939	74.148**	0.0001
	误差	5862.200	525	11.166		
	总变异	9173.956	529			

差异显著性检验结果表明（表3-30）：龙脑樟叶精油中龙脑含量最高的月份为5月(92.7313±3.5928%)，与其他4个月之间的差异均达到极显著水平，且其余4个月相互间的差异也均达到极显著水平。由此可知，龙脑樟叶精油中龙脑含量月份间差异极显著，若以精油中龙脑含量为选育目标，采收期的选择极为重要，其最佳采收期应为5月。

表3-30　龙脑樟叶精油主成分含量不同生长期差异显著性分析

主成分	时间（月）	$\overline{X}$±S（%）	变异系数（%）	差异显著性水平	
				5%	1%
龙脑	5	92.7313±3.5928	3.87	a	A
	7	90.6356±3.1335	3.46	b	B
	9	89.0681±3.0293	3.40	c	C
	11	87.1916±3.1934	3.66	d	D
	1	85.6261±3.7053	4.33	e	E

3.2.2.6　樟树5种化学类型间叶精油主成分及其含量差异比较

前已述及，樟树5种化学类型叶精油中的主成分种类及其含量差异极大。从主成分种类来看（表3-11），油樟、脑樟、异樟、芳樟、龙脑樟5种化学类型叶精油中总的主成分数量分别为20、13、21、3、1种；每种化学类型每个月份共有的主成分数量分别为8、9、9、1、1种。从主成分含量来看，主成分种类越多，各主成分的含量相对分散，第一主成分的含量越低。5种化学类型按主成分总数量排序为：异樟（21种）>油樟（20种）>脑樟（13种）>芳樟（3种）>龙脑樟（1种），而按第一主成分含量最高或较高（油樟）的5月份排序则完全相反，为异樟（41.0664%）<油樟（51.4876%）<脑樟（77.2011%）<芳樟（90.5305%）<龙脑樟（92.7313%），见表3-31。

表 3-31　樟树 5 种化学类型 5 月份叶精油第一主成分平均含量　　单位:%

第一主成分	化学类型				
	油樟	脑樟	异樟	芳樟	龙脑樟
1,8-桉叶油素	51. 4876±3. 1890				
樟脑		77. 2011±3. 5491			
异-橙花叔醇			41. 0664±6. 5674		
芳樟醇				90. 5305±3. 2303	
龙脑					92. 7313±3. 5928

3. 3　樟树 5 种化学类型叶精油典型成分含量年变化规律

3. 3. 1　试验材料与方法

以樟树 5 种化学类型在不同月份（分别 5、7、9、11、1、3 月）测定的叶精油中主成分种类和含量为基础，采用 excel 将各化学类型精油中的主成分含量随生长季（自叶片开始生长到叶片凋落止）进行作图，以观测其在 1 个生长季中的变化规律。

3. 3. 2　试验结果与分析

3. 3. 2. 1　油樟叶精油典型成分含量年变化规律

前已述及，油樟叶精油不同生长期中有 8 种共有主成分（表 3-15），将其中含量大于 5%的主成分按其含量排序，分别为 1,8-桉叶油素、β-水芹烯和 α-松油醇，本研究将其称之为典型性成分。将这 3 种典型性成分在不同生长期的含量（表 3-15）进行作图（图 3-7），可以看出，油樟第一典型性成分 1,8-桉叶油素随生长期不同，呈 5~9 月逐渐升高，在 9 月达到最高点后，至 11 月时急速下降到最低点，在 1~3 月略有回升并保持平稳的年

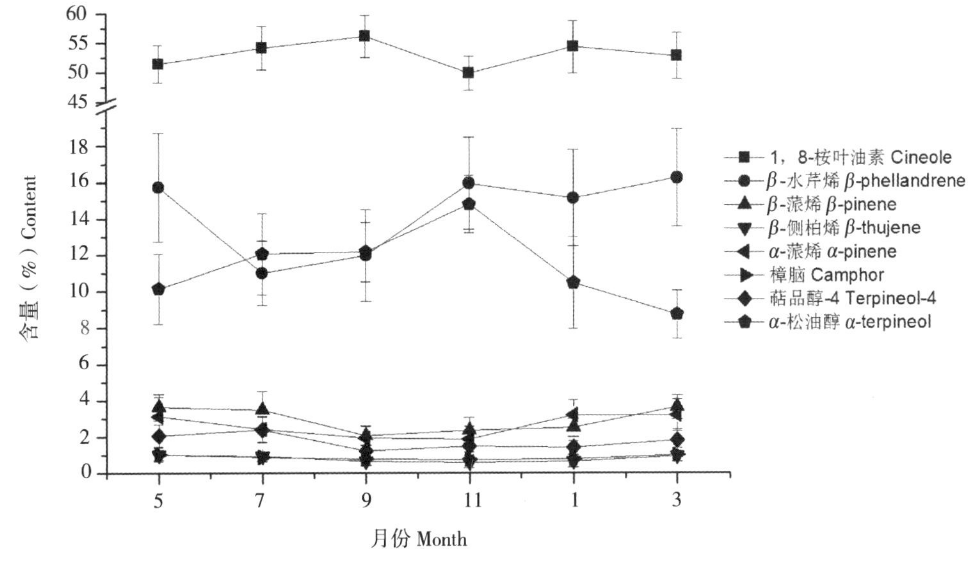

图 3-7　油樟叶精油中主成分含量年变化

变化趋势。第二典型性成分β-水芹烯呈5月含量高，5~7月急剧下降，7~11月快速升高，11月到次年3月逐渐升高并在3月达到最高点的年变化趋势，即β-水芹烯含量在5月份新叶形成后达到很高水平，但进入高温干旱季节后（7月），其含量急剧下降，随着气温的逐渐降低，从9月至次年3月，其含量又逐渐升高，直至3月份老叶脱落前达到最高含量。第三典型成分α-松油醇则呈5~11月逐渐升高，至11月达到最高点后，再逐渐下降至3月达到最低点的变化趋势。

3.3.2.2 脑樟叶精油典型成分含量年变化规律

脑樟叶精油不同生长期中有9种共有主成分（表3-15），但其中含量大于5%的主成分只有樟脑，亦即脑樟叶精油中的典型性成分只有樟脑。将表3-15中樟脑成分在不同生长期的含量进行作图，结果见图3-8。由图3-8可以看出，脑樟第一主成分樟脑随生长期不同，呈5~11月维持最高水平，11月后至下一个生长季到来之前逐渐下降，至3月达到最低点的变化趋势。说明樟脑在整个生长期都保持高含量状态，进入休眠期后才开始下降。

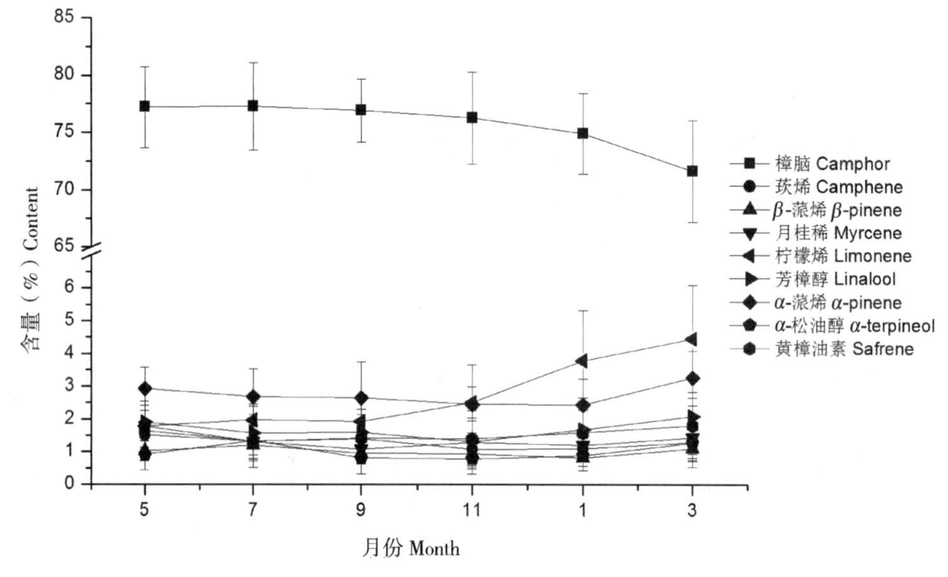

图3-8 脑樟叶精油中主成分含量年变化

3.3.2.3 异樟叶精油典型成分含量年变化规律

异樟叶精油不同生长期9种共主成分中含量大于5%的典型成分有4种，即异-橙花叔醇、3-甲基-2-丁烯酸异龙脑酯、1,8-桉叶油素和异丁香酚甲醚。将这4种典型成分随不同生长期进行作图，结果见图3-9。由图3-9可看出：异-橙花叔醇含量呈自5~7月逐渐升高，至7月达到最大值后，再开始逐渐下降的变化趋势，但总体来看，月份间含量虽然有一定的差异，但变异幅度较小。3-甲基-2-丁烯酸异龙脑酯的含量呈5~11月逐渐升高，于11月达到最大值后，再急速下降，并在1~3月保持较稳定水平的变化趋势。期间，5~7月的升幅较大，11月至次年1月的降幅较大。1,8-桉叶油素呈5~11月维持在相对稳定的水平，11 月至次年 1 月快速升高并在 1 月达到最大值后，又开始急速下降的变化趋势。异丁香酚甲醚的含量不同月份之间的差异极小，仅 7 月和 11 月略低，总体上与横轴近于平行。

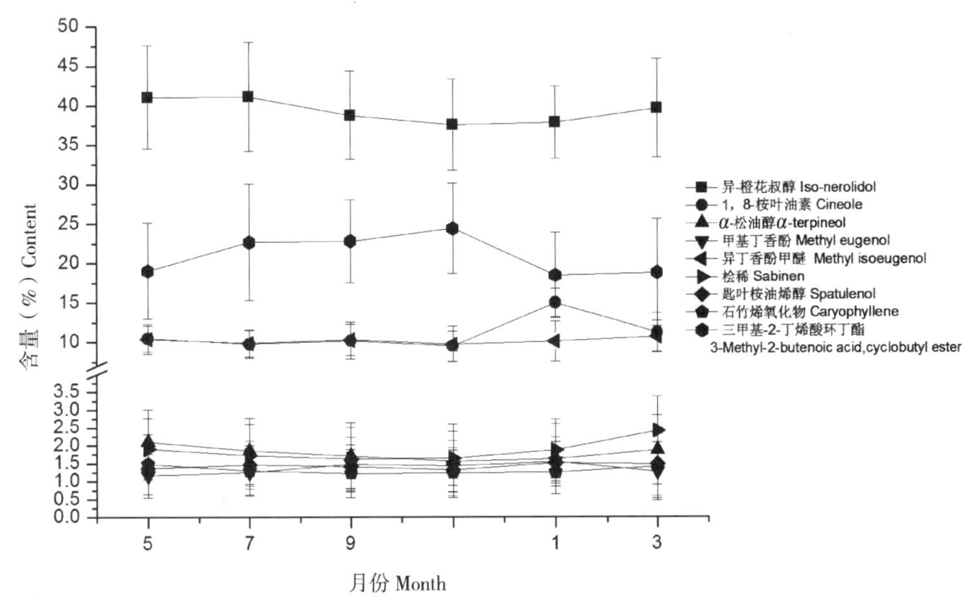

图 3-9 异樟叶精油中主成分含量年变化

3.3.2.4 芳樟叶精油典型成分含量年变化规律

芳樟叶精油中的典型性成分只有芳樟醇，该成分呈 5~7 月逐渐升高，7 月达到最高点后，再逐渐降低至次年 1 月至最低点，于 3 月略有回升的变化趋势（图 3-10）。

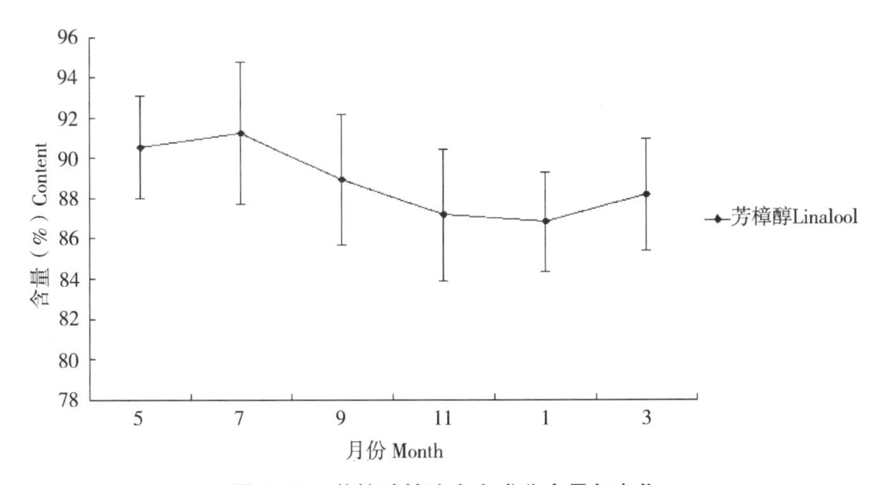

图 3-10 芳樟叶精油中主成分含量年变化

3.3.2.5 龙脑樟叶精油典型性成分含量年变化规律

龙脑樟叶精油中的典型性成分只有龙脑，该成分在 5 月时含量达到最高，从 5 月到次年 1 月逐渐降低至最低点（图 3-11）。

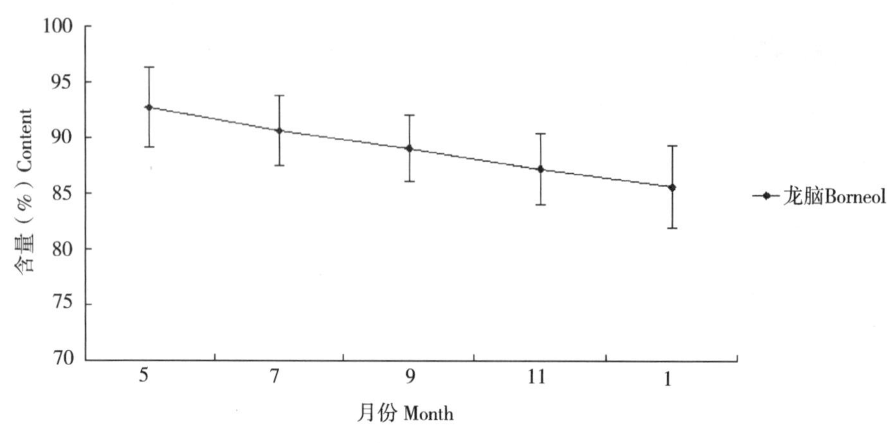

图 3-11 龙脑樟叶精油中主成分含量年变化

3.4 结论与讨论

3.4.1 樟树 5 种化学类型间和类型内叶精油含量差异显著

3.4.1.1 樟树 5 种化学类型内不同生长期叶精油月平均含量差异显著

樟树 5 种化学类型油樟、脑樟、异樟、芳樟、龙脑樟叶精油含量不同月份间的差异均达到 0.0001 的显著性水平，因此认为，以叶精油含量为指标进行最佳采收期的筛选，5 种化学类型均可以获得显著选择效果。其中：油樟叶精油月平均含量最高的月份为 7 月；脑樟为 7 月和 5 月；异樟为 9 月；芳樟为 5 月和 7 月；龙脑樟为 7 月和 9 月。

3.4.1.2 樟树 5 种化学类型内各样株间叶精油含量差异显著

樟树 5 种化学类型内各样株间，同一生长期叶精油含量差异均极显著，说明在类型内进行单株选择有效。但 5 种类型内不同样株间，叶精油含量达到最高或最低的时期各不相同，叶精油含量在 7 月达到最高时的植株比例，油樟为 67%，脑樟为 83%，异樟为 2%，芳樟为 39.0%，龙脑樟为 45.3%；叶精油含量在 9 月达到最高时的植株比例，5 种类型分别为 18%、6%、97%、7.6%和 23.6%；芳樟、龙脑樟还分别有 4.8%和 15.1%的植株出现在 11 月，有高达 48.6%和 16.0%的植株出现在 5 月。因此认为，若仅以叶精油含量为筛选指标，各类型应以绝大多数植株叶精油含量最高时的月份作为首选检测时期。

3.4.1.3 樟树 5 种化学类型间叶精油月平均含量差异显著

在可比条件下，油樟、脑樟 2 种类型在同一生长期，其叶精油月平均含量非常接近，叶精油含量月平均最高和最低月份出现的时间也基本一致，是 5 种类型中叶精油含量最高的 2 种类型。芳樟和龙脑樟叶精油月平均含量也很接近，但最高和最低月份出现的时间略有不同，前者为 5~7 月，后者为 7~9 月，且这 2 种类型的叶精油月平均含量只有油樟和脑樟的 50%左右。异樟是一种较特殊的化学类型，其月平均含量最高的月份为 9 月，并在 11 月仍保持较高的含量，但其叶精油月平均含量只有芳樟和龙脑樟类型的约 50%，仅有油樟和脑樟类型的约 25%。由此可将樟树 5 种化学类型的叶精油含量划分为 3 个等级，油樟、脑樟最高为一等，芳樟、龙脑樟为二等，异樟为三等。当然，芳樟、龙脑樟类型中也有含量达到2%以上的极个别单株，但异樟中尚未检测到叶精油含量超过1%的个体。

3.4.2 樟树5种化学类型叶精油含量年变化规律

3.4.2.1 樟树5种化学类型内各样株叶精油含量年变化规律

虽然在同一生长期内各样株叶精油含量各不相同，但叶精油含量的变化趋势基本一致。油樟、脑樟绝大多数样株叶精油含量随生长期的变化趋势呈3~5月为快速升高时期，5~9月为缓慢增长和保持期，9月后到次年3月为逐渐下降时期，但9月之前仍保持较高含量的变化趋势，仅少数样株的变化趋势有所不同。说明用100株样株的平均值得出的油樟和脑樟叶精油含量年变化趋势具有较好代表性。

异樟各样株叶精油含量随生长期的变化呈3~9月逐渐升高，9月后到次年新的生长季到来之前逐渐下降的变化趋势。

芳樟各样株叶精油5月为含量最高时期；5~11月为保持和逐渐降低时期，11月至次年1月为急速下降时期，1~3月略有回升，总体上呈从5月至次年3月逐渐下降的变化趋势。

龙脑樟各样株5月为精油含量快速提高时期，5~11月为缓慢增长和保持期，11月至次年1月为急速下降期（3月未测），1月精油含量最低的植株比例达70.8%。

3.4.2.2 樟树5种化学类型间叶精油月平均含量年变化规律

樟树5种化学类型叶精油月平均含量与各样株间的变化规律紧密相关又有所不同。油樟、脑樟2种化学类型的年变化趋势基本一致，大约可分成3个阶段：5~7月为上升阶段，7月至次年1月为逐渐下降阶段，1~3月为略有回升阶段。异樟也可分成3个阶段：5~9月是逐渐上升阶段，11月至次年1月为逐渐下降阶段，1~3月为略有回升阶段。芳樟叶精油月平均含量最高的月份出现在5月，因此其变化趋势总体上呈从5月至次年1月逐渐下降的趋势，1~3月略有回升。龙脑樟3月未采样测定，总体上呈5~7月逐渐升高、7月至次年1月逐渐下降的变化趋势。综上可知，5种化学类型的叶精油含量由1~3月时，均略有回升，我们认为，可能是在3月老叶脱落前，随着气温由1~3月逐渐升高，叶片的生理活性逐渐增强，叶片合成精油的量超过挥发的量而达到一定量的积累的原因。

3.4.3 樟树5种化学类型叶精油主成分种类年变化规律

3.4.3.1 樟树5种化学类型间叶精油主成分种类变化趋势

油樟、脑樟、异樟、芳樟、龙脑樟5种化学类型在1、3、5、7、9、11月的6个批次叶样中，共检测到36种主成分，5种化学类型叶精油中总的主成分数量分别为20、13、21、3、1种，每种化学类型每个月份共有的主成分数量分别为8、9、9、1、1种，但5种化学类型的叶精油中没有共有主成分。油樟、脑樟、异樟3种类型有1种共有主成分，为α-松油醇；另在油樟、脑樟所有样品中都出现，在异樟中只有部分样品中出现的共有主成分还有α-蒎烯和樟脑；在油樟和脑樟2种化学型的每个批次样品中同时出现的共有主成分有3种，即α-蒎烯、β-蒎烯和樟脑；在油樟和异樟2种化学型的每个批次样品中都出现的共有主成分只有1，8-桉叶油醇；芳樟与脑樟共有的主成分有芳樟醇；龙脑樟则没有与其他类型共有的主成分。

3.4.3.2 樟树5种化学类型内不同月份间叶精油主成分种类变化趋势

（1）油樟

本研究从油樟不同生长期的样品中检测到的主成分种类总共有20种，但不同生长期检测到的主成分数量在13~15种之间，但只有8种主成分是在6次取样检测中均检测到的主成分，它们是α-蒎烯、β-水芹烯、β-蒎烯、β-侧柏烯、1，8-桉叶油醇、樟脑、4-萜品醇和α-松油醇；另有12种成分是在不同生长期检测到的，这些主成分的含量通常都较低，因而在某一生长期含量略高为主成分，而在其他生长期含量较低或不存在。

（2）脑樟

从脑樟6个月份的样品中检测到的主成分数量共有13种。其中有9种主成分是在6个批次的样品中均检测到的主成分，它们是α-蒎烯、β-蒎烯、樟脑、α-松油醇、莰烯、月桂烯、柠檬烯、芳樟醇和黄樟油素；另有4种主成分（榄香烯、桧烯、乙酸龙脑酯、甲基丁香酚）只在部分批次的样品中检测为主成分。说明脑樟叶精油中的主成分相对集中和固定。

（3）异樟

从异樟6个月份的样品中检测到的主成分数量共有21种。其中有9种主成分为6个批次样品中均检测到的共有主成分，它们是1，8-桉叶油醇、α-松油醇、异-橙花叔醇、桧烯、甲基丁香酚、异丁香酚甲醚、匙叶桉油烯醇、氧化石竹烯、3-甲基-2-丁烯酸异龙脑酯；另有9种主成分只在部分批次样品中检测为主成分，其中有3种（榄香烯、β-榄香烯、α-水芹烯）仅在1个批次的样品中检测为主成分。本研究发现，异樟是3种化学类型中主成分种类最多、固定主成分（每个批次样品中都检测为主成分）种类最多的一种化学类型。

（4）芳樟

从芳樟6个月份的叶精油样品中只检测到3种主成分，分别是芳樟醇、（-）-马兜铃烯和9-十八烯酸甲酯，每个月的主成分数量分别为2、2、1、1、2、1种，6个月共有主成分只有芳樟醇，且主成分芳樟醇在不同月份间的含量相当集中，（-）-马兜铃烯和9-十八烯酸甲酯仅在个别月份中的含量略高于1%。

（5）龙脑樟

龙脑樟5个月份（3月未测）叶精油中总的、也是唯一的主成分是龙脑。说明龙脑樟不同月份间的主成分极其集中。

3.4.4 樟树5种化学类型叶精油主成分含量差异比较

3.4.4.1 樟树5种化学类型内叶精油主成分含量月份间差异显著

（1）油樟

检测和分析结果表明，油樟叶精油中6个批次样品共有的主成分（固定主成分）有8

种，分别是1,8–桉叶油素、β–水芹烯、α–松油醇、β–蒎烯、β–侧柏烯、α–蒎烯、樟脑和4–萜品醇，且8种固定主成分含量不同月份间的差异极其显著，因此认为，就目标成分含量对采集期进行选择，可以获得显著选择效果。

油樟叶精油中含量大于5%的3种典型性成分（1,8–桉叶油素、β–水芹烯和α–松油醇）的差异显著性检验结果表明：1,8–桉叶油素含量最高的月份为9月，其与其他月份间的差异均达到极显著水平；β–水芹烯含量最高的月份为3月、11月和5月，即该成分在新叶形成之初的5月和进入休眠期后的11月到次年的3月，其含量均较高，可以选择这一时期采收；α–松油醇含量最高的月份为11月，其与其他月份之间的差异均达到极显著水平，因此认为，11月为该成分的最佳采收期。

（2）脑樟

脑樟叶精油中9种固定主成分含量不同生长期之间存在着极显著差异，因此就目标成分含量对采集期进行选择，可以获得显著选择效果。但樟脑是脑樟叶精油主成分中含量大于5%的唯一主成分，且该成分自5月新叶形成后至11月进入休眠期以前，其含量一直保持高水平，5、7、9、11月这4个月之间的差异不显著，但与1月和3月之间的差异达到极显著水平。说明以樟脑为目标成分的最佳采收期在5~11月间均可，但11月之前应采收完毕。

（3）异樟

异樟叶精油中9种固定主成分（异–橙花叔醇、3–甲基–2–丁烯酸异龙脑酯、1,8–桉叶油醇、异丁香酚甲醚、α–松油醇、甲基丁香酚、桧烯、匙叶桉油烯醇和氧化石竹烯）中，除匙叶桉油烯醇、氧化石竹烯2种主成分外，其他7种主成分含量在不同生长期之间的差异均为极显著水平。由此认为，就这7种目标成分含量分别对采集期进行选择，可以获得显著的选择效果。

异樟叶精油中4种典型性成分：异–橙花叔醇含量最高的月份为7月和5月，这2个月之间的差异不显著，而与其他月份之间的差异则达到显著或极显著水平；3–甲基–2–丁烯酸异龙脑酯含量最高的月份为11月，它与其他月份之间的差异达到显著或极显著水平；1,8–桉叶油素含量最高的月份为1月，其与其他月份之间的差异均达到极显著水平；异丁香酚甲醚含量最高的月份为3月，其与其他月份之间的差异达到较显著或极显著水平。因此认为，4种典型性成分的最佳采收期应分别为7（或5）、11、1和3月。

（4）芳樟

芳樟叶精油中的固定主成分只有芳樟醇，该成分含量不同月份间的差异达到极显著水平，对采收期进行选择，可以获得极显著选择效果。叶精油中芳樟醇含量最高的月份为7月（91. 2390±3. 2830%）和5月（90. 5305±3. 2303%），这2个月之间的差异不显著，但与其他月份之间的差异则达到极显著水平。由此认为，以叶精油中芳樟醇含量为目标对采收期进行选择，应以5~7月为佳。

（5）龙脑樟

龙脑作为龙脑樟叶精油中唯一的主成分和典型性成分，其月份间的差异达到极显著水平。若就叶精油中龙脑含量对采收期进行选择，以5月（92.7313±3.5928%）为最佳，它与其他月份间的差异均达到极显著水平。

（6）樟树5种化学类型最佳采收期的选择

叶精油含量与叶精油中主成分含量是体现单位林地面积中精油产量和质量的主要和关键指标。而影响这些指标的因素，除了遗传因素和经营管理水平外，一个重要的因素是采收期的选择，而且这一因素是在不增加经营成本的情况下可以达到的。前已述及，樟树5种化学类型内或类型间，叶精油含量与精油中主成分含量达到最大值的时间均不同，这就为适宜采收期的选择增加了难度。在叶精油含量和精油中主成分（或高值化主成分）含量不一致的情况下，权衡两者之间哪种方式最有利，应该是最佳选择。为此，本研究为方便、直观起见，拟考虑采用综合性指标——鲜叶中主成分含量作为参考值，该指标的计算方法为：鲜叶精油含量×叶精油中目标成分含量。根据5种化学类型叶精油含量和精油中典型性成分含量出现最大值时的时间，可以初步确定各成分的适宜采收期，见表3-32。

表3-32 叶精油含量和叶精油中目标成分的含量

化学类型	叶精油含量不同月份由高到低排序	叶精油典型性成分	主成分含量不同月份由高到低排序	适宜采收季节选择
油樟	7、5、9、11、3、1	1,8-桉叶油素	9、1、7、3、5、11	7~9月
		β-水芹烯	3、11、5、1、9、7	
		α-松油醇	11、9、7、1、5、3	
脑樟	7、5、9、11、3、1	樟脑	7、5、9、11、1、3	5~7月
异樟	9、7、11、5、3、1	异-橙花叔醇	7、5、3、9、1、11	7~9月
		3-甲基-2-丁烯酸异龙脑酯	11、9、7、5、3、1	9月
		1,8-桉叶油素	1、3、5、9、7、11	
		异丁香酚甲醚	3、5、9、1、7、11	9月
芳樟	5、7、9、11、3、1	芳樟醇	7、5、9、3、11、1	5~7月
龙脑樟	7、9、5、11、1	龙脑	5、7、9、11、1	5~9月

此外，表3-32中只是针对不同化学类型而初步确定的采收期。实际上，在每一化学类型内不同个体间，叶精油含量和精油中目标成分含量达到最大时的时期可能不同。因此，种植材料确定后，都有可能需要采取不同的采收期。

3.4.4.2 樟树5种化学类型间叶精油主成分及其含量差异比较

本研究结果表明，樟树5种化学类型油樟、脑樟、异樟、芳樟、龙脑樟叶精油中的主成分种类及数量差异极大，5种化学类型叶精油中总的主成分数量分别为20、13、21、3、1种。但主成分种类越多，第一主成分的含量越低。5种化学类型按主成分总数量排序为：异樟（21种）>油樟（20种）>脑樟（13种）>芳樟（3种）>龙脑樟（1种），而5月第一主成分含量排序则完全相反，为异樟（异-橙花叔醇41.0664%）<油樟（1,8-桉叶油素51.4876%）<脑樟（樟脑77.2011%）<芳樟（芳樟醇90.5305%）<龙脑樟（龙脑92.7313%）。

第4章

樟树药用、香料品系选育及高效无性繁育体系建立

本项目分别以药用、香料用为选育目标，以樟树油樟、脑樟、龙脑樟、芳樟、异樟5种化学类型为主要选育对象，以叶片中精油含量、精油中主要药用或香料用等成分及其含量为筛选指标，同时考虑约束性成分，来建立药用、香料用品系筛选指标体系，筛选出樟树药用、香料用品系，并进行扦插和组培繁育技术研究，以便为优良品系的规模化繁育和应用提供技术支撑。

4.1 樟树优良品系筛选指标体系建立

4.1.1 药用品系筛选指标体系建立

2010—2011年，项目组对4000余株成年樟树采用闻香法进行初步化学分类，对分选出的300余株龙脑樟、300余株脑樟、500余株油樟进一步采用闻香法筛选出主成分含量相对较高的植株，再采用水蒸气蒸馏法分别提取鲜叶中的精油，进行各类型叶精油及其主成分的定性、定量测定。大量测定分析结果表明：油樟、脑樟和龙脑樟3种化学类型叶精油含量、叶精油在不同月份中的含量，精油中主成分及其含量、主成分在不同月份中的含量均存在着显著差异，此外，叶精油最高含量与精油中主成分的最高含量还存在着不同期的现象。因此，在建立优良品系选育的指标体系时，必须将这些因素考虑在内。

4.1.1.1 鲜叶中精油含量

精油含量是衡量单位林地面积产量的一个关键指标，同等条件下，其含量的高低决定着产量和经营成本的高低。前已述及，油樟、脑樟和龙脑樟3种化学类型间鲜叶中的精油含量各不相同，同一类型内不同月份间的精油含量也不相同，这意味着需分别化学类型和不同生长期进行比较和筛选。然而，在现有关于樟树精油的研究报道中，不同研究者因采集时期、类型、取样个体不同，得出的研究结果相差极大，使得后人莫衷一是。为了使同一化学类型内优良品系筛选具有可比性，同时兼顾测定时期与适宜收获时期的统一性，以便在生产实践中更具有实用和参考价值，我们认为，亟须确定相对统一的测定和筛选时间，以便不同研究人员的研究结果具有参照和可比性。

根据前述研究结果，我们认为，3种化学类型叶精油含量的适宜收获时期：油樟为7~9月，脑樟为5~7月，龙脑樟为5~9月，见表4-1。

表 4-1　药用品系叶精油含量和精油中目标成分含量排序

化学类型	不同月份叶精油含量由高到低排序	叶精油典型性成分	不同月份主成分含量由高到低排序	适宜采收季节选择	宜统一测定时间
油樟	7、5、9、11、3、1	1,8-桉叶油素	9、1、7、3、5、11	7~9月	7月或9月
		β-水芹烯	3、11、5、1、9、7		
		α-松油醇	11、9、7、1、5、3		
脑樟	7、5、9、11、3、1	樟脑	7、5、9、11、1、3	5~7月	5月或7月
龙脑樟	7、9、5、11、1	龙脑	5、7、9、11、1	5~9月	5月或7月

4.1.1.2　精油中主成分含量

油樟、脑樟和龙脑樟3种化学类型叶精油中的主要药用成分分别为1,8-桉叶油素、樟脑和天然右旋龙脑，这3种药用成分都是可从精油中分离出来单独作为药用成分使用的。因此，精油中主要药用成分含量的高低，也是决定单位面积和单位时间内产量、质量和成本的关键因素。与叶精油含量类似，不同化学类型、同一化学类型不同生长时期精油中主成分及其含量不同，因此，也必须分别类型和时期来划分和确定精油中主成分含量。由表4-1可知，油樟中1,8-桉叶油素含量最高的月份为9月，脑樟中樟脑含量最高的月份为5~11月，龙脑樟中龙脑含量最高的月份为5月。

4.1.1.3　鲜叶中主成分含量

油樟、脑樟和龙脑樟3种化学类内不同个体间，鲜叶中精油含量和精油中第一主成分含量最高时出现的时期往往不一致，如油樟，会出现叶精油含量最高在5月，而精油中主成分1,8-桉叶油素含量最高在7月，且月份间差异极显著的现象，若从适宜采收季节来考虑，需衡量到底在哪个月份采收其产量或收益更高的问题，而这两者之间可比的因素就是单位鲜叶重量中主成分的含量，即用鲜叶中精油含量与精油中主成分含量相乘，得到单位鲜叶中能获得的主成分的含量，即综合产量。

鉴于3种化学类型适宜采收季节：油樟为7~9月，脑樟为5~7月，龙脑樟为5~9月。本研究初步确定，3种化学类型的统一测定时间，油樟为7月或9月，脑樟和龙脑樟均为5月或7月，详见表4-1。

4.1.1.4　约束性成分含量

龙脑与樟脑同为固态，因两者之间的沸点相差极小而极难从精油中删除。然而，作为药用成分使用的龙脑，若有较高浓度的樟脑混入其中，则会大大影响龙脑的质量，从而也会大大降低产品的品质，影响产品的竞争能力。因而，在筛选龙脑樟优良个体时，希望精油中樟脑的含量越低越好。前述研究结果表明，龙脑樟个体间，其叶精油中龙脑的含量和樟脑的含量均存在着极显著的差异，而且两者之间是独立遗传的。因此，有望从龙脑樟中筛选出龙脑含量高而樟脑含量低的优良个体。

基于上述影响优良品系选育的关键因素，将3种化学类型药用目标的筛选指标归纳于表4-2。

表 4-2 油樟、脑樟和龙脑樟 3 种化学类型药用目标品系筛选指标

化学类型	筛选指标					
	含油率(%)	主成分种类	主成分含量(%)	鲜叶中主成分含量(%)	约束性成分含量(%)	宜检测时间
油樟	>2.0	1,8-桉叶油素	>60.0	>1.20		7月
脑樟	>2.3	樟脑	>80.0	>1.84		7月
龙脑樟	>2.0	龙脑	>90.0	>1.80	樟脑<1	7月

4.1.2 樟树 3 种化学类型药用优良品系选育

4.1.2.1 油樟优良品系选育

本研究对 100 余株油樟的精油含量、精油中主成分 1,8-桉叶油素含量等进行了测定。按照油樟优良品系入选的指标：鲜叶精油含量 2.0%以上，叶精油中 1,8-桉叶油素含量达 60%以上（或鲜叶中 1,8-桉叶油素含量达 1.20%以上）进行筛选，本研究测定的油樟植株中可入选的优树有 2 个，即油 1002 和油 313，见表 4-3。

表 4-3 油樟优良品系测定结果

编号	筛选指标		
	含油率（%）	樟脑含量（%）	鲜叶中樟脑含量（%）
	>2.00	>60.00	>1.20
油 1002	2.12	71.07	1.51
油 313	2.36	63.20	1.49

4.1.2.2 脑樟优良品系选育

本研究从 300 余株脑樟植株中，经再次筛选，对 100 余株植株进行了鲜叶精油含量和精油中主成分樟脑及其含量的定性定量分析。按照表 4-2 脑樟优良品系的入选指标，本研究经初步筛选后，可入选的优树有 8 株（表 4-4）。经测算，这 8 株优树的鲜叶中，其主成分樟脑的含量达到 1.93%~2.17%。其中：84 号和 89 号植株分别在 5 月和 7 月时叶精油含量和精油中樟脑含量高，相应地，其收获期相对较短；而 46、50、83 和 88 号植株则在 5~9（11）月间其叶精油和樟脑含量均很高，相应地，收获期很长；87 和 99 号植株的收获期介于前 2 种类型之间，其收获期为 5~7 月。

表 4-4 脑樟高樟脑含量优良品系筛选

序号	试验编号	精油含量（%）	樟脑含量（%）	叶中樟脑含量（%）	检测时间	适宜采收期
		>2.30	>80.00	>1.84		
46	脑 728	2.30	84.86	1.95	7月	5~11 月
50	脑 761	2.36	83.01	1.96	5月	5~9 月
83	脑 1237	2.38	81.06	1.93	7月	5~9 月
84	脑 1259	2.50	84.99	2.12	5月	5月
87	脑 1278	2.35	82.07	1.93	5月	5~7 月
88	脑 1288	2.42	82.14	2.04	9月	5~9 月
89	脑 1316	2.51	86.62	2.17	7月	7月
99	脑 1409	2.34	82.57	1.93	7月	5~7 月

4.1.2.3 龙脑樟优良品系选育

本研究先后对2批材料进行了测定和筛选。

(1) 永丰龙脑樟矮林基地筛选结果

本研究第一次测定的龙脑樟材料是从永丰龙脑樟实生林的矮林基地中选择的，方法是：采用经验闻香法，从龙脑樟实生林中初步筛选出龙脑含量高、樟脑含量低的植株44株（其中3株为大树），于2010年10月采集叶样测定其精油含量和精油中龙脑、樟脑等含量（表4-5）；在此基础上，进一步筛选出叶精油含量大于1%、主成分龙脑含量大于70%的植株16株，于2011年5月采集叶样测定其精油含量和精油中龙脑、樟脑等成分含量（表4-6）。其中精油中龙脑和樟脑含量除项目组人员测定外，还委托国家分析测试检测中心广州市分析检测中心进行检测，结果见表4-7。

表4-5 永丰基地2010年10月龙脑樟叶精油含量和主成分龙脑检测结果

编号	精油含量（%）	龙脑相对含量（%）	龙脑绝对含量（%）	樟脑相对含量（%）
29	1.52	80.30	1.22	0.64
8	1.18	81.54	0.96	5.70
古县2	1.55	62.90	0.97	27.28
古县1	1.445	58.90	0.85	23.78
古县3	1.46	87.51	1.28	5.93
20	1.69	77.12	1.30	0.95
36	1.20	89.89	1.09	0.47
34	1.98	96.31	1.91	0.46
40	1.42	92.71	1.31	0.62
24	1.97	70.67	1.39	0.85
1	2.13	88.46	1.89	0.90
30	1.68	96.22	1.62	0.50
28	1.07	85.61	0.92	0.00
6	2.71	93.14	2.52	0.94
41	1.44	85.13	1.22	0.42
23	1.23	91.05	1.12	0.53
2	1.83	96.11	1.76	0.63
16	1.66	60.92	1.01	0.57
3	1.91	73.22	1.39	4.67
33	1.46	89.16	1.30	0.00
5	1.78	79.55	1.42	0.67
19	1.86	85.50	1.59	0.65
10	2.21	93.63	2.08	0.85
18	1.99	82.33	1.64	1.62
21	0.64	85.60	0.55	0.00

（续）

编号	精油含量（%）	龙脑相对含量（%）	龙脑绝对含量（%）	樟脑相对含量（%）
35	1.59	95.40	1.52	0.38
38	1.17	93.38	1.10	0.00
42	1.19	98.88	1.17	0.32
37	1.16	94.86	1.10	0.27
40	1.58	72.97	1.16	0.60
13	2.44	72.97	1.78	0.62
26	2.11	83.16	1.76	0.59
31	1.65	89.81	1.49	0.00
27	1.54	78.20	1.21	1.56
7	1.43	77.16	1.11	0.43
11	2.52	91.63	2.31	0.69
25	2.12	80.97	1.72	0.73
39	1.95	79.38	1.55	0.67
14	2.31	38.08	0.88	0.58
22	1.54	83.75	1.29	0.89
15	2.94	80.44	2.36	0.00
17	1.34	81.56	1.09	0.44
32	0.85	82.69	0.71	7.92
12	2.96	77.12	2.29	1.62

表4-6 永丰龙脑矮林基地复筛植株测定结果

编号	精油含量（%）		精油中龙脑相对含量（%）			精油中樟脑相对含量（%）		
	2010年10月	2011年5月	2010年10月	2011年5月	南昌大学检测结果	2010年10月	2011年5月	南昌大学检测结果
1	2.13	3.17	88.46	89.77	81.36	0.90	1.45	1.74
2	1.83	1.70	96.11	72.14	81.61	0.63	0.86	0.83
6	2.71	3.12	93.14	92.61	86.33	0.94	0.69	0.87
10	2.21	2.01	93.63	90.97	78.43	0.85	0.47	0.46
11	2.52	2.32	91.63	92.07	85.17	0.69	0.51	0.59
12	2.96	2.25	77.12	86.51	77.07	1.62	1.29	1.82
13	2.44	1.53	72.97	70.21	70.88	0.62	4.34	0.00
15	2.94	2.91	80.44	86.40	81.39	0.00	0.66	0.46
19	1.86	1.59	85.50	84.67	79.37	0.65	0.72	1.28
25	2.12	1.31	80.97	69.28	73.78	0.73	1.27	1.11
30	1.68	2.45	96.22	87.90	73.63	0.50	1.25	1.40
34	1.98	2.52	96.31	81.94	78.22	0.46	1.21	1.44
35	1.59	1.37	95.40	92.97	75.17	0.38	0.29	1.62
37	1.16	2.12	94.86	94.63	75.53	0.27	0.40	0.81
38	1.17	1.83	93.38	89.14	81.69	0.00	0.57	0.79
42	1.19	2.00	98.88	81.96	76.54	0.32	0.93	1.24

表 4-7 永丰基地龙脑樟优良品系测定数据

编号	检测月份	鲜叶精油含量（%）	精油中龙脑含量（%）	鲜叶中龙脑含量（%）	乙酸龙脑酯含量（%）	樟脑含量（%）	适宜采收时间	备注
1	10	2.13	88.46	1.88		0.90	5月	待选
	5	3.17	89.77	2.85		1.47		
6	10	2.71	93.14	2.52		0.94	5月	省级良种
	5	3.12	92.61	2.89		0.69		
10	10	2.21	93.63	2.07		0.85	10月	省级良种
	5	2.01	90.97	1.83		0.47		
11	10	2.52	91.63	2.31		0.69	10月或5月	省级良种
	5	2.32	92.07	2.14		0.51		
15	10	2.94	80.44	2.36		0.00	10月或5月	待选
	5	2.91	86.40	2.51		0.66		
30	10	1.68	96.22	1.62		0.50	5月	药用-珍稀香料待选品系
	5	2.45	87.90	2.15	11.00	1.25		
34	10	1.98	96.31	1.91		0.46	10月	药用-珍稀香料待选品系
	5	2.52	81.94	2.06	15.00	1.21		
37	10	1.16	94.86	1.10		0.27	5月	省级良种
	5	2.12	94.63	2.01		0.40		

根据已测样品的检测结果，本研究将龙脑樟入选优树指标定为：鲜叶精油含量 2.0%以上，叶精油中主成分龙脑含量 90%以上（或鲜叶中龙脑含量 1.80%以上），约束性成分樟脑含量 1.0%以下。按此标准筛选，本试验入选的优良品系有 8 个。其中：主成分龙脑含量在 90.00%以上的品系有 4 个，即 6、10、11 和 37 号 4 个品系；而 15 号品系虽然精油中主成分龙脑含量略低，仅为 86.40%，但其叶片精油含量高达 2.91%，折算后，相当于叶片中天然龙脑的含量达到 2.51%，且樟脑含量很低，故该品系作为复选的入选品系。此外，在进行药用品系筛选的过程中，还发现 30 号和 34 号 2 个品系虽然天然龙脑的含量略低，但这 2 个品系分别含有 11%和 15%的乙酸龙脑酯，而天然乙酸龙脑酯是一种名贵香料成分，具有极高的经济价值，此外，这 2 个品系的叶片精油含量均很高，分别达 2.45%和 2.52%，因此，本研究将这 2 个品系作为候选品系，作为药用和珍稀香料成分兼用品系进行筛选。

（2）金溪基地龙脑樟实生测定林筛选结果

2013 年 5、7、9、11 月和 2014 年 1 月，项目组又对金溪基地的 4 年生 106 株龙脑樟子代苗进行了测定，测定指标包括精油含量、精油中主成分龙脑含量、约束性成分樟脑含量，同时确定各植株精油含量及精油中龙脑含量最高时出现的时间。经初步筛选，有 6 个单株表现突出（表 4-8），其中最突出的是 31 号植株，5 月的叶精油含量达 1.95%，精油中龙脑含量高达 97.0%；7 月的叶精油含量达 2.28%，精油中龙脑含量达 95.1%，樟脑含量则在0.5%以下。其次是7月测定的75号、84号和100号植株。由于该片测定林是4年生林，其叶精油含量比矮林作业的偏低，因此，若按矮林的入选指标筛选，则符合条件的只有31号植株；若按鲜叶精油含量大于1.80%，龙脑含量大于90%的标准筛选，则入选植株有4个，即31、75、84和100号植株，其樟脑含量均在0.5%以下。

表4-8 金溪龙脑樟优良品系测定数据（4年生子代测定林）

编号	1月			5月			7月			9月			11月		
	精油含量（%）	龙脑含量（%）	樟脑含量（%）	精油含量（%）	龙脑含量（%）	樟脑含量（%）	精油含量（%）	龙脑含量（%）	樟脑含量（%）	精油含量（%）	龙脑含量（%）	樟脑含量（%）	精油含量（%）	龙脑含量（%）	樟脑含量（%）
18	1.25	88.4	0.73	1.36	95.1	0.58	1.55	93.4	0.69	1.53	91.7	0.86	1.40	90.9	0.80
23	1.24	89.2	0.30	1.47	97.4	0.23	1.53	94.2	0.41	1.38	92.2	0.55	1.32	90.9	0.26
31	1.47	90.7	0.28	1.95	97.0	0.29	2.28	95.1	0.48	1.70	93.6	0.60	1.53	91.4	0.03
75	1.21	84.4	0.35	1.56	92.6	0.14	1.86	90.4	0.38	1.59	88.4	0.36	1.40	85.6	0.30
84	1.56	86.8	0.46	1.64	89.3	0.27	1.84	91.9	0.29	1.59	88.1	0.52	1.58	87.6	0.43
100	1.48	90.2	0.32	1.35	96.7	0.22	1.73	93.4	0.28	1.59	91.6	0.45	1.58	90.7	0.47

由表4-8还可知，23号植株5月叶精油中龙脑含量虽然高达97.4%，但由于叶精油常年含量均很低，故暂不入选。31号、75号单株龙脑含量最高时（97.0%、92.6%）出现在5月，但由于7月精油含量最高，综合考虑精油含量和龙脑含量（综合产量）结果，认为其适宜采收时间应在7月；84号、100号植株的精油含量和龙脑含量最高时均出现在7月，故宜7月采收（表4-9）。

表4-9 金溪龙脑樟优良品系筛选结果（5月和7月测定数据）

编号	检测月份	鲜叶精油含量（%）	精油中龙脑含量（%）	鲜叶中龙脑含量（%）	乙酸龙脑酯含量（%）	樟脑含量（%）	适宜采收时间
31	5	1.95	97.0	1.89		0.29	7月
	7	2.28	95.1	2.17		0.48	
75	5	1.56	92.6	1.44		0.14	7月
	7	1.86	90.4	1.68		0.38	
84	5	1.64	89.3	1.46		0.27	7月
	7	1.84	91.9	1.69		0.29	
100	5	1.35	96.7	1.31		0.22	7月
	7	1.73	93.4	1.62		0.28	

4.1.3 樟树香料品系筛选指标体系建立及优良品系选育

4.1.3.1 樟树香料品系筛选指标体系建立

本项目以香料成分为选育目标，以樟树3种化学类型芳樟、异樟、龙脑樟为主要选育对象。对以单体天然化学成分为目标的香料成分的筛选，如异樟中的异-橙花叔醇、3-甲基-2-丁烯酸异龙脑酯、异丁香酚甲醚，芳樟中的芳樟醇，龙脑樟中的右旋龙脑和乙酸龙脑酯等，其含量与产量、质量相关的指标主要包括叶片中精油含量、精油中主成分含量和（或）约束性成分含量；对以天然混合香料成分为目标的，则与产量和质量相关的指标主要包括叶精油含量、精油中成分种类及其含量配比等，以此来构建香料品系筛选指标体系。

2010—2011 年，项目组对从 4000 余株成年樟树中采用闻香法分选出的 1000 余株异樟、200 余株芳樟和 2 片 500 余株龙脑樟试验林中进一步筛选出的主成分突出的植株，再采用水蒸气蒸馏法分别提取鲜叶中的精油，进行各类型叶精油含量、叶精油中成分及其含量的定性、定量测定。大量测定分析结果表明：异樟、芳樟和龙脑樟 3 种化学类型叶精油含量、叶精油在不同月份中的含量，精油中主成分及其含量、主成分在不同月份中的含量均存在着显著差异，此外，叶精油最高含量与精油中主成分的最高含量还存在着不同期的现象。因此，与药用品系筛选一样，在建立这 3 种化学类型的香料品系选育指标体系时，也必须将这些因素考虑在内。

（1）鲜叶精油含量

龙脑樟叶精油含量在药用品系选育中已有叙述。异樟、芳樟 2 种化学类型间鲜叶中的精油含量的测定结果已表明，2 种类型间、同一类型内不同月份间的精油含量均不相同，因此，也必须分别类型和统一检测月份来进行比较和筛选。为了使 2 种化学类型内不同植株间的检测结果具有可比性，同时兼顾测定时期与适宜收获时期的统一性，以便在生产实践中更具有实用和参考价值，我们认为，异樟和芳樟 2 种化学类型叶精油含量的适宜收获时期：异樟为 7~9 月，芳樟为 5~7 月，见表 4-10。

表 4-10　香料品系叶精油含量和精油中目标成分含量排序

化学类型	不同月份叶精油含量由高到低排序	叶精油典型性成分	不同月份主成分含量由高到低排序	适宜采收季节选择	宜统一测定时间
异樟	9、7、11、5、3、1	异-橙花叔醇	7、5、3、9、1、11	7~9 月	7 月或 9 月
		3-甲基-2-丁烯酸异龙脑酯	11、9、7、5、3、1	9~11 月	9 月或 11 月
		1,8-桉叶油素	1、3、5、9、7、11	11 月（约束成分）	11 月
		异丁香酚甲醚	3、5、9、1、7、11	3 月	3 月
芳樟	5、7、9、11、3、1	芳樟醇	7、5、9、3、11、1	5~7 月	5 月或 7 月
龙脑樟	7、9、5、11、1	龙脑	5、7、9、11、1	5~9 月	5 月或 7 月

（2）精油中主成分含量

异樟、芳樟和龙脑樟 3 种化学类型叶精油中的主要香料成分，异樟为异-橙花叔醇、3-甲基-2-丁烯酸异龙脑酯、异丁香酚甲醚，芳樟为芳樟醇，龙脑樟为右旋龙脑和乙酸龙脑酯等，这些香料成分都是可从精油中分离出来单独作为香料成分使用的。因此，精油中主要香料成分含量的高低，也是决定单位面积和单位时间内产量、质量和成本的关键因素。由于不同化学类型、同一化学类型不同生长时期精油中主要香料成分及其含量不同，因此，必须分别类型和时期来确定精油中主成分含量标准。由表 4-10 可知，异樟中异-橙花叔醇含量最高的月份为7月和5月，3-甲基-2-丁烯酸异龙脑酯含量最高的月份为11月和9月，异丁香酚甲醚含量最高的月份为3月；芳樟中芳樟醇含量最高的月份为7月和5月；龙脑樟中龙脑含量最高的月份为5月。

(3) 鲜叶中主成分含量

异樟、芳樟和龙脑樟3种化学类型内不同个体间，鲜叶中精油含量和精油中主成分含量最高时出现的时期也不一致，如异樟叶精油含量最高时出现在9月，而主成分异-橙花叔醇含量最高时出现的时间为7月和5月，且月份间差异极显著，因此，也可用鲜叶中主成分含量这一综合性指标来衡量。

鉴于3种化学类型适宜采收季节：异樟为7~9月，芳樟为5~7月，龙脑樟为5~9月。3种化学类型的统一测定时间初步确定为：异樟为7月或9月，芳樟为5月或7月，龙脑樟为5月或7月，详见表4-10。

(4) 约束性成分含量

芳樟醇为世界使用量最大的香料成分之一。樟树叶油中的芳樟醇具有圆润纯和纯正香味，是合成芳樟醇无法比拟的，就连樟树木油中的芳樟醇也无法比拟。而樟树木油中的芳樟醇味道之所以不如叶油，是因为叶油中樟脑和1,8-桉叶油素的含量低。因此，在以芳樟醇为目标成分进行选优时，需将樟脑和1,8-桉叶油素作为约束性成分。前已述及，在以龙脑和乙酸龙脑酯为目标成分选育时，也须以樟脑作为约束性成分。

基于上述影响以香料为目标的优良品系选育的关键因素，将异樟、芳樟、龙脑樟3种化学类型香料成分的筛选指标归纳于表4-11。其中：一种化学类型中有多种香料成分的，如异樟，其筛选的指标以目标成分为首选，其他成分兼顾。如若以3-甲基-2-丁烯酸异龙脑酯为目标成分，则以满足该成分和约束性成分指标要求为第一任务，兼顾异-橙花叔醇和异丁香酚甲醚等成分的含量；若不能兼顾，仍以目标成分为首选。

表4-11 异樟、芳樟和龙脑樟3种化学类型香料品系筛选指标

化学类型	筛选指标					
	含油率(%)	主成分种类	主成分含量(%)	鲜叶中主成分含量(%)	约束性成分含量(%)	宜检测时间
异樟	>0.6	异-橙花叔醇	>50.0	>0.30	樟脑<0.5 1,8-桉叶油素<10	7月
		三甲基-2-丁烯酸环丁酯	>30.0	>0.18	1,8-桉叶油素<10	
		异丁香酚甲醚	>10.0	>0.06	1,8-桉叶油素<10	
芳樟	>2.0	芳樟醇	>90.0	>1.8	樟脑<0.5	7月
龙脑樟	>2.0	龙脑	>90.0	>1.8	樟脑<1.0	7月
		乙酸龙脑酯	>10.0	>0.2	樟脑<1.0	7月

4.1.3.2 优良香料品系选育

4.1.3.2.1 异樟优良香料品系选育

根据表4-11中确定的异樟中以异-橙花叔醇为目标成分的优良品系筛选指标，结合异樟100余株植株叶精油含量、精油中目标成分和约束性成分及其含量的测定结果，初步筛选出以异–橙花叔醇为目标成分的优树3株（表4–12）。其中，异475号单株虽然目标成分含量只有48.12%，但由于叶精油含量高，叶中目标成分含量（综合产量）超过0.3%，因此入选。

表4–12　以异–橙花叔醇为目标成分的优良品系检测结果

序号	编号	叶精油含量（%）	异–橙花叔醇含量（%）	叶中异橙花叔醇含量（%）	三甲基–2–丁烯酸环丁酯	异丁香酚甲醚	约束性成分含量（%）		优树类型
							1,8–桉叶油素	樟脑	
13	异111	0.60	50.03	0.3002			9.07	0.18	异–橙花叔醇型
29	异237	0.65	54.75	0.3559			10.12	0.29	
44	异475	0.66	48.12	0.3176			8.67	0.37	

由表4–11中确定的异樟中以3–甲基–2–丁烯酸异龙脑酯为目标成分的优良品系筛选指标，本研究初步筛选出优树7株（表4–13）。由表4–13可知，以3–甲基–2–丁烯酸异龙脑酯为目标成分进行选择时，9、22、52和99号为优树，其叶精油含量、精油中目标成分含量均很高，综合产量在0.20%以上，且精油中3种主要香料成分（异–橙花叔醇、3–甲基–2–丁烯酸异龙脑酯、异丁香酚甲醚）的含量在72%以上，约束性成分1,8–桉叶油素含量在8.09%~12.60%之间。需要说明的是87号植株，该植株7月时目标成分最高，达42.03%，但其叶精油含量较低，其综合产量只有0.15%，本研究将其作为高目标成分含量优树进行选择。

表4–13　以3–甲基–2–丁烯酸异龙脑酯含量为目标的优良品系检测结果

序号/编号	指标	1月	3月	5月	7月	9月	11月	叶中目标成分含量（%）	适宜采收期
9/异105	主成分1	20.01	14.47	16.80	25.05	20.76	36.08	0.224/74.49	11月
	主成分2	35.72	38.31	47.37	42.73	40.68	27.55		
	主成分3	10.22	9.79	9.52	8.99	9.82	10.86		
	4	15.75	12.13	11.09	8.63	9.30	9.04		
	叶精油	0.55	0.57	0.63	0.61	0.66	0.62		
22/异200	主成分1	19.74	23.84	26.79	14.24	16.64	36.66	0.21/72.49	11月
	主成分2	37.15	40.50	41.44	53.02	46.25	27.23		
	主成分3	8.04	6.09	6.58	6.21	8.49	8.60		
	4	16.45	13.34	11.52	14.06	15.02	11.29		
	叶精油	0.48	0.45	0.45	0.64	0.65	0.59		
52/异600	主成分1	19.97	25.47	17.48	38.49	21.66	16.82	0.22/74.37	7月
	主成分2	32.46	30.83	38.90	24.36	39.88	41.29		
	主成分3	14.40	13.01	12.53	11.52	13.65	10.51		
	4	16.64	12.25	13.33	11.23	10.05	12.60		
	叶精油	0.36	0.37	0.45	0.57	0.59	0.50		

（续）

序号/编号	指标	1月	3月	5月	7月	9月	11月	叶中目标成分含量（%）	适宜采收期
58/ 异 607	主成分 1	23.69	8.83	28.35	30.30	22.92	32.73	0.19/ 73.90	11月
	主成分 2	38.24	50.03	30.91	31.43	36.95	29.51		
	主成分 3	5.24	9.53	10.54	11.24	10.10	11.66		
	4	16.64	12.09	12.90	11.01	8.85	6.51		
	叶精油	0.30	0.58	0.62	0.59	0.61	0.59		
83/ 异 984	主成分 1	24.75	9.47	17.62	33.43	27.79	33.97	0.17/ 74.81/ 74.74/ 71.50	7~11月
	主成分 2	33.62	50.28	42.29	31.36	36.78	25.74		
	主成分 3	9.77	11.55	12.55	10.02	10.17	11.79		
	4	13.07	9.25	10.11	8.24	8.03	8.04		
	叶精油	0.34	0.33	0.39	0.52	0.57	0.48		
87/ 异 993	主成分 1	19.42	19.95	31.93	42.03	33.69	29.83	0.15/ 78.49/ 75.45/	7~9月
	主成分 2	35.45	32.29	33.40	28.34	35.09	31.16		
	主成分 3	8.12	11.18	12.04	8.12	6.67	8.59		
	4	17.91	15.74	8.86	8.26	7.23	11.46		
	叶精油	0.13	0.18	0.25	0.36	0.40	0.30		
99/ 异 1340	主成分 1	12.03	11.93	16.78	27.01	36.14	31.79	0.21/ 75.72/ 77.4	9~11月
	主成分 2	31.84	40.81	42.88	35.71	29.33	33.81		
	主成分 3	11.00	13.44	12.10	11.25	10.25	11.80		
	4	17.99	11.24	8.11	6.67	6.08	8.09		
	叶精油	0.37	0.45	0.51	0.60	0.58	0.58		

注：主成分 1 为 3-甲基-2-丁烯酸异龙脑酯；主成分 2 为异-橙花叔醇；主成分 3 为异丁香酚甲醚；4 为 1,8-桉叶油素。

4.1.3.2.2 芳樟优良香料品系选育

（1）永丰芳樟矮林基地高芳樟醇含量优良品系筛选

本研究从永丰芳樟矮林实生林基地中对芳樟醇含量较高（闻香分类）的植株中采集叶样，进行叶精油含量和精油成分的定性定量测定。根据表 4-11 中确定的芳樟中以芳樟醇为目标成分的优良品系筛选指标，结合对 100 余株芳樟植株的检测结果，初步筛选出以芳樟醇为目标成分的优树 7 株（表 4-14）。其中永丰 8 和永丰 27 叶精油含量和精油中芳樟醇含量及樟脑含量均满足指标要求，综合产量达 1.80%以上；永丰 2、永丰 6 和永丰 19 是精油中芳樟醇含量超过标准，但叶精油含量及综合产量未达到要求；永丰 3 和永丰 17 则是叶精油中芳樟醇含量未达到要求，但由于叶精油含量极高，使得综合产量（叶中芳樟醇含量）达到或超过永丰 8 和永丰 27 的产量。因此，综合考虑以上结果，永丰 8、永丰 27、永丰 3 和永丰 17 为首选优树；永丰 2、永丰 6 和永丰 19 作为待选优树。

表 4-14　永丰芳樟矮林基地高芳樟醇含量品系测定结果

编号	叶精油含量（%）	精油中芳樟醇含量（%）	约束成分樟脑含量（%）	叶中芳樟醇含量（%）	适宜采收期
永丰 2	1.73	92.99	0.03	1.61	
永丰 3	2.75	83.03	—	2.28	
永丰 6	1.84	92.59	0.29	1.70	
永丰 8	1.97	92.37	0.01	1.82	
永丰 17	2.17	88.27	—	1.92	
永丰 19	1.82	92.73	0.04	1.69	
永丰 27	2.03	95.91	—	1.95	

（2）江西省林业科学院芳樟实生林高芳樟醇含量优良品系筛选

本研究从江西省林业科学院芳樟实生林中采用闻香分类的方法，选择出芳樟醇含量较高的 100 株植株采集叶样，进行叶精油含量和精油成分的定性定量测定。由于这批样株都是成年大树，其叶精油含量较之矮林基地培育的植株会略低，因此，本研究拟将表 4-11 中芳樟的叶精油含量降为 1.8%，综合产量降为 1.60%。根据新的标准和样株测定结果，本研究初步筛选出以芳樟醇为目标成分的优树 6 株（表 4-15）。其中，9 号、48 号、70 号和 104 号的综合产量在 1.72%以上；31 号植株虽然各月份叶精油含量不是很高，但从 3~7 月，其叶精油含量一直较稳定地保持在 1.50%左右，且精油中芳樟醇的含量均在 90%以上，整个生长期都可以是适宜收获期；25 号植株则是 5 月叶精油含量较高（1.70%），但其他月份精油含量很低，而精油中芳樟醇含量在整个生长期均在 90%以上，因此，也作为候选优树。

表 4-15　省林科院芳樟林高芳樟醇含量品系测定结果

序号/编号	指标含量（%）	1 月	3 月	5 月	7 月	9 月	11 月	叶中目标成分含量（%）	适宜采收期
9/	叶精油	1.09	1.28	1.85	1.53	1.18	1.41	1.72	5 月
	芳樟醇	86.60	85.03	92.76	93.76	88.68	89.91		
25/	叶精油	0.86	1.12	1.70	1.07	1.19	0.99	1.57	5 月
	芳樟醇	89.78	91.39	92.6	93.95	90.31	90.35		
31/	叶精油	1.23	1.50	1.53	1.49	1.28	1.39	1.39	5~11 月
	芳樟醇	90.46	92.69	93.11	93.3	90.78	90.28		
48/（院 73）	叶精油	1.47	1.23	1.76	1.94	1.57	1.77	1.82	7 月
	芳樟醇	87.41	94.1	95.02	94.00	90.39	89.96		
70/	叶精油	1.25	1.72	2.03	1.76	1.51	1.64	1.87	5 月
	芳樟醇	88.05	89.37	92.34	91.29	88.97	88.88		
104/	叶精油	1.34	1.48	1.92	1.58	1.42	1.44	1.75	5 月
	芳樟醇	88.21	90.75	91.15	93.46	87.37	86.75		

4.1.3.2.3 龙脑樟优良香料品系选育

龙脑樟叶精油中所含的天然右旋龙脑，除作为药用外，还是名贵香料。此外，有些龙脑樟植株叶精油中还含有一定量的乙酸龙脑酯，也是一种名贵香料成分，因此，龙脑樟也可作为香料品系选育的对象。

在永丰龙脑樟矮林基地药用品系筛选过程中，发现1、15、30和34号植株，虽然精油中龙脑含量只有81%~88%，但叶精油含量却高达2.1%~2.9%，且30号和34号植株叶精油中还含有10%以上的乙酸龙脑酯，因此，本研究拟将其作为综合产量高的香料品系纳入优树之列，或将其作为药用和香料兼用的优树，见表4-16。

表4-16 龙脑樟优良香料品系测定结果

编号	鲜叶精油含量（%）	精油中龙脑含量（%）	樟脑含量（%）	备注
1	2.13	88.46	0.90	待选
15	2.91	86.4	0.66	待选
34	2.52	81.94	1.21	含15%乙酸龙脑酯
30	2.45	87.9	1.25	含11%乙酸龙脑酯

4.2 樟树优良品系高效无性繁育体系建立

4.2.1 扦插繁育体系建立

4.2.1.1 龙脑樟扦插繁育体系建立

4.2.1.1.1 龙脑樟扦插采穗圃营建技术

（1）建圃材料选择

采用经省级以上林木品种审定委员会审（认）定的龙脑樟良种繁殖材料培育的苗木。

（2）圃地选择

选择交通方便、地势平缓（坡度不超过20°）、土壤疏松肥沃、土层深厚、光照充足、排灌良好的地方建圃。

（3）整地

对山地进行杂灌清理，完成地上部分大杂木、灌木清理后，平缓地进行全面整地，坡地采用水平带状整地，带距1.3m、带宽1.2m，深翻土壤，打碎土块，要求清除地下所有大树根、树兜、草兜等，确保地面平整无大杂物。整地后挖穴，挖穴密度：1.0m×1.2m，穴规格40cm×40cm×40cm。

（4）施基肥

整地挖穴后，每穴施腐熟枯饼肥300g或复合肥200g作基肥，施肥后回填15cm左右的表土，与肥拌匀后，再回填表土10cm左右作为隔离层，避免苗木根系与基肥直接接触，以防伤苗。

（5）栽植

栽植时间：适宜栽植时间为2月初至3月中旬树液开始流动至新芽萌发前，容器苗可延长至4月底5月初，雨前或雨后天气栽植。

苗木选择：选用1年生二级以上龙脑樟健壮组培苗或扦插苗（容器苗或大田裸根苗均可）进行栽植。

栽植密度：按1.0m×1.2m的株行距定点挖穴栽植。

栽植方法：栽植时将苗木根系放在最后回填的表土之上，切忌与肥直接接触，苗木根颈处与地面基本持平，栽正、压实后再覆土，略高于地面。尽量做到当天起苗当天栽植，当天未栽完的苗木一定要假植好。

（6）管护

补植：定植当年冬或次年春，调查造林成活率，及时用容器苗补上缺株，加强水分管理，促进补植成功。

抚育管理：定植当年6月和9月，分别进行一次抚育管理，主要是培蔸，除杂，适时适量浇水、施肥等。从第二年开始，进行修枝整型等树体管理，使之形成合理的冠形，促进穗条产量的增加。及时防治病虫害，防止牲畜危害。

4.2.1.1.2 龙脑樟扦插繁育试验技术研究

（1）试验材料准备

圃地选择：在扦插采穗圃的附近，选择排灌良好，管理方便，土壤疏松、肥沃的旱作地或水稻田作扦插育苗圃。

整地：①大田育苗整地：细致整地，打碎土块，清除树根、杂物，平整床面，筑床，床宽1m左右，步道宽25~30cm。用水稻田作圃地应做高床、开深沟。床面上再铺一层厚10~15cm黄心土为宜。②容器育苗整地：容器育苗可分为架式隔空床面、置地床面（包括泥质床面和硬质床面），架式隔空床面无须整地，以适合摆放扦插容器为准，泥质床面和硬质床面扦插前最好铺设5cm左右的细沙，以利于温度和水分传导调节，并平整床面。

扦插穗条选择：选用生长龙脑樟良种采穗圃内健壮、无病虫害的半木质化至刚木质化枝条用于扦插。

穗条采集与制备：选择晴好天气，采取健壮的半木质化至木质化的枝条作穗条，用锋利枝剪靠近带芽结处剪平，切口平滑、不破皮、不劈裂，插条剪成5~8cm长的短穗，保留叶芽2~3个，在插穗顶部保留半片叶。插条宜随采、随制、随插。

（2）龙脑樟扦插繁育技术试验（基质、扦插时间、激素配置）

①扦插基质试验

不同基质扦插试验设置：选用黄心土和珍珠岩2种材料作基质，于2011年10月底在荫棚扦插床上进行龙脑樟扦插基质试验，每基质各设置3个重复，每重复扦插100株，将插穗用100mg/L的ABT 1号溶液浸泡1h，扦插于已消毒的苗床中。插后立即浇透水，封膜遮阳，薄膜棚内设微喷定时浇水设施。于2012年4月底，从黄心土和珍珠岩中各取30株，对愈伤产生、生根数及根系长度进行观测。于2012年6月底对扦插成活率、抽梢及生长情况进行观测。结合不同基质下龙脑樟愈伤生根、抽梢生长等情况来选择龙脑樟最适扦插基质。

不同扦插基质对龙脑樟扦插成活的影响：2012 年 4 月底对不同基质下龙脑樟扦插愈伤及生根情况进行调查，2012 年 6 月底对其成活、抽梢及生长情况进行调查，结果见表 4-17。由表可知，龙脑樟在黄心土和珍珠岩中扦插均能产生愈伤并生根。其中，龙脑樟在黄心土中扦插产生愈伤、生根株数、根系数量及长度均大于珍珠岩。在黄心土中扦插的龙脑樟有 83.3%已经产生愈伤、70%已经生根，而珍珠岩中仅 53.3%产生愈伤、43%生根。扦插于黄心土中的龙脑樟生根数量和长度也远高于珍珠岩，分别为珍珠岩的 2.6 倍和 2.1 倍。龙脑樟在黄心土中扦插成活率为 80%，而珍珠岩中扦插成活率仅 55%，且黄心土中扦插的龙脑樟成活下来的植株 80%以上已经抽梢且生长良好，而在珍珠岩中扦插的龙脑樟仅 20%抽梢且生长情况一般。龙脑樟在黄心土中扦插生根成活率高于珍珠岩的主要原因可能是黄心土的总孔隙度小于珍珠岩，保水、保温性强于珍珠岩。可见，黄心土是适合龙脑樟扦插的基质，加上其经济便宜、方便易得，可广泛用于龙脑樟的扦插生产。

表 4-17　不同基质龙脑樟扦插生根及成活情况表

基质	调查数（株）	产生愈伤株数（株）	愈伤率（%）	生根株数（株）	生根率（%）	根数（条）	根长（cm）	调查数（株）	成活数（株）	成活率（%）	抽梢率（%）	生长状况
黄心土	30	25	83.3	21	70	3.7	3.5	300	240	80	80	叶片绿色，长势良好
珍珠岩	30	16	53.3	13	43	1.4	1.7	300	165	55	20	叶片浅绿，长势一般

②扦插时间试验研究

不同时间扦插试验设置：设置 2 个扦插时间处理（秋插 2011 年 10 月中旬、夏插 2012 年 6 月中旬），采用黄心土进行大批量扦插，每次扦插插条用 100mg/L 的 ABT1 号溶液浸泡 1h。于 2012 年 4 月底和 10 月底分别对第一批、第二批扦插龙脑樟的愈伤率和生根率进行调查，选出龙脑樟最佳扦插时间。

不同扦插时间对龙脑樟扦插成活的影响：表 4-18 为不同时间扦插愈伤、生根情况统计，可见，夏插生根率比秋插成活率高 38.6%，龙脑樟扦插以初夏为宜。

表 4-18　龙脑樟不同时间扦插生长情况比较表

扦插时间	调查时间	愈伤率（%）	生根率（%）
2011 年 10 月中旬	2012 年 4 月中旬	67	56
2012 年 6 月中旬	2012 年 10 月中旬	85	79

注：愈伤率和生根率调查每处理取 3 个样本，每样本 30 株。

③不同激素种类、浸泡时间扦插试验研究

不同激素种类、浸泡时间试验设置：于 2012 年 6 月底，选择黄心土为扦插基质，进行不同激素种类、不同浓度水平及激素浸泡时间的龙脑樟扦插试验（表 4-19）。设置生长素 NAA 和生根粉 ABT1 号 2 种激素处理，2 种激素均设置 50、100、150mg/L 3 个浓度水平。生长素 NAA 浸泡插穗时间设置 0.5、1.0、1.5h 3 个水平，生根粉 ABT1 号浸泡插穗时间设置 1.0、1.5、2.0h 3 个水平。不同激素种类、浓度及浸泡时间交互试验设计见表 4-19，对照处理为不用激素浸泡，共 19 个处理，每处理设置 3 个重复，每重复 100 株。

表 4-19　不同激素种类及浓度对龙脑樟扦插育苗的试验设计表

处理号	NAA（mg/L）	浸泡时间（h）	处理号	ABT1（mg/L）	浸泡时间（h）
1	50	1.0	10	50	1.5
2	100	0.5	11	100	1.0
3	150	1.5	12	150	2.0
4	50	0.5	13	50	1.0
5	100	1.5	14	100	2.0
6	150	1.0	15	150	1.5
7	50	1.5	16	50	2.0
8	100	1.0	17	100	1.5
9	150	0.5	18	150	1.0
19（对照）	0	0	/	/	/

不同激素种类、浓度、浸泡时间对龙脑樟扦插成活的影响：表 4-20 为龙脑樟不同激素种类、浓度及浸泡时间处理下生根及成活情况。由表 4-20 可见，生根粉 ABT1 号促进龙脑樟扦插生根的效果明显优于 NAA，其中：试验 17 用 100mg/L 的 ABT1 号生根粉溶液浸泡 1.5h，黄心土为扦插基质，最有利于龙脑樟生根，成活率达 87%，比对照处理成活率高 135%。试验 14 用 100mg/L 的 ABT1 号生根粉溶液浸泡 2.0h 成活率也可达 80%以上。

表 4-20　不同激素种类、浓度及浸泡时间下龙脑樟扦插成活情况表

处理号	生根率（%）	平均生根数量（条）	根均长（cm）	成活率（%）
1　NAA50mg/L/1h	42	1	1.23	48
2　NAA100mg/L/0.5h	38	1	2.65	36
3　NAA150mg/L/1.5h	39	4	2.74	40
4　NAA50mg/L/0.5h	48	2	0.39	51
5　NAA100mg/L/1.5h	43	1	3.14	42
6　NAA150mg/L/1h	40	3	1.25	41
7　NAA50mg/L/1.5h	49	2	0.66	54
8　NAA100mg/L/1h	41	3	1.13	45
9　NAA150mg/L/0.5h	47	3	2.74	50
10　ABT 1 号 50mg/L/1.5h	50	2	1.69	49
11　ABT 1 号 100mg/L/1h	70	4	4.58	78
12　ABT 1 号 150mg/L/2h	52	2	2.58	53

（续）

处理号	生根率（%）	平均生根数量（条）	根均长（cm）	成活率（%）
13 ABT 1 号 50mg/L/1h	57	3	3.07	58
14 ABT 1 号 100mg/L/2h	75	5	5.12	82
15 ABT 1 号 150mg/L/1.5h	43	2	2.48	54
16 ABT 1 号 50mg/L/2h	62	3	5.06	74
17 ABT 1 号 100mg/L/1.5h	79	6	6.04	87
18 ABT 1 号 150mg/L/1h	58	4	4.15	63
19 （对照）	45	2	0.96	37

4.2.1.1.3 龙脑樟扦插繁育试验结果

龙脑樟最佳扦插方法：初夏（6~7 月）取半木质化穗条，以黄心土为扦插基质，用 100mg/L 的 ABT 1 号生根粉浸泡插穗 1.5h，扦插成活率可达 87%。

4.2.1.2 芳樟扦插繁育体系建立

4.2.1.2.1 芳樟采穗圃营建技术

（1）圃地选择

选择坡度平缓、靠近水源、交通便利的红壤丘陵、岗地或农用地。

（2）整地、挖穴

坡度小于 15°的圃地可采用全垦，穴规格以 30cm×30cm×40cm 为宜；坡度大于 15°的圃地，宜采用带状条垦，穴规格以 40cm×40cm×40cm 为宜。

（3）母株来源

采用经省级以上林木品种审定委员会审（认）定的良种繁殖材料培育的苗木。

（4）栽植

①定植时间：适宜栽植时间为 2 月初至 3 月中旬树液开始流动至新芽萌发前，容器苗可延长至 4 月底 5 月初。

②密度：全垦地可采用 1m×1m 或 0.8m×（1.2m~1.8m）的株行距；条垦地株行距应与条垦带距相吻合。

③苗木类型及规格：1 年生无性繁殖的优良材料的裸根苗或容器苗。

④施基肥：每穴施腐熟枯饼肥 300g 或复合肥 200g 作基肥，施肥后回填 15cm 左右的表土，与肥拌匀后，再回填表土 10cm 左右作为隔离层，避免苗木根系与基肥直接接触，以防伤苗。

⑤栽植方法：将苗木栽植于隔离层上面，栽正、压实、盖松土，培土至根颈处以上 1cm 左右。

（5）采穗圃管理

①水分管理：在 6~9 月高温、干旱季节，适时、适量浇水。有条件的可安装喷灌设施。

②养分管理：栽植后第二年的 2 月中旬（叶芽萌动前），结合中耕，沟施复合肥（120kg/667m^2）或枯饼肥（200kg/667m^2）；6 月和 8 月的中、下旬，各施以氮肥为主的追肥 1 次，用量为 20~25kg/667m^2，雨前或雨后撒施，也可叶面或根部喷施。

③中耕抚育：栽植当年的 8~9 月，除草、培蔸。此后，每年于 11 月平茬后至萌动前，在行间进行中耕。有条件的可采用机械翻耕。

④母株越冬管理：秋季或冬季采集穗条后，宜在母株根颈处 5cm 以上平茬，培土至平茬口越冬。

⑤有害生物防控

虫害防控：4 月上旬~6 月中旬，樟叶蜂危害时，可用 90%的敌百虫、50%的马拉松乳液各 2000 倍液喷杀；樟梢卷叶蛾可在 3 月新梢抽出后，第一代幼虫孵化时，用 90%敌百虫、50%二溴磷乳剂、50%马拉松乳液 1000 倍液进行喷洒，每隔 5d 喷洒 1 次，连续 2~3 次；如果幼虫已注入新梢，也可喷洒 40%乐果乳液 200~300 倍液。卷叶蛾可于 8~9 月人工摘茧，集中烧毁。

病害防控：常见病害有白粉病、黑斑病等。白粉病少量发生时，及时拔除病株并烧毁；同时用波美 0.3 度~0.5 度的石硫合剂，每 10d 左右喷洒 1 次，连续 3~4 次。黑斑病发病时可用多菌灵 40%粉剂 0.5%溶液喷洒 2~3 次，防止蔓延。

4.2.1.2.2 芳樟采穗圃营建技术

（1）穗条采集及处理

①采集时间：一年采集 2~3 次。5 月中旬至 6 月中旬采夏插穗条；9 月中旬至 10 月上旬采秋插穗条；11 月中、下旬采冬插穗条。

②插穗处理：插穗长度 5~8cm，插穗上需有 2~3 个腋芽，其中 1 个在基部，1 个在上部；保留上部完整叶片。插穗剪好后，用 GGR6 号等适宜生长素，低浓度、长时间浸泡处理。

（2）圃地选择

选择靠近水源、排灌便利，交通方便，土壤为湿润、肥沃的沙壤土、壤土或稻田土。

（3）扦插方式

①大田扦插

整地、作床：圃地“三犁三耙”，碎土、施足基肥，按床宽 1m、床高 25~30cm、步道宽 25cm 的规格作床，土块细碎，床面平整，基质以黄心土为宜。

土壤消毒：扦插前 7d 左右，用多菌灵 40%粉剂 0.5%溶液等喷洒对土壤消毒，在上面铺一层 1.5~2.0cm 厚的黄心土，再用农膜将床面覆盖，四周用土将农膜盖严实，待用。

扦插：按 40000~50000 株/667m^2的密度扦插，插入插穗长度的 1/3~1/2，露出上部腋芽。插后分 2~3 次浇透水，至插孔润湿，用农用薄膜搭建成拱形棚，四周用土将薄膜压实。

②容器育苗

整地、作床：圃地“三犁三耙”，碎土，按床宽 1m、床高 25~30cm、步道宽 25cm 的规格作床，床面平整。

床面整理：泥质床面整碎、平整后，铺一层致密的遮阴网，摆放育苗容器；沙质床面上铺一层厚度不少于5cm的清水细沙，摆放育苗容器；硬质床面上铺2~3cm厚细沙，摆放育苗容器。平整的床面也可直接摆放育苗容器。

扦插基质及装袋：芳樟容器扦插育苗可用以下几种基质：a. 以黄心土为基质，按黄心土∶磷肥∶草木灰=98∶1∶1配制；b. 腐殖质土；c. 经充分腐熟的树皮、木屑、秸秆、谷壳等农林废弃物制成的轻基质，草炭、泥炭等。

将床面整平后，用规格为6cm×8cm×8cm的营养杯，轻基质用规格为6cm×6cm×（8~10cm）的无纺布网袋。将基质填满容器，整齐摆放到苗床上。

扦插：一个育苗袋插一根插穗，插入插穗长度的1/3~1/2，露出上部腋芽。插后分2~3次浇透水，至插孔润湿，用农用薄膜搭建成拱形棚，四周用土将薄膜压实。

（4）荫棚搭建

扦插后，用透光度30%~40%的遮阴网搭建荫棚，夏季扦插为降温，遮阴网需搭设在距离薄膜1.5m以上，秋季扦插遮阴网可直接搭于薄膜上，待生根且生长稳定后揭膜去遮阴网。

（5）插后管理

①水分管理：沙面、硬质床面容器苗扦插后15d内，每天雾状喷水2~3次；大田苗和泥面容器苗酌情适量浇水。生根后，均按大田育苗的要求适时适量浇水。

②覆盖物撤除：苗木生根后撤除薄膜等覆盖物。

③养分管理：苗木开始高生长后，适时适量施用追肥。8月下旬后，停止施用氮肥，适当施用磷肥和钾肥。

④病虫害防治

病害防治：常见病害有白粉病、黑斑病等。白粉病少量发生时，及时拔除病株并烧毁；同时用波美0.3度~0.5度的石硫合剂，每10d左右喷洒1次，连续3~4次。黑斑病发病时可用多菌灵40%粉剂0.5%溶液喷洒2~3次，防止蔓延。

虫害防治：4月上旬至6月中旬，樟叶蜂危害时，可用90%的敌百虫、50%的马拉松乳液各2000倍液喷杀；樟梢卷叶蛾可用90%敌百虫、50%二溴磷乳剂、50%马拉松乳液1000倍液进行喷洒，每隔5d喷洒1次，连续2~3次；如果幼虫已蛀入新梢，也可喷洒40%乐果乳液200~300倍液。卷叶蛾可于8~9月人工摘茧，集中烧毁。

（6）起苗出圃

①大田苗：起苗前1~2d，将苗床喷或灌一次透水，用齿耙将苗木挖起，保全根系。按苗木等级每50株或100株扎成捆，用塑料袋或农用膜将根系包扎保湿。

②容器苗：出圃前2d，将容器苗浇一次透水。按苗木等级分级装箱（表4-21）。

表 4-21　1 年生扦插苗苗木质量等级表

苗木种类、等级		苗木指标				
		苗高（cm）	地径（cm）	根系长度（cm）	>5cm 长 I 级侧根数（根）	综合控制指标
大田扦插苗	Ⅰ级	>50	>0.5	>10	6~8	色泽正常，顶芽饱满，充分木质化，无损伤，无病虫害
	Ⅱ级	35~50	0.4~0.5	6~10	4~6	
容器扦插苗	Ⅰ级	>35	>0.4	>15	6~8	
	Ⅱ级	25~35	0.3~0.4	10~15	4~6	

4.2.2　龙脑樟组培繁育体系建立

4.2.2.1　试验材料与方法

4.2.2.1.1　试验材料

试验材料为江西吉安永丰龙脑樟实验基地中含精油量高的优树。分别在春、秋季采集母树上芽体饱满、无病虫害的当年生枝条。

4.2.2.1.2　试验方法

（1）外植体的选择

从外植体到无菌芽体的建立，是组培繁育成功与否的关键。这一关键技术的突破，主要与外植体材料的选取时间、部位、诱导培养基的调配等密切相关，不仅关系到无菌系建立的成败，同时又是后期增殖、生根等苗木规模化生产的前提条件。本试验以当年抽生的茎段为外植体，分别取 4 个时间点（4、5、9、10 月）采集外植体。并细分为 3 个部位，即顶芽、中部腋芽和下部腋芽，旨在进行外植体无菌系建立及诱导对比试验，为选择适宜外植体提供参考依据。每处理各取 30 个外植体，重复 3 次，分别观察其诱导率、污染率。

（2）外植体的消毒处理

采集龙脑樟优树当年抽梢的枝条，去除叶片叶柄，剪成 2cm 左右的带芽茎段，用洗洁液浸泡 15min 后，毛笔清洗表面的灰尘及污垢，流水冲洗 1~2h，在超净工作台上用 75%酒精涮洗 30s，15%NaClO 灭菌 6min 后用 0.1%的 $HgCl_2$ 消毒 5~6min，无菌水冲洗 8~10 次，无菌滤纸吸干表面水分，切除茎段两头被杀菌剂损伤部分后，切带 1~2 个腋芽的茎段作为外植体，接入初代诱导培养基中。

（3）初代培养

使用基本培养基 MS，附加不同浓度的 6-BA（1.0、2.0、5.0mg/L）、NAA（0.2、0.5、2.0mg/L）、IBA（0.2、0.5、2.0mg/L）进行初芽诱导培养试验。

（4）增殖培养

以 MS 为基本培养基，选用不同浓度激素 6-BA、IBA、ZT 按 L_{16}（4^3）正交试验设计方法筛选增殖培养基，每 40d 统计增殖平均数及生长情况，以肉眼清晰可见的诱导芽为准，连续继代 3 次后观察。如表 4-22 所示。

表 4-22 增殖培养基筛选

处理	生长调节剂（mg/L）			备注
	6-BA	IBA	ZT	
1	1.0	0	0	每试验处理接种10个初代芽，每瓶接种2个
2	1.0	0.1	0.2	
3	1.0	0.2	0.5	
4	1.0	0.5	1.0	
5	2.0	0	0.2	
6	2.0	0.1	0	
7	2.0	0.2	1.0	
8	2.0	0.5	0.5	
9	3.5	0	0.5	
10	3.5	0.1	1.0	
11	3.5	0.2	0	
12	3.5	0.5	0.2	
13	5.0	0	1.0	
14	5.0	0.1	0.5	
15	5.0	0.2	0.2	
16	5.0	0.5	0	

（5）生根培养

从增殖苗中选择高3~4cm有2~3对光滑叶片芽体接入1/2MS添加不同浓度生长素NAA和IBA组合的培养基中，每瓶插10株，20d后统计生根的数量及生长状况见表4-23。

表 4-23 生根培养基筛选

处理	生长调节剂（mg/L）		备注
	NAA	IBA	
1	0.5	0	每试验处理接种50株无根增殖苗
2	0.5	0.5	
3	0.5	1.0	
4	1.0	2.0	
5	1.0	0.5	
6	1.0	2.0	

（6）添加物及培养条件

初代、增殖、生根培养基凝固剂均为卡拉胶，增殖培养为3g/L，初代培养及生根培养为5g/L；蔗糖为30g/L；培养温度22~27℃；光照强度3000~5000lx；光照时间14h/d。

4.2.2.2 试验结果与分析

4.2.2.2.1 采集外植体的最佳时间

通过3年来对龙脑樟在4、5、9和10月当年生枝条选取相同的部位进行的诱导试验，用同样的方法15%NaClO（6min）+0.1%$HgCl_2$（6min）进行灭菌消毒，结果见表4-24。4、5月采集的外植体诱导污染在85%以上，芽的诱导率只有23%左右，而9、10月的污染率只有28%，诱导率60%左右。江南的春季万物复苏、雨水充足、空气中湿度大、各种细菌繁殖猖獗、污染严重；晚秋，芽体即将处于休眠状况，此阶段茎段生长代谢旺盛，再生能力强，具有更好的形态发生能力，相比较在9、10月是采集外植体的适当时间。

表4-24 不同时间采集外植体的诱导情况

采集时间（月）	污染率（%）	诱导率（%）	生长情况
4	85.2	25.0	芽分化时有点透明状
5	86.1	23.3	芽分化时有点透明状
9	28.6	62.1	叶面光滑
10	28.0	63.8	叶面光滑

4.2.2.2.2 选择外植体的最佳部位

将采集的外植体枝条按顶芽、中部腋芽和下部腋芽划分为3个部位，再分别以不同灭菌时间对3个部位外植体消毒处理进行无菌系试验。结果表明（表4-25）：顶芽污染率最低，可能是因为顶芽生长旺盛，暴露在环境中的时间也短，因而含菌量较少。但是顶芽的细胞分生组织较幼嫩，灭菌过程极易导致芽体受伤，直接影响顶芽的诱导效果，因而顶芽诱导率最低，仅43.0%，分化出芽也是极其弱小、透明呈水渍状，即出现玻化芽，后期的增殖培养，中部腋芽污染率26.0%，诱导分化能力则以中部腋芽为最强，诱导率为62.8%，可能是由于顶芽以下部位有分生组织沉积，中部腋芽分化能力最强，诱导时间也较短，诱导出的芽生长健壮；下部的材料木质化程度比较高，用于组培分化能力不强，也易在基部积累各种菌孢子造成污染严重。综上所述，顶芽以下3~4个腋芽作外植体的诱导芽的效果最佳，可在较短时间内快速建立无菌系，同时在后期增殖培养过程中，由于诱导芽生长状态良好，为增殖培养奠定了良好基础。

表4-25 不同部位外植体无菌系建立及诱导情况

茎段部位	消毒剂（时间，min）	污染率（%）	诱导率（%）	生长情况
顶芽	NaClO（4）+$HgCl_2$（4）	19.6	43.0	透明，叶尖出现焦状
中部腋芽	NaClO（6）+$HgCl_2$（6）	26.0	62.8	7d出芽，生长正常
下部腋芽	NaClO（6）+$HgCl_2$（8）	58.9	53.4	10d出芽，生长正常

4.2.2.2.3 初芽诱导培养基对龙脑樟腋芽萌动的影响

以MS为基本培养基，附加不同浓度的6-BA（1.0~5.0mg/L）、NAA（0~2.0mg/L）

和 IBA（0~2.0mg/L），共计9个处理（表4-26）进行外植体诱导试验。将龙脑樟无菌带芽茎段接种于9种培养基上进行诱导培养，接种后7d，处理5 MS+6-BA 2.0mg/L+IBA 0.5mg/L 的侧芽即开始萌动。诱导结果及诱导芽生长状况见表4-26。由表4-26可以看出：龙脑樟进行初芽诱导的时候对培养基要求不是特别高，外植体一般延续了母体的各种营养成分，在保证基本生长环境条件下初芽均能分化。外源激素配比不同，诱导结果不同。本研究设计的9种激素不同配比，3种激素组合配比的诱导率没有2种激素配比诱导率高，说明分裂素和生长素配比不协调抑制腋芽萌动，诱导效果最好的配方为处理5，诱导启动所需时间最短，诱导率最高达94.5%，诱导芽生长粗壮且叶面平展，是龙脑樟腋芽诱导最适培养基。

表4-26　不同培养基对初芽诱导影响情况

处理号	6-BA	NAA	IBA	分化率（%）	芽生长情况
1	1.0	0.2	0	87	芽粗壮，10d后腋芽膨大萌动
2	2.0	0.5	0	89	芽粗壮，7d后腋芽膨大萌动
3	5.0	2.0	0	91	芽粗壮，7~8d腋芽膨大萌动
4	1.0	0	0.2	90.7	芽粗壮，7~8d腋芽膨大萌动
5	2.0	0	0.5	94.5	芽粗壮，且叶面平展，7d腋芽膨大萌动
6	5.0	0	2.0	92.8	芽稍细，10d腋芽膨大萌动
7	2.0	0.2	0.5	57	芽稍细，10d腋芽膨大萌动
8	2.0	0.5	2.0	53	芽细小，8d腋芽膨大萌动
9	5.0	0.5	2.0	54	芽小、叶小，8d腋芽膨大萌动

4.2.2.2.4　增殖培养条件建立

龙脑樟增殖方式是丛生芽继代，增殖的周期一般在40d左右。由薄膜细胞组成的愈伤组织，在适宜其生长的物质培养条件下发生了生理、生化的改变，使细胞分裂产生分化细胞形成芽速度迅速增加，继代4~5代后繁殖系数可达5以上，增殖培养过程中通过不断调整生长适境，才可得到完整的植株。

（1）激素组合对不定芽分化的影响

经过初芽诱导后获取的无菌芽若继续留在初芽诱导培养基中增殖，茎枝会出现落叶及变褐后甚至顶芽枯死，茎段不伸长生长。为达到既保持一定增殖系数，又能确保苗木质量的目的，需优化增殖培养基配方。龙脑樟茎段腋芽启动生长后，为形成一个多芽多枝的丛状结构培养体，需利用外源的细胞分裂素及生长素诱导促使单芽分化为多个不定芽。本试验在MS基础上添加一定浓度的6-BA、ZT、IBA，进行激素组合试验（表4-27）。由表4-27可知，对诱导芽增殖系数结果进行极差分析发现 *R*（6-BA）>*R*（ZT）>*R*（IBA），表明6-BA对不定芽诱导率的影响最大，说明添加6-BA对龙脑樟不定芽的诱导有显著性作用。但单独使用6-BA和IBA分化芽的数量极少，而添加了ZT后继代培养情况有了很大改善，丛生芽能够得到迅速增殖及生长，培养基MS+6-BA 3.5mg/L（以下单位同）+ZT

0.2+IBA 0.5 加上强散色光照射，增殖系数可以在 5 以上，产生的有效苗的数量最多，叶片展开的效果好；如培养基分裂素在浓度过高时，从芽接触培养基基部出现愈伤组织增多，严重的会导致叶片愈伤化，培养一段时间后愈伤组织慢慢变黑褐化，褐化的愈伤组织直接影响芽苗生长甚至芽枯死，有的萌发圆头型不定芽，很难形成完整的植株，并更容易出现大量玻化苗、幼小苗。而低浓度的激素组合培养基很难诱导芽的分化，生长速度也慢，形成叶包茎弱小芽情况。综合增殖系数和产生有效苗数量及质量情况考虑，添加 6-BA、ZT、IBA 激素（处理 12）的培养基诱导不定芽质量好，生长健壮，产生有效苗数量多。

表 4-27　不同培养基对不定芽增殖影响情况

处理号	激素浓度（mg/L）			增殖系数	有效苗数	芽苗生长情况
	6-BA	IBA	ZT			
1	1.0	0	0	1.05	3	芽弱，不分化
2	1.0	0.1	0.2	1.23	5	芽分化少
3	1.0	0.2	0.5	2.56	8	分化很少
4	1.0	0.5	1.0	2.42	6	分化少
5	2.0	0	0.2	2.80	9	芽少量分化
6	2.0	0.1	0	1.65	6	分化少
7	2.0	0.2	1.0	3.48	10	分化多，细
8	2.0	0.5	0.5	3.68	8	分化多，细小
9	3.5	0	0.5	4.25	10	分化一般
10	3.5	0.1	1.0	4.06	12	分化一般，叶小发黄
11	3.5	0.2	0	3.56	10	芽少，叶发黄
12	3.5	0.5	0.2	5.25	15	芽分化多，叶绿、大
13	5.0	0	1.0	5.12	8	芽分化多，叶黄，明显的愈伤
14	5.0	0.1	0.5	5.05	6	芽多叶绿，叶小，基部愈伤组织多
15	5.0	0.2	0.2	5.98	7	芽多，叶小，基部愈伤多
16	5.0	0.5	0	4.27	9	芽多，叶黄，基部大量愈伤
*K*1	7.26	13.22	10.53			
*K*2	11.61	11.99	15.26			
*K*3	17.12	15.58	15.54			
*K*4	20.42	15.62	15.08			
*K*1	1.81	3.30	2.63			
*K*2	2.90	3.00	3.81			
*K*3	4.28	3.89	3.89			
*K*4	6.81	3.91	3.77			
R	5.0	0.91	1.14			
顺序	1	3	2			

注：统计分析以分化率为数据源，表中 *K* 表示因子分化率的大小，*K* 值越大水平越显著；*R* 表示极差，极差越大，因子越重要。

（2）增殖培养附加条件

龙脑樟是阳性植物，对光、水分、温度、酸碱度等相关因子的需求，与草本植物相比培养的条件要求更为苛刻，主要表现在如下几点。

①光照条件

龙脑樟的组培苗对光照的要求很高，因日光灯的光质主要是黄绿光较多，波长为500nm，故常用日光灯照明满足不了其生长的需要，自然界的太阳光散射光波比较全，有充足的红橙光及蓝紫光，这种可见光促使樟树叶光合作用及蒸腾作用增强，茎的木质化程度提高，有助于龙脑樟的生长。

②pH 值

龙脑樟在 pH5. 6~5. 8 偏酸培养基上叶片易发黄脱落，适合龙脑樟生长的培养基 pH 值为 7. 0。

③培养基的含水量

龙脑樟适宜生长在含水量高的培养基（每 1L 培养基 3. 0g 卡拉胶），试剂的流动性效果好，产生的次生代谢物也明显减少。

④培养温度

温度对龙脑樟培养也有影响，温度高于 28℃组培苗出现玻璃化现象严重，低于 20℃苗木生长停滞，控制在 25~26℃最适合其生长。

4. 2. 2. 2. 5 生根培养条件建立

将增殖苗中 3~4cm 长、具有 2~3 对叶片展开且叶面光滑发亮、茎干木质化程度较强的大苗切下，接入生根培养基中，培养 20d 后记录生根情况，结果见表 4-28。生根培养时间短，生根率高，同步性好，根系均匀、健壮，苗木生长良好，是衡量组培苗配方优良的关键指标，关系到组培苗生产成本、移栽成活率的高低及后期苗木生长的好坏。由表 4-28 可看出，处理 4 诱导根系所需时间最短，培养 12d 基部切口处就开始产生白色的根原基，生根率可达 80%以上，生根的数量多，平均根系 4~5 条，不会出现落叶现象。其他 5 个处理也能产生根系，但生根培养时间长，生根率低。因此生根最佳培养基为 1/2MS+NAA 1. 0mg/L+IBA 2. 0mg/L。

表 4-28 不同浓度的激素配比对生根情况的影响

处理	NAA（mg/L）	IBA（mg/L）	生根起始时间	生根数量	生根率（%）
1	0. 5	0	19	1~2	51
2	0. 5	0. 5	16	1~2	62
3	0. 5	1. 0	17	2~3	69
4	1. 0	2. 0	12	4~5	84
5	1. 0	0. 5	13	2~3	78
6	1. 0	2. 0	13	2~3	72

4.2.2.2.6 组培苗移栽

(1) 容器的选择

移栽容器选择直径 6cm、高 8cm 的黑色塑料杯状容器。

(2) 基质选择

以黄心土、草木灰、泥炭土、珍珠岩 4 种基质按不同比例调配。①黄心土：草木灰=10：1；②黄心土：草木灰=20：1；③泥炭土：珍珠岩=10：1；④泥炭土：珍珠岩=20：1。结果表明（表 4-29）：基质②适合龙脑樟组培苗移栽和生长，黄心土加适量草木灰基质肥沃疏松，富含有机质，且排水良好，有利于龙脑樟组培苗移栽和生长，苗木移栽成活率在70%以上。而泥炭土和珍珠岩混合基质由于持水性强，易导致苗木烂茎、倒伏、发霉等，不适于龙脑樟组培苗移栽。

(3) 炼苗、移栽

龙脑樟生根苗移栽前，需把开始生根组培苗转移到自然光下炼苗，当苗的根系长到 1~2cm 后进行移栽。将生根苗从瓶中取出，洗净根部附着的培养基，移栽到备好的基质中即可。

表 4-29 基质配比对龙脑樟组培苗移栽和生长的影响

基质种类	生长状况	移栽成活率（%）
黄心土：草木灰=10：1	叶偏黄绿	67.0
黄心土：草木灰=20：1	叶绿，茎杆变硬	71.2
泥炭土：珍珠岩=10：1	部分苗烂茎，倒伏，发霉	53.0
泥炭土：珍珠岩=20：1	茎腐烂、落叶，发霉	45.0

4.2.2.2.7 苗期管理

(1) 水肥管理

组培苗移栽结束后，一定要遮阴养护 10~15d，每天 2~3 次在叶面雾状喷水，15d 后可以减少浇水的次数，当基质开始板结时一次性浇透水，若基质含水量过高，通气不良，根系形成缺氧，不利生长。待苗长出茎微红时，撤掉遮阳网，增加光照时间和强度。施肥时要遵循先稀后浓、少量多次的原则，移栽 1 周后先用 MS 大量叶面施肥，一个月后施含钙镁磷复合肥，促进光合作用及叶片的蒸腾，增强根系的吸收能力，增强苗木的木质化程度，提高苗木的自养能力。

(2) 病虫害管理

温室大棚要经常通风换气，保证空气流通，降低空气湿度，减少真菌病害的发生。要坚持以预防为主的原则，组培苗移植后的第二天用多菌灵 800 倍液或托布津 1000 倍液叶面喷雾 1 次，隔 5~10d 用百菌清 800 倍液再防治 1 次，也可用敌克松 800 倍液防治；以后交替使用。

第5章

樟树药用、香料成分提取纯化及精深加工关键技术

樟树作为重要药用、香料木本树种，具有重要经济和社会价值。有关樟树枝叶精油提取方法较多，主要有水蒸气蒸馏法、气体吸附法、溶剂浸提法、超临界CO_2萃取法等。水蒸气蒸馏法是使用最多的提取方法，主要原因是提取设备简单，容易操作，成本低，提取溶剂为水，对环境友好，无“三废”排放，因此备受青睐，需优化提取工艺的最佳参数，为提高樟树叶精油得率和质量提供基础。

芳樟醇作为全世界最常用和用量最大的香料原料，产品质量的好坏直接决定其产品质量和市场价格，尤其是天然芳樟醇，由于种植的芳樟林种源及品种差异极大，产品不同产地的粗芳樟醇油中芳樟醇含量差异显著。因此，天然粗芳樟醇油的精加工水平决定着我国天然芳樟醇在国际市场的竞争力和产品效益。本研究在优化精馏条件后，可使樟树源芳樟醇油中的芳樟醇含量由89.77%提高到99.18%，产品质量显著提高，为樟树源天然芳樟醇产品附加值的提高提供了可能。

5.1　响应面法优化樟树叶精油水蒸气蒸馏提取工艺

5.1.1　试验材料与方法

5.1.1.1　试验材料

在江西省林业科学院内，选择樟树中油樟化学类型的10株植株作为样株，分别2次采集叶样：一是于2012年2月下旬、自然落叶前采集，这一时期的叶片代表生理老叶，叶片中精油含量相对较低；二是于5月下旬、叶面积和叶重增加基本稳定时采集，这一时期的叶片代表生理新叶，叶片中精油含量相对较高。因为这两个时期叶的精油含量差别很大。每次采样时，每株植株称取200g新鲜叶样充分混匀后，作为试验用叶样品。

5.1.1.2　试验方法

（1）叶精油水蒸气蒸馏法

在自制水蒸气蒸馏器中加入适量沸水和新鲜樟树叶，加热蒸馏，蒸馏时产生的共沸蒸气经冷凝管冷凝后滴入水分离器而分为两相，水相在下层。上层的精油经水分离器的旋塞放出，称重，计算其精油得率。

（2）试验设计方法

单因素试验设计：对影响樟树叶精油得率的提取时间、水料比、提取功率3个关键因

素分别进行单因素试验，初步筛选出各试验因素中的优化水平。试验设计见表 5-1。

表 5-1　单因素试验设计

试验因素	试验水平	其他条件
提取时间（min）	40、50、60、70、80	水料比 12.5：1，提取功率 1200W
水料比（mL/g）	7.5：1、10：1、12.5：1、15：1、17.5：1	取优化提取时间，提取功率 1200W
提取功率（W）	400、800、1200、1600、2000	取优化提取时间和水料比

响应面优化试验设计：以各因素单因素优化试验结果为基础，以樟树叶精油得率为响应值，进一步进行 3 因素 3 水平的响应面法试验。设计时，2 次提取试验的试验因素不变，试验水平则略有差异，详见表 5-2。

表 5-2　两次试样响应面法试验因素与水平设计

试验因素	采样时间	试验水平		
		−1	0	1
Z_1（min）	A_1	50	60	70
	A_2	55	60	65
Z_2（mL/g）	A_1	10：1	12.5：1	15：1
	A_2	12：1	12.5：1	13：1
Z_3（W）	A_1	800	1200	1600
	A_2	1100	1200	1300

注：A_1表示 2 月下旬采样；A_2表示 5 月下旬采样；Z_1表示提取时间；Z_2表示水料比；Z_3表示提取功率，下同。

以 X 为自变量，以樟树叶精油得率 Y 为响应值，采用 Design Expert 8.05b 等软件进行响应面分析试验设计，共设计 15 个试验点（表 5-3）。其中 1～12 试验点为析因试验点，13～15 试验点为中心试验点，用来估计试验误差。

（3）樟树叶精油得率计算

精油得率=（精油重/鲜叶重）×100%

（4）优化工艺验证

以单因素试验、响应面优化试验确定的最佳工艺和修正后的响应面最佳工艺条件，分别进行叶精油提取试验，比较叶精油得率，验证优化工艺。

表 5-3　2 次试样响应面分析试验配比

试验号	X_1	X_2	X_3	试验号	X_1	X_2	X_3	试验号	X_1	X_2	X_3
1	−1	−1	0	6	0	−1	1	11	−1	0	1
2	−1	1	0	7	0	1	−1	12	1	0	1
3	1	−1	0	8	0	1	1	13	0	0	0
4	1	1	0	9	−1	0	−1	14	0	0	0
5	0	−1	−1	10	1	0	−1	15	0	0	0

注：2 月试样：$X_1=(Z_1-60)/10$，$X_2=(Z_2-12.5)/2.5$，$X_3=(Z_3-1200)/400$；5 月试样：$X_1=(Z_1-60)/5$，$X_2=(Z_2-12.5)/0.5$，$X_3=(Z_3-1200)/100$。

5.1.2 试验结果与分析

5.1.2.1 单因素试验结果

（1）提取时间对精油得率的影响

由表5-4和图5-1可知，2次试样提取结果均表明：樟树叶精油得率随提取时间由40min增加到60min时，精油得率显著提高，2月试样由0.502%提高到1.334%，5月试样由1.143%提高到2.051%。然而随着提取时间的进一步增加，精油得率增加缓慢，最后基本稳定在一个恒定值上。这是因为随着提取时间的延长，原料叶中的精油逐渐被提取完，即使进一步延长提取时间，得率也不再增加。2次试样提取结果的变化趋势完全一致。综合考虑能耗、生产成本等方面的因素，认为60min为适宜提取时间。

表5-4 不同提取时间叶精油得率

提取时间（min）		40	50	60	70	80
得率（%）	A_1	0.502	0.887	1.334	1.352	1.352
	A_2	1.143	1.672	2.051	2.053	2.054

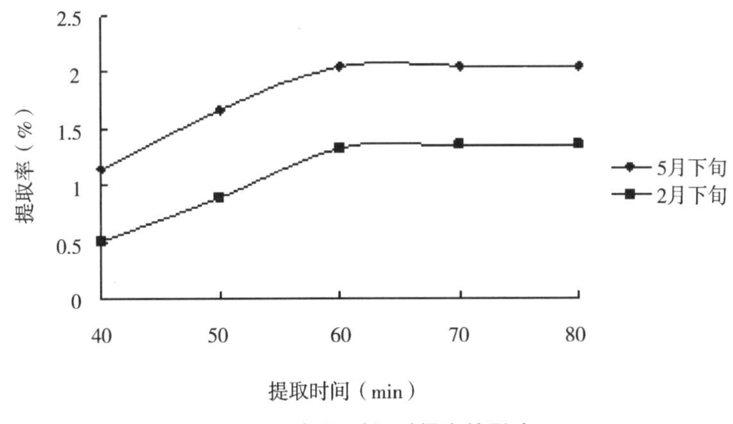

图5-1 提取时间对得率的影响

（2）水料比对精油得率的影响

由表5-5和图5-2可知，随着水料比的增加，精油得率呈先快速提高后稳定在一个值上的变化趋势。在水料比由7.5∶1增加到12.5∶1时，得率显著增加，2月试样由0.691%提高到1.322%，5月试样由1.197%提高到2.050%，接近于最大值；当水料比继续增加到15.0∶1以上时，得率基本不再提高，2次提取试验结果完全一致。这是因为水料比也是精油提取过程中一个重要的影响因素。水料比过低，水散作用进行得不彻底，必将影响出油率；而水料比过高，又会导致精油在水中的溶解度增大，从而使精油得率降低。同时能耗也随之增加，造成能源的浪费。综合能耗和提取得率两方面因素，认为水料比以12.5∶1为佳。

表 5-5　不同水料比的叶精油得率

水料比（mL/g）		7.5：1	10.0：1	12.5：1	15.0：1	17.5：1
提取率（%）	A_1	0.691	0.822	1.322	1.335	1.333
	A_2	1.197	1.475	2.050	2.051	2.048

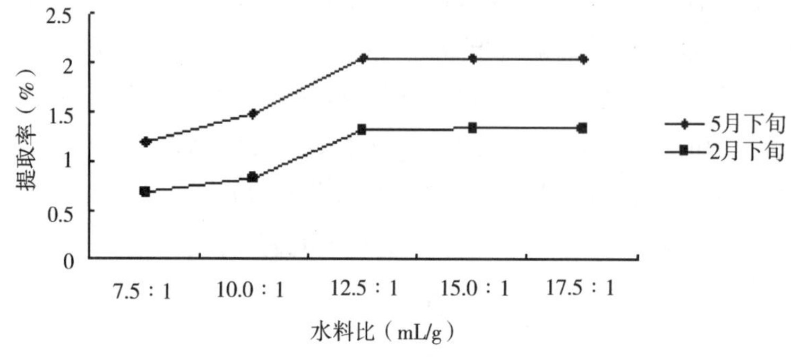

图 5-2　水料比对得率的影响

（3）提取功率对精油得率的影响

由表 5-6 和图 5-3 可知，精油得率随提取功率增加呈先快速增加再趋于稳定的变化趋势。提取功率由 400W 增加到 1200W 时，精油得率接近于最大值，2 月试样为 1.377%，5 月试样为 2.127%。提取功率继续增加，精油得率则基本不再提高，2 次提取试验结果的变化趋势几乎完全一致，故选择 1200W 为最佳提取功率。

表 5-6　不同提取功率的叶精油得率

提取功率（W）		400	800	1200	1600	2000
提取率（%）	A_1	0.774	1.083	1.377	1.379	1.380
	A_2	1.075	1.425	2.127	2.129	2.137

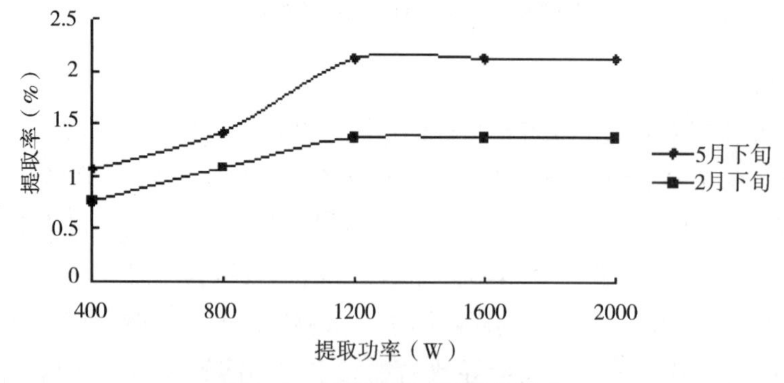

图 5-3　提取功率对得率的影响

5.1.2.2 响应面分析法优化樟树叶精油的提取工艺

5.1.2.2.1 响应面试验测定结果与分析

以单因素试验筛选的优化水平为基础，在其水平上下进一步进行3因素3水平共15个试验点的响应面试验（见表5-3），试验结果表明（表5-7），2次试样得率最高的试验处理均为试验4，2月试样的得率为1.378%，5月试样的得率为2.135%。

表5-7 响应面试验测定结果

试验号		1	2	3	4	5	6	7	8
提取率 Y（%）	A_1	0.701	0.648	0.855	1.378	0.584	0.909	0.731	0.789
	A_2	1.057	1.014	1.337	2.135	0.905	1.413	1.134	1.238
试验号		9	10	11	12	13	14	15	
提取率 Y（%）	A_1	0.642	0.967	0.724	1.265	1.348	1.304	1.321	
	A_2	0.993	1.489	1.132	1.963	2.089	2.021	2.048	

通过拟合，得到2次试样精油得率响应面的2个二次多元回归方程为：

$$Y_1=1.32433+0.21875X_1+0.062125X_2+0.095375X_3+0.14400X_1X_2+0.054000X_1X_3-0.66750X_2X_3-0.14129X_1^2-0.28754X_2^2-0.28354X_3^2$$

$$Y_2=2.05267+0.34100X_1+0.099875X_2+0.15188X_3+0.21025X_1X_2+0.083750X_1X_3-0.098500X_2X_3-0.22383X_1^2-0.44308X_2^2-0.43458X_3^2$$

对上述2个回归模型自变量和因变量之间的线性关系进行方差分析，结果见表5-8。由表5-8可知，2个回归模型均达到极显著水平，说明上述回归模型中，各因素与响应值之间的线性关系是合理可行的。2个模型中预测值与试验值之间的相关系数分别为 $R^2=0.9791$ 和 $R^2=0.9773$，说明2次提取试验得率的试验值与预测值之间有较好的拟合度。

2次试验回归模型中各项因子的方差检验结果（表5-8）还表明，在一次项因子中，达到极显著水平的因子为 X_1，达到显著水平的因子为 X_3，X_2 的差异未达到显著水平。在二次项因素中，X_1^2 的影响达到显著水平，X_2^2 和 X_3^2 均达到极显著水平；而在3对交互作用项中，仅 X_1X_2 项的影响达到显著水平，其他项不显著。

表5-8 回归模型方差分析表

方差来源	平方和		自由度	均方		F 值		p-value Prob > F	
	A_1	A_2		A_1	A_2	A_1	A_2	A_1	A_2
模型	1.200	2.860	9	0.130	0.320	25.99	23.95	0.0011**	0.0014**
X_1	0.380	0.930	1	0.380	0.931	74.89	70.22	0.0003**	0.0004**
X_2	0.031	0.031	1	0.031	0.080	6.040	6.022	0.0574	0.0576
X_3	0.073	0.080	1	0.073	0.180	14.24	13.93	0.0130*	0.0135*
X_1X_2	0.083	0.180	1	0.083	0.183	16.23	13.35	0.0100*	0.0147*
X_1X_3	0.012	0.028	1	0.012	0.028	2.280	2.120	0.1913	0.2053
X_2X_3	0.018	0.039	1	0.018	0.039	3.492	2.933	0.1208	0.1476

（续）

方差来源	平方和		自由度	均方		F 值		p-value Prob > F	
	A_1	A_2		A_1	A_2	A_1	A_2	A_1	A_2
$X_1{}^2$	0.074	0.180	1	0.074	0.182	14.42	13.96	0.0127 *	0.0135 *
$X_2{}^2$	0.310	0.720	1	0.310	0.720	59.72	54.72	0.0006 **	0.0007 **
$X_3{}^2$	0.302	0.700	1	0.302	0.702	58.07	52.64	0.0006 **	0.0008 **
残差	0.026	0.066	5	0.005	0.013				
失拟项	0.025	0.064	3	0.008	0.021	16.64	18.17	0.0572	0.0526
纯误差	0.001	0.002	2	0.001	0.001				
总离差	1.220	2.920	14						

5.1.2.2.2 交互作用项等高线图和响应面分析

在响应面分析法中，通常用响应面图和等高线的形状来直观地反映两个因素交互效应的大小。圆形表示交互作用不显著，椭圆形则表示交互作用显著。

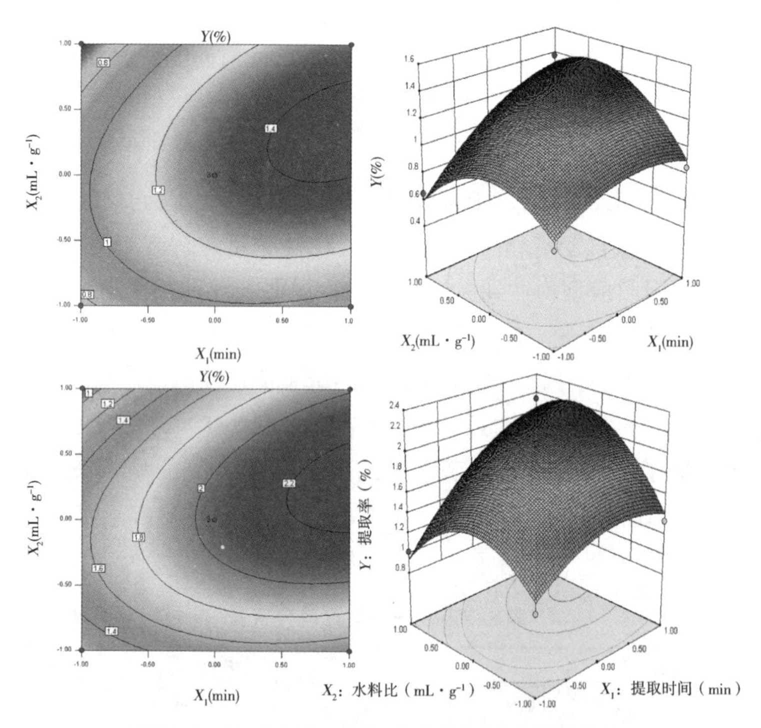

图 5-4 $Y=f$（$X1$，$X2$）的响应面图和等高线图

注：左上和右上为 2 月采样试验的响应面图和等高线图；左下和右下为 5 月下旬采样试验的响应面图和等高线图，下同。

（1）提取时间与水料比交互项对得率的影响

由图 5-4 可知，无论是 2 月试样还是 5 月试样，提取时间与水料比的交互作用的响应面图和等高线均呈椭圆形，说明其交互作用达显著水平。且等高线沿时间轴方向变化相对密集，说明提取时间对精油得率的影响比水料比大。这与单因素项的试验结果一致。

（2）提取时间与提取功率交互项对得率的影响

由图5-5可知，提取时间与提取功率的交互作用虽然在统计意义上未达到显著水平，但其等高线还是呈较典型的椭圆形，达到较显著水平。此外，沿时间轴方向的等高线密度变化明显高于提取功率方向的变化。说明提取时间对樟树叶精油得率的影响要大于提取功率。

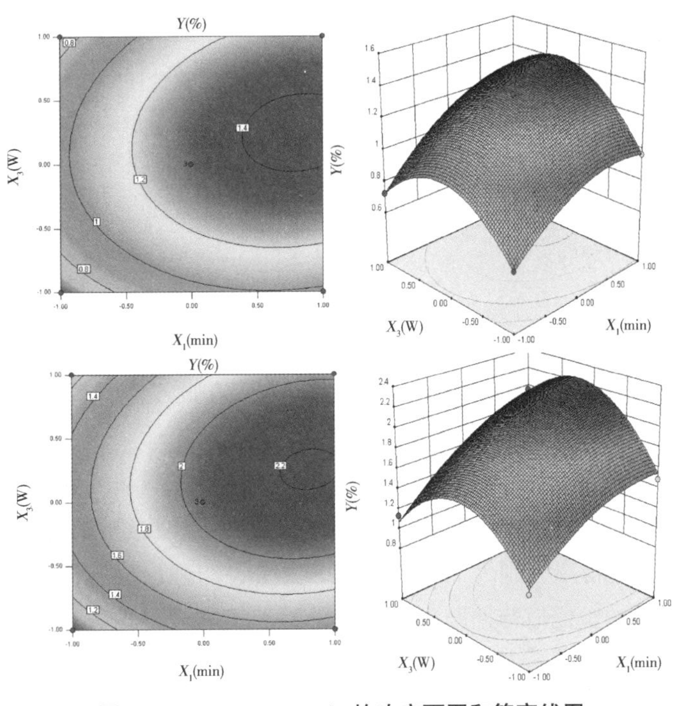

图5-5 $Y=f（X_1，X_3）$的响应面图和等高线图

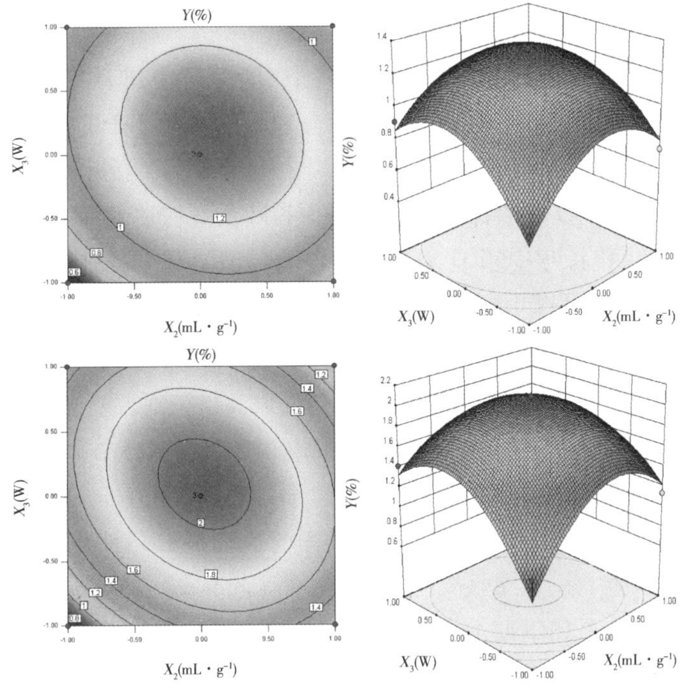

图5-6 $Y=f（X_2，X_3）$的响应面图和等高线图

（3）水料比与提取功率交互项对得率的影响

由图5-6可知，水料比与提取功率的等高线接近圆形，说明其交互作用不显著。但等高线密度沿水料比轴方向略大于提取功率方向，说明水料比对精油得率的影响要大于提取功率。

5.1.2.2.3 验证性试验

采用Design-Expert 8.5b软件分析2次试验测试结果，可得出最大响应值（Y）时对应的编码值。其中，2月试样的结果为：$X_1=1$，$X_2=0.33$，$X_3=0.23$。根据编码值与非编码值的转换式解得响应面法对樟树叶精油提取的最佳工艺条件为：提取时间（Z_1）=70min，水料比（Z_2）=13.325∶1，提取功率（Z_3）=1292W。在此工艺条件下，其最大精油得率理论值为1.453%。

5月试样的结果为$X_1=0.95$，$X_2=0.31$，$X_3=0.23$。根据编码值与非编码值的转换式解得响应面法对樟树叶精油提取条件的最佳工艺条件为：提取时间（Z_1）=64.75min，水料比（Z_2）=12.655∶1，提取功率（Z_3）=1223W。在此工艺条件下，其最大精油得率理论值为2.248%。

为了验证响应面法的可行性和可靠性，采用以上2次试验研究筛选的最佳提取工艺条件，分别于2月和5月2次采集樟树叶样，每次采集的叶样均进行5次重复提取试验。最后得出，2次试样平均得率分别为1.427%和2.139%，与理论值的相对误差分别为1.79%和4.85%。2次试验的验证值与回归方程的理论预测值吻合得很好。因此，响应面法对樟树叶精油提取条件的优化是合理可行的。

5.1.3 结论与讨论

5.1.3.1 取样时间对精油含量的影响

樟树各部位都含精油，因树龄、立地条件、树体部位和采集季节不同，其含量存在较大差异。因此，本试验于2月下旬和5月下旬分别采集樟树叶样进行叶精油的提取试验，其原因是樟树一般于3月中下旬到4月上旬换叶，老叶脱落，新叶萌生。因此，2月取样叶代表落叶前的老叶，而5月取样叶代表叶面积和叶重量均达到最大的稳定状态的新叶。试验结果表明，老叶和新叶中精油含量差别很大，前者仅为1.43%左右，而后者可达2.13%左右。可见，原料采集时间是决定精油得率的关键因素。

5.1.3.2 基于响应面法的水蒸气蒸馏法最佳提取工艺条件的确定

在原料最佳采集时间确定后，如何达到最佳提取效果，则需要确定最佳提取条件。本研究用2月试样和5月试样分别进行提取条件优化试验，获得了2个回归模型和两套最佳提取工艺条件。2月试样的最佳提取工艺参数为：提取时间（Z_1）=70min，水料比（Z_2）=13.325∶1，提取功率（Z_3）=1292W。5月试样的最佳提取条件为：提取时间（Z_1）=64.75min，水料比（Z_2）=12.655∶1，提取功率（Z_3）=1223W。这两套优化提取条件存在的差异，主要来源于如下两个方面：一是老叶和新叶本身对提取条件的要求存在差异；二是5月试样在试验水平设计上与2月试样略有不同，5月试样提取时，是在总结2

月试样提取试验经验的基础上，将3个因素的试验水平在单因素试验确定的最优水平上，进一步缩小试验水平梯度，达到更精细设计的目的。

将5月试样分别用两套优化提取条件进行5次重复提取试验，结果表明：用2月试样的优化条件提取的平均得率为2.145%；用5月试样的优化条件提取的平均得率为2.139%。两套方案的精油提取得率十分接近。但两套提取方案的能耗却存在较大差别，后者提取时间可缩短5min，提取功率可降低70W，水的用量也可以减少5%以上。因此，综合考虑认为以5月试样筛选的提取条件为佳。为实际操作时简便起见，将优化提取条件简化为：提取时间65min，水料比12.7∶1，提取功率1200W。

5.1.3.3 响应面分析法在樟树精油提取方面的应用效果

响应面分析法是通过中心组合试验，同时研究多种试验因素间交互作用的一种回归分析方法，具有试验次数少、周期短，求得的回归方程精度高等优点，并能通过图形分析较直观地寻求最优试验考察因素值，克服了传统数理统计方法数据量较大，无法考虑各因素综合作用的缺点。本试验结果表明，响应面分析法对樟树叶精油提取条件优化具有重要指导作用，在相关研究领域也将有广阔的应用前景。

5.2 高纯度旋光性乙酸龙脑酯制备技术研发

5.2.1 试验材料与方法

5.2.1.1 原料、试剂及仪器

（1）原料、试剂

天然右旋龙脑由江西吉安市林业科学研究所林科冰片厂提供（经GC检测，右旋龙脑含量为99%）；乙酸酐、无水硫酸钠、苯、氨基磺酸、碳酸氢钠（AR）、氯化钠为分析纯，饱和食盐水自制。

（2）分析测试仪器

福立GC 9790型气相色谱仪（浙江温岭福立分析仪器有限公司）、HW-2000色谱工作站（千谱软件有限公司）、OV-101弹性石英毛细管柱（30m×0.25mm×0.25μm）、氢火焰检测器。Nicolet FT-IR 6700红外光谱仪，液膜法。

5.2.1.2 乙酸龙脑酯合成原理

以天然右旋龙脑和乙酸酐为原料，经酰基化反应可制备右旋乙酸龙脑酯。合成反应催化剂类型有五氧化二磷、五氧化二磷-磷酸复合催化体系、多聚磷酸等。具体合成路线如下所示：

OH $+ (CH_3CO)_2O \xrightarrow{\text{催化剂}}$ $OCOCH_3$ $+CH_3COOH$

5.2.1.3 合成反应条件

乙酸龙脑酯合成反应条件：在 100mL 圆底烧瓶中放入磁力搅拌子，加入 0.05mol 龙脑，0.06mol 乙酸酐，以适量苯作为溶剂，磁力加热搅拌。反应过程中用气相色谱跟踪反应进程。GC 分析条件：检测器 240℃，汽化室 240℃。程序升温：110℃（2min），升温速率 3℃/min，升至 150℃（10min），升温速率 30℃/min，升至 240℃（5min）。

待原料龙脑含量不再减少时，停止反应。冷却，将析出的结晶过滤去除后，将反应液移至分液漏斗中，加少量苯萃取，混摇，然后加饱和碳酸氢钠溶液，至无二氧化碳产生时，分出苯层；水层再用苯萃取 2 次，合并苯层，饱和食盐水洗 2 次，无水硫酸钠干燥，常压回收溶剂后，减压蒸馏，收集 100~103℃/3mmHg 馏分。

5.2.2 试验结果与讨论

5.2.2.1 合成反应条件探索

本试验对乙酸龙脑酯合成的反应条件进行了探索，考察了醇/酸物料比、反应温度、溶剂用量以及反应时间对反应的影响等。

（1）醇（龙脑）/酸（乙酸酐）物料比对目标产物得率的影响

以龙脑用量 0.05mol（7.7g）（后续试验均取 0.05mol）、溶剂苯的用量 10g、反应时间 2h 作为固定反应条件，通过改变反应底物乙酸酐的用量来考察物料比对反应结果的影响。结果表明（表 5-9）：当物料比为 1∶1.0 时，反应进行不完全，目标产物乙酸龙脑酯的得率仅为 87.3%；当乙酸酐的比例增大到 1.2 时，目标产物得率达到最高 98.2%；当乙酸酐的比例继续增大时，目标产物则逐渐降低。综合考虑成本和效益两方面结果，认为醇/酸物料配比以 1∶1.2 为宜。

表 5-9 醇/酸物料比对产物纯度的影响

醇/酸物料比	1∶1.0	1∶1.1	1∶1.2	1∶1.3	1∶1.4
GC 纯度（%）	87.3	94.6	98.2	97.8	96.5

（2）温度对目标产物得率的影响

固定 n（龙脑）∶n（乙酸酐）=1∶1.2，溶剂用量 10g，反应 2h，通过改变反应温度来考察温度对反应结果的影响。结果表明（表 5-10）：反应温度为 50℃时，反应不完全，产物得率只有 97.22%；反应温度升高到 60~70℃时，目标产物得率可达 98%以上。但反应温度超过 80℃时，产物得率反而下降，原因可能是龙脑在高温及酸性条件下脱水，副反应增多，生成了沸点更低的副产物。综合考虑效益和成本等因素，认为反应温度以 60~70℃为宜。

表 5-10 温度对目标产物得率的影响

温度（℃）	50	60	70	80	90
GC 纯度（%）	97.22	98.14	98.20	97.40	96.90

(3) 溶剂用量对产物纯度的影响

固定n(龙脑):n(乙酸酐)=1:1.2，反应温度为70℃，反应2h，来考察溶剂用量对反应结果的影响。结果表明(表5-11)：溶剂用量为6.5g时，导致反应物用量不足，进而使反应不完全；溶剂用量增加到8~10g以上时，目标产物的得率可以达到98%以上。但当溶剂用量超过10g时，目标产物的得率反而下降。因此，从成本和效益两方面因素考虑，认为溶剂用量以10g为宜。

表5-11 溶剂用量对目标产物得率的影响

溶剂用量(g)	6.5	8	10	12	15
GC纯度(%)	97.60	98.14	98.20	97.40	96.90

(4) 反应时间对产物纯度的影响

固定n(龙脑醇):n(乙酸酐)=1:1.2，溶剂用量10g，反应温度为70℃，来考察反应时间对反应结果的影响。结果表明(表5-12)：当反应时间为1h时，反应进行不完全，目标产物得率只有72.5%；当反应时间延长到2h时，目标产物得率增加到98.3%，但当反应时间延长到2.5h时，产物得率仅为98.4%，与前者相差不大；当反应时间继续延长到3h时，产物得率反而下降至96.1%。从能源消耗、单位时间效率和效益等考虑，认为反应时间以2h为宜。

表5-12 反应时间对产物纯度的影响

反应时间(h)	1	1.5	2	2.5	3
GC纯度(%)	72.5	88.3	98.3	98.4	96.1

5.2.2.2 产物结构表征与谱图解析

乙酸龙脑酯经纯化后进行GC-MS分析，谱图结果见图5-7。经色谱分析，与乙酸龙脑酯标准样品的保留时间相同；同时经GC-MS分析，其质谱图 *m*：95(100)、121(68.8)、136(68.0)、93(67.5)、43(57.3)、108(32.6)、41(26.5)、80(24.8)、109(24.2)、92(23.4)，与标准谱图一致。

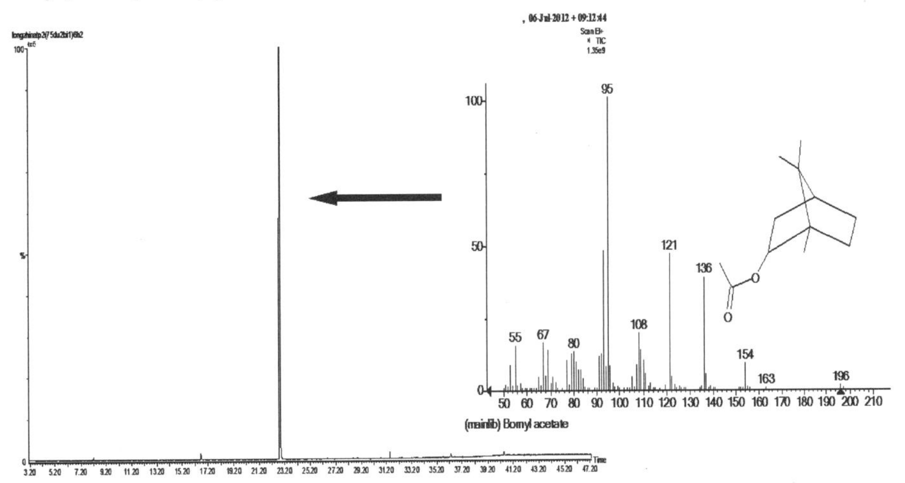

图5-7 乙酸龙脑酯的GC-MS谱图

5.2.3 结论

以含量为99%的天然右旋龙脑为原料，当n（龙脑）：n（乙酸酐）=1：1.2，溶剂用量10g，在温度为70℃，反应时间2h时，目标产物乙酸龙脑酯的得率可达98%以上。

5.3 樟树源高纯度天然芳樟醇制备技术

芳樟醇常用于合成香精香料，是目前全世界最常用和用量最大的香料原料。芳樟醇有合成芳樟醇和天然芳樟醇之分，合成芳樟醇主要以松节油为原料，通过化学方法合成；天然芳樟醇主要从含芳樟醇的植物中提取。与合成芳樟醇相比，天然芳樟醇香味更加圆和纯润，同时，在生产过程中不会造成“三废”的污染，产品质量更高，因此天然芳樟醇成为芳樟醇生产的主流和趋势。

樟树源芳樟醇主要存在于芳樟化学类型的枝叶中，其制备方法主要从芳樟枝叶中通过水蒸气蒸馏获得粗油，经精馏后获得纯度90%~95%的芳樟醇产品。芳樟醇含量的高低决定着芳樟醇的品质和效益。本研究将采用精馏塔对芳樟粗油进行精馏，获得高纯度的天然芳樟醇产品，以期为提高芳樟醇产品质量提供技术支撑。

5.3.1 试验材料与方法

5.3.1.1 原料

采用水蒸气蒸馏法提取芳樟枝叶粗精油，将粗精油进行粗分馏后，去除里面的水分、杂质、桉叶油素、樟脑及其他成分，得到粗芳樟醇。

5.3.1.2 仪器

芳樟醇精馏塔（江西思派思香料化工有限公司自制），气质联用仪为Perkin Elmer Clarus 680/600C（珀金埃尔默股份有限公司）。

5.3.1.3 试验方法

（1）*精馏方法*

以粗芳樟醇为原料进一步在江西思派思香料化工有限公司自制的精馏塔中进行精馏。将粗芳樟醇注入精馏塔釜，将蒸气压力控制在0.35~0.5KPa，真空度0.09~50.097，回流比1：30~1：50，分馏物密度0.850~0.865g/mL之间，收集经精馏的芳樟醇产品，采用气质联用仪检测产品中芳樟醇含量。

（2）*分析方法*

利用国家林业和草原局樟树工程技术研究中心的美国产Perkin Elmer气相色谱-质谱联用仪，检测各样品精油中的化学成分及其含量。

色谱条件：Perkin Elmer Clarus 680型气相色谱仪，色谱柱为Elite-5 MS石英毛细管柱（30m×0.25mm×0.25μm）。色谱程序升温条件：进样口温度280℃，柱温50℃保持2min，3℃/min升至180℃，保持2min，8℃/min升至240℃，保持5min。载气为He，流速1.0mL/min，进样量0.5μL，分流比10：1。

质谱条件：Perkin Elmer Clarus 600C型质谱仪，EI离子源温度180℃，接口温度

260℃，扫描范围（m/z）50~620。

采用面积归一法计算相对含量。

5.3.2 试验结果与分析

纯芳樟醇无色、透明。粗芳樟醇颜色呈淡黄色、透明，说明油中含有其他成分。经过精馏后，淡黄色消失，芳樟醇呈无色透明状。精馏后的芳樟醇与纯芳樟醇颜色相当接近，说明粗芳樟醇通过精馏处理后，芳樟醇含量显著提高（如图5-8所示）。

图5-8 精馏芳樟醇

色谱检测结果表明（图5-9），粗芳樟醇油中芳樟醇的含量为89.77%，其中主要杂质为1,8-桉叶油素、丁酸顺-3-己烯酯、樟脑、榄香烯、β-石竹烯，含量分别为1.32%、1.18%、0.65%、1.43%、0.94%；精馏后，芳樟醇粗油中的芳樟醇含量显著提高，达到99.18%，并含有少量氧化芳樟醇（含量为0.80%），可能是在精馏过程中芳樟醇受到氧化。

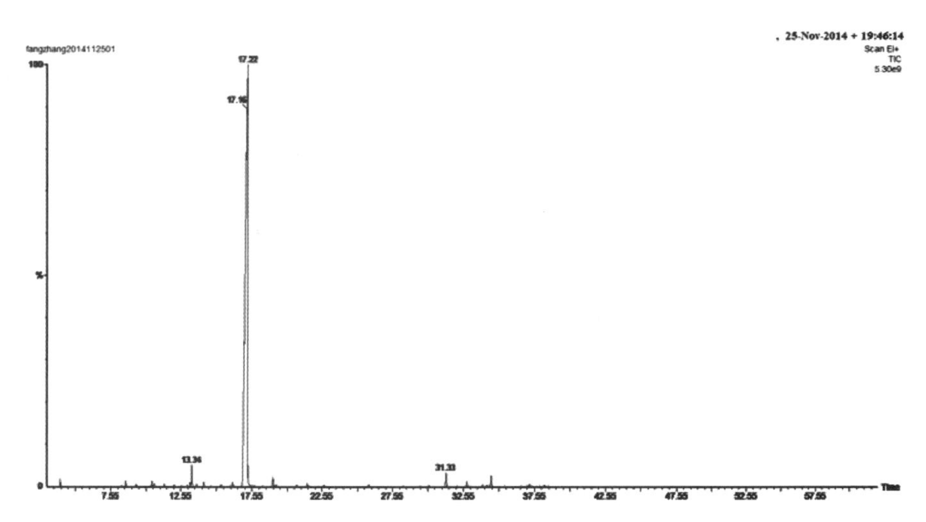

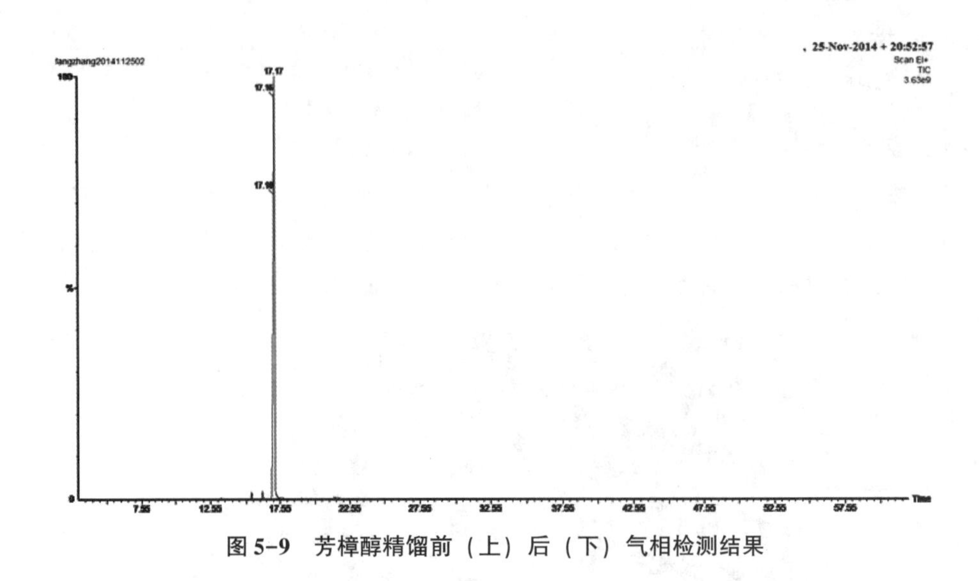

图 5-9　芳樟醇精馏前（上）后（下）气相检测结果

5.4　高纯度旋光性乙酸芳樟酯制备技术研发

乙酸芳樟酯是薰衣草精油中的主要成分之一，有类似香柠檬、薰衣草等香精油的幽雅香气，是制备高级香精不可缺少的香料，同时也是食品添加剂及皂用香精中不可缺少的原料之一。由于乙酸芳樟酯天然资源难得，产量难以满足市场需要，目前国内外主要采用合成方法制备。随着石油化工的发展，廉价的异戊二烯合成芳樟醇的开发成功并投入工业化生产，促进了以合成芳樟醇和醋酸酐为原料合成乙酸芳樟酯的研究。但由于合成芳樟醇为外消旋体，且其香味远不及天然芳樟醇，相应地，用合成芳樟醇为原料进一步合成的乙酸芳樟酯，其产品也为外消旋体，其香味也远不及天然乙酸芳樟酯或以天然芳樟醇为原料合成的半天然乙酸芳樟酯。

本研究旨在以樟树枝叶精油中富含的天然左旋芳樟醇为原料，采用酯化法研究合成左旋乙酸芳樟酯的生产工艺，合成具有旋光性的乙酸芳樟酯产品，以提高产品附加值。

5.4.1　试验材料与方法

5.4.1.1　试剂与仪器

本试验所用原料为天然左旋芳樟醇，纯度大于99%，由江西思派思香料化工有限公司精馏自制；乙酸酐、无水碳酸钾为工业级；氢氧化钾、无水硫酸钠为分析纯；甲醇为色谱纯。

反应釜带减压设备及蒸气加热，容量300kg，自制（图5-10）；气质联用仪为Perkin Elmer Clarus 680/600C（珀金埃尔默股份有限公司）。

图 5-10 本项目实施期间建立的乙酸芳樟酯反应釜

5.4.1.2 乙酸芳樟酯合成机理

以天然芳樟醇和乙酸酐为原料，经酰基化反应可制备乙酸芳樟酯，合成反应催化剂类型为碳酸钠、碳酸钾、碳酸氢钠、碳酸氢钾等弱碱性无机化合物。具体合成路线如下所示：

$$\text{(OH)} + (CH_3CO)_2O \xrightarrow{\text{催化剂}} \text{(}OCOCH_3\text{)} + CH_3COOH$$

5.4.1.3 方法

（1）制备工艺

在反应釜内，分别加入天然芳樟醇、乙酸酐、无水碳酸钾，通过酯化反应制备左旋乙酸芳樟酯。

反应条件设定：反应温度为 60~90℃，反应压力为减压，真空度为 0.1，反应时间为 20~40h，原料投料芳樟醇：醋酸酐质量比=1：1~2：1，催化剂的用量为反应物芳樟醇重量的 0.41%。

反应产物经碱水洗涤并用无水硫酸钠干燥后，采用气质联用仪检测其含量。

（2）分析方法

利用国家林业和草原局樟树工程技术研究中心的美国产 Perkin Elmer 气相色谱-质谱联用仪，检测各样品精油中的化学成分及其含量。

色谱条件：Perkin Elmer Clarus 680 型气相色谱仪，色谱柱为 Elite-5 MS 石英毛细管柱（30m×0.25mm×0.25μm）。色谱程序升温条件：进样口温度 280℃，柱温 50℃保持 2min，3℃/min 升至 180℃，保持 2min，8℃/min 升至 240℃，保持 5min。载气为 He，流速 1.0mL/min，进样量 0.5μL，分流比 10∶1。

质谱条件：Perkin Elmer Clarus 600C 型质谱仪，EI 离子源温度 180℃，接口温度 260℃，扫描范围（m/z）50~620。

采用上述气质联用条件检测反应产物中的乙酸芳樟酯，以面积归一法计算乙酸芳樟酯的含量，计算反应的转化率。

5.4.2 试验结果与讨论

5.4.2.1 芳樟醇与乙酸酐投料比对反应结果的影响

固定催化剂用量为 0.618%，反应温度 80℃±2℃，反应时间 24h。芳樟醇与醋酸酐质量比对产物乙酸芳樟酯的影响结果见表 5-13。从表 5-13 中可以看出，若芳樟醇的质量保持不变，则随着乙酸酐质量的增大，乙酸芳樟酯的产率逐渐增高，在芳樟醇与醋酸酐质量比为 1∶1 时，产物中乙酸芳樟酯含量最高，为 97.8%；在反应物质量比为 1.5∶1 时，乙酸芳樟酯含量为 97.3%，与前者相差较小；在反应物质量比为 2∶1 时，乙酸芳樟酯含量为 95.2%，与前者相差 2 个百分点。综合上述结果，认为反应物芳樟醇和醋酸酐质量比以 1.5∶1 为最佳。从经济角度考虑，减少了反应底物中乙酸酐的用量，节约了成本；从反应产物乙酸芳樟酯得率来看，与最佳得率没有显著差异。

表 5-13 芳樟醇与酸酐的质量比对反应的影响

反应条件	m（芳樟醇）∶m（乙酸酐）		
反应物质量比	1∶1	1.5∶1	2∶1
乙酸芳樟酯含量（%）	97.8	97.3	95.2

5.4.2.2 反应温度对反应的影响

固定催化剂用量为 0.618%，芳樟醇与醋酸酐质量比 1.5∶1，反应时间 24h，反应温度对反应产物乙酸芳樟酯含量的影响结果见表 5-14。由表 5-14 可知，随温度升高，产率增加。从表 5-14 中可以看到，当反应温度在 80℃±2℃时，乙酸芳樟酯含量最高。反应温度继续升高，产率反而降低，虽然加热可以使酰化反应向正方向进行，有利于提高产率，但是当温度过高时，芳樟醇异构化反应增多，会引发一些副反应，致使产率下降，因此，反应温度应控制在 80℃±2℃。

表 5-14 温度对反应结果的影响

反应条件	反应温度±2℃			
反应温度（℃）	60	70	80	90
乙酸芳樟酯含量（%）	94.4	96.8	97.5	92.9

5.4.2.3 反应时间对反应选择性及产率的影响

芳樟醇属于萜烯类叔醇，空间位阻比较大，反应速度较慢。本试验在固定催化剂用量为0.618%，芳樟醇与醋酸酐质量比为1.5∶1，反应温度为80℃±2℃时，考察反应时间对反应结果的影响，结果见表5-15。从表5-15可以看出，随着反应时间的延长，反应产物乙酸芳樟酯的得率呈由低到高再保持不变的变化趋势。即反应时间从24h延长到27h时，乙酸芳樟酯得率达到最大值97.8%；反应时间由27h继续延长至30h时，乙酸芳樟酯得率不仅没有增加，反而略有下降。因此反应时间以27h为宜。

表 5-15 反应时间对反应选择性及产率的影响

反应条件	反应时间		
反应时间（h）	24	27	30
乙酸芳樟酯含量（%）	94.4	97.8	97.4

5.4.2.4 产品的结构与表征

采用上述优化反应条件：固定芳樟醇与醋酸酐质量比1.5∶1，反应时间27h，反应温度80℃±2℃，催化剂用量为0.618%，反应压力为真空度0.1。进一步进行试验，将试验所得产品经减压精馏后，得到产物含量≥98%的高纯品，经气相色谱分析，与进口乙酸芳樟酯标准样品的保留时间相同；同时经GC-MS分析，其质谱图 m：93（100）、43（61）、41（36）、80（33）、69（29）、121（28）、55（18）、196（1），与标准谱图一致（图5-11）。

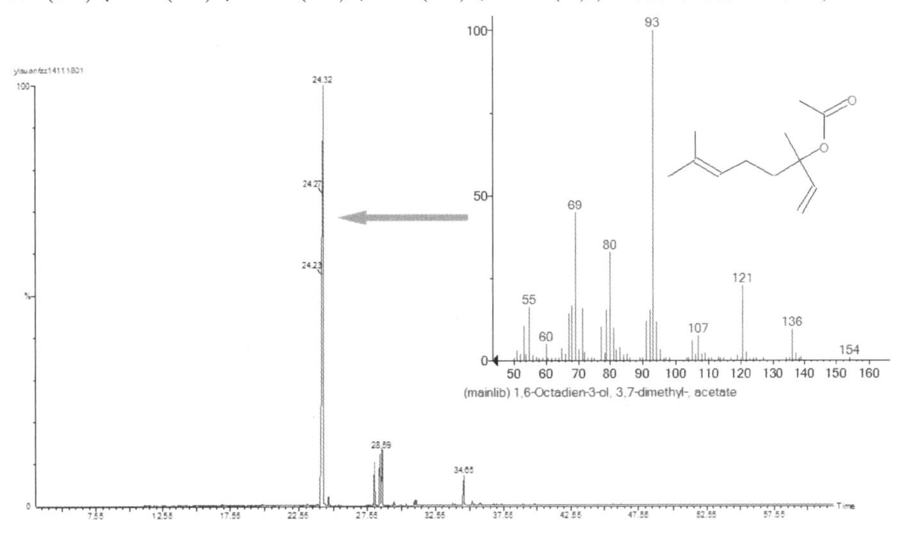

图 5-11 乙酸芳樟酯的GC-MS谱图

5.4.3 结论

通过本研究得出，以 300kg 的中试生产线为例，以纯度为 99%天然左旋芳樟醇为原料合成乙酸芳樟酯的最佳工艺为：芳樟醇与乙酸酐质量比 1.5∶1，反应时间 27h，反应温度 80℃±2℃，催化剂用量为 0.618%，反应压力为真空度 0.1，则反应产物中乙酸芳樟酯含量可达 98%以上。

目前乙酸芳樟酯的合成主要以人工合成的芳樟醇为原料，对其研究主要集中在催化剂的研制与创新方面，主要报道的催化剂有 DMAP、对甲苯磺酸、酸性离子液体催化等，均见于实验室小试。本研究以中试生产设备为对象，以高纯度天然左旋芳樟醇为原料，合成产物为左旋乙酸芳樟酯，最终得到产物纯度超过 98%，填补了以天然芳樟醇为原料合成旋光性乙酸芳樟酯的生产工艺，提高了产品质量及产品竞争力。

第6章

樟树籽油成分分析及功能性油脂制备关键技术

樟树是我国特有树种，种子产量大，含油率高，并且以我国最为缺乏的中碳链脂肪酸为主，其中癸酸含量可达55%、月桂酸含量可达45%，是合成功能性中碳链油脂的优质原料，具有重要的开发利用价值。有效开发利用樟树籽油资源，制备功能性油脂，是提高樟树资源综合利用效率的有效途径。本研究通过对樟树籽进行组织切片观察、亚急性毒理性研究、降血脂功能研究及利用脂肪酶制备甘油二酯这一系统性研究，对全面评价樟树籽油食用价值、工业价值具有积极意义。

6.1 樟树5种化学类型种籽油成分分析

樟树是具有多种用途的优良树种，其枝叶精油在医药、香料、化工等方面具有广泛用途。而樟树种籽产量大、种籽中含油率高（38%以上），且其油脂成分主要为癸酸、月桂酸。目前对樟树籽油已有较多开发利用研究，吴学志等利用固定化脂肪酶催化樟树籽油制备甘油二脂，为利用樟树籽油开发功能性油脂开辟了新的途径；樟树籽油也是制备轻质型生物柴油的优良生产原料，由樟树籽油为原料制备的生物柴油除闪点低（130℃）外，其余理化性质均符合我国《柴油机燃料调和用生物柴油国家标准》（GB/T 20828—2007）、我国0号轻质柴油标准（GB 252—2000）及美国生物柴油标准（ASTM 6751—02），且其轻质型生物柴油在密度、运动黏度、十六烷值、氧化安定性、馏程等方面优于C_{16}以上油脂制备的生物柴油。此外，樟树籽油还可以合成其他一些化工产品。

然而，樟树按叶精油中主要化学成分划分的化学类型，其种籽中油脂含量、油脂结构等均存在较大差异。为了更精准地利用好樟树种籽油，本研究开展了不同化学类型种籽油含量和成分分析等测定和研究。

6.1.1 试验材料与方法

6.1.1.1 试验材料

（1）樟树籽采集与处理

12月在樟树果实成熟时，按樟树叶精油主成分划分的5种化学类型（油樟、脑樟、异樟、芳樟、龙脑樟），分类型采集果实，将果实除去杂质后晒干，备用。

（2）仪器与试剂

索氏萃取器、粉碎机、水浴锅、气相色谱仪；脂肪酸甲酯标准品（购于美国 Nuchek 公司）、石油醚、酚酞指示剂、乙醇、氢氧化钾、硫代硫酸钠、碘化钾、淀粉、环己烷、冰醋酸、盐酸、韦式试剂。

6.1.1.2 试验方法

（1）不同化学类型油脂提取方法

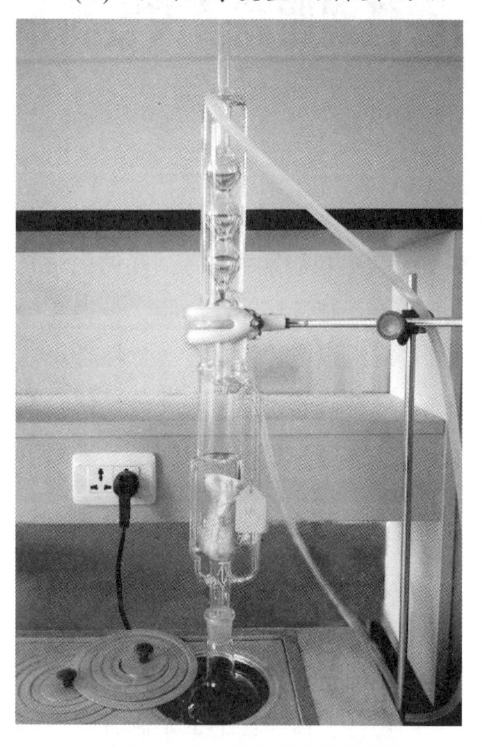

图 6-1 樟树籽油索氏萃取装置

采用索氏提取法，分别 5 种化学类型提取籽油（图 6-1）。先将果实用粉碎机粉碎，105℃烘 30min，每种化学类型分别称取约 10g 样品，置于用滤纸做好的卷筒内，上下压脱脂棉，放入索氏提取器内，以石油醚为溶剂，60℃提取 6h，提取完成后蒸掉溶剂，称取所提油脂重量，计算各化学类型种籽含油率。

（2）樟树 5 种化学类型种籽油理化性质检测方法

酸值：称取一定量油脂装入 250mL 锥形瓶中，将含有 0.5mL 酚酞指示剂的 50mL 乙醇溶液倒入锥形瓶中，加热至沸腾，当乙醇温度高于 70℃时，用 4.0mol/L 的氢氧化钾溶液滴定至溶液变色，计算油脂的酸值。

碘值：将适量油脂倒入称量皿称重后，倒入 500mL 锥形瓶中，加入 20mL 溶剂（环己烷和冰醋酸等体积混合）溶解，用移液管准确加入 25mL 韦式试剂，盖好塞子，摇匀后将锥形瓶置于暗处，1h 后加入 20mL 碘化钾溶液（100g/L）和 150mL 水。用标定过的硫代硫酸钠标准溶液（0.1mol/L）滴定至碘的黄色接近消失，加几滴淀粉溶液继续滴定，一边滴定一边用力摇晃，直至蓝色刚好消失。同时做空白溶液的测定，根据公式计算油脂的碘值。

皂化值：称取一定量油脂置于 250mL 锥形瓶中，用移液管将 25mL 氢氧化钾-乙醇溶液加入试样中，并加入助沸物，连接回流冷凝管与锥形瓶，并将锥形瓶放在加热装置上慢慢煮沸，不时摇动，油脂维持沸腾状态 60min 后，加入 0.5~1.0mL 酚酞指示剂于沸溶液中，并用盐酸标准液滴定到指示剂的粉色刚好消失。同时进行空白试验，计算皂化值。

（3）脂肪酸甲酯制备

称取一定量油脂加入具塞试管中，加入异辛烷，轻微震荡溶解样本后，加入氢氧化钾甲醇溶液，盖上玻璃塞猛烈震动 30s 后静置至澄清，加入硫酸钠，猛烈震摇，中和过量的氢氧化钾，静置分层后，将上层液倒入另一玻璃瓶中得到脂肪酸甲酯的异辛烷溶液。

（4）气相色谱条件

脂肪酸甲酯溶液制备好后进行气相色谱检测脂肪酸成分，色谱条件为：载气 N_2 流速

30mL/min；柱温100℃保持1min后以5℃/min升温至195℃，保持20min；进样器温度200℃；检测器为氢火焰离子化检测器（FID），检测器温度240℃。

6.1.2 试验结果与分析

6.1.2.1 樟树5种化学类型种籽含油率测定

樟树5种化学类型风干后籽油含油率测定结果见表6-1。由表6-1可知，樟树5种化学类型籽含油率存在较大差异，其中异樟、脑樟和龙脑樟含量较高，含油率在39%左右；而油樟和芳樟含油率则较低，只有35%左右。以脑樟含油率（39.54%）为最高，芳樟含油率（34.32%）最低，脑樟的含油率比芳樟高5.22%。

表6-1 樟树5种化学类型籽油含油率测定结果

指标	化学类型				
	异樟	脑樟	油樟	芳樟	龙脑樟
含油率（%）	39.41	39.54	35.72	34.32	38.72

6.1.2.2 樟树5种化学类型籽油理化性质分析

将樟树5种化学类型酸值、碘值和皂化值等理化性质测定值列于表6-2。由表6-2可以看出，樟树5种化学类型籽油的酸值差异很大，异樟、脑樟最低，仅为1.40、1.43mgKOH/g，芳樟最高达2.14mgKOH/g，比异樟高出0.74mgKOH/g。油樟和龙脑樟则介于两者之间。

樟树5种化学类型籽油的碘值很低，平均碘值为7.50g/100g。但不同化学类型间差异较大，芳樟最高达8.95g/100g，油樟最低，仅为6.88g/100g，两者相差2.01g/100g。

樟树5种化学类型的皂化值类型间差异不大，变异幅度在264.9~270.4mgKOH/g之间，平均皂化值为268.42mgKOH/g，皂化值最高的脑樟为270.45mgKOH/g，最低的为龙脑樟264.89mgKOH/g，两者仅相差5.56mgKOH/g。

表6-2 樟树5种化学类型籽油理化性质比较

理化指标	化学类型				
	异樟	脑樟	油樟	芳樟	龙脑樟
酸值（mgKOH/g）	1.40	1.43	1.99	2.14	1.72
碘值（g/100g）	7.69	7.06	6.88	8.95	6.93
皂化值（mgKOH/g）	269.93	270.45	269.95	266.87	264.89

6.1.2.3 樟树5种化学类型籽油脂肪酸成分分析

樟树5种化学类型籽油的气相色谱图见图6-2。对照图6-2脂肪酸甲酯标准品，可以看出，樟树5种化学类型籽油的脂肪酸成分中均有2个高峰值，分析每种化学类型籽油的脂肪酸成分及相对含量，结果表明（表6-3）：5种化学类型籽油的油脂成分中，相对含量最高的2种成分均为癸酸和月桂酸，其中5种化学类型的癸酸相对含量在31.20%~55.37%之间，月桂酸相对含量在22.49%~44.94%之间。

5 种化学类型油脂成分的差异表现在：①脑樟籽油中月桂酸含量高于癸酸，而其他化学类型均是癸酸含量高于月桂酸；②不同化学类型籽油中，癸酸含量差异很大，其中龙脑樟的含量最高，达 55.37%，而脑樟的含量最低，仅为 31.20%，若以含量大于或小于 50%来划分类型，则异樟、油樟和龙脑樟可归为一类，脑樟和芳樟为另一类；③月桂酸的含量不同类型间差异也很显著，其中脑樟为最高，达 44.94%，其他 4 种类型的含量均在 27%以下；④油酸为樟树籽油中第三大脂肪酸成分，其含量在 7.22%～19.02%之间，其中芳樟中的含量（19.02%）远高于另 4 种化学类型，且芳樟籽油中不饱和脂肪酸含量也最高，达 30.06%，远高于其他化学类型（13.82%～19.85%），是含量最低的油樟（13.82%）的 2.18 倍。

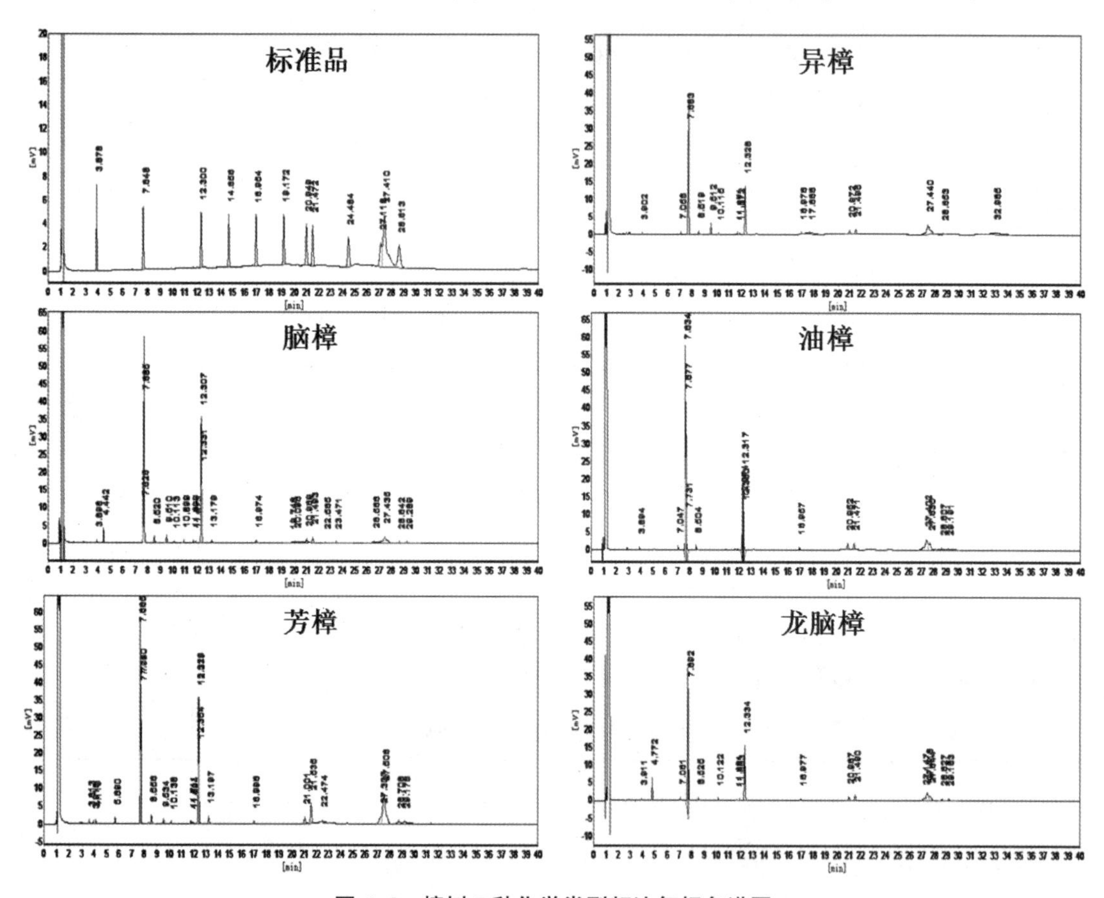

图 6-2　樟树 5 种化学类型籽油气相色谱图

表 6-3　樟树 5 种化学类型籽油脂肪酸成分比较

脂肪酸	相对含量（%）				
	异樟	脑樟	油樟	芳樟	龙脑樟
辛酸（C8：0）	0.36	0.54	0.29	0.24	0.36
癸酸（C10：0）	50.59	31.20	54.77	38.45	55.37
月桂酸（C12：0）	24.84	44.94	26.80	25.21	22.49
豆蔻酸（C14：0）	0.88	1.04	0.52	0.56	0.67

（续）

脂肪酸	相对含量（%）				
	异樟	脑樟	油樟	芳樟	龙脑樟
棕榈酸（C16：0）	2.11	2.51	2.10	1.76	1.79
棕榈油酸（C16：1）	3.38	3.28	2.34	6.74	3.44
硬脂酸（C18：0）	1.37	4.04	1.70	3.72	1.57
油酸（C18：1）	11.05	8.22	7.22	19.02	9.37
亚油酸（C18：2）	4.61	3.53	3.66	3.09	4.24
亚麻酸（C18：3）	0.81	0.70	0.60	1.21	0.70
饱和脂肪酸（SFA）	80.15	84.27	86.18	69.94	82.25
不饱和脂肪酸（USFA）	19.85	15.73	13.82	30.06	17.75
U/S	0.25	0.19	0.16	0.43	0.22

注：1. C8 表示 8 个碳原子，0 表示碳碳双键个数，以此类推。

2. U/S 表示不饱和脂肪酸和饱和脂肪酸的比值。

6.1.3 结论与讨论

6.1.3.1 樟树 5 种化学类型种籽含油率存在差异

樟树按叶精油中主要成分划分的 5 种化学类型（油樟、脑樟、异樟、芳樟、龙脑樟）之间，不仅其叶精油含量、精油中主要成分及其含量之间存在着显著差异，其种籽中含油率也存在着较大差异。5 种化学类型中，按含油率由高到低排序为：脑樟（39.54%）>异樟（39.41%）>龙脑樟（38.72%）>油樟（35.72%）>芳樟（34.32%）。从前述樟树 5 种化学类型生物量结构和精油含量及其主成分来看，异樟由于其叶、枝、杆、根中精油含量最低，而树干生物量最高，认为异樟适宜作为材用类型进行培育；本试验结果则表明，异樟种籽中的含油率最高，不饱和脂肪酸的含量在 5 种化学类型中也位列第 2，且油脂的酸值低，碘值和皂化值高，因此我们认为，异樟适宜于材用和油用兼营的培育目标。对异樟化学类型个体间生长量、种子产量、含油率和油脂结构间是否存在差异尚有待研究，若存在差异，有望获得材用和油用兼优的优良繁殖材料在生产上应用。

6.1.3.2 樟树 5 种化学类型籽油的理化性质及油脂结构存在差异

通过对樟树 5 种化学类型籽油的理化性质及籽油中脂肪酸成分及其含量的比较，发现：①脑樟中月桂酸的含量高于癸酸，而其他化学类型则相反。②不同化学类型籽油中，癸酸含量差异很大，其中龙脑樟、异樟和油樟含量达 50%以上，而脑樟和芳樟则不到 40%。③芳樟籽油中的油酸含量（19.02%）和不饱和脂肪酸含量（30.06%）均远高于其他 4 种化学类型，其油酸含量是含量最低的油樟化学类型（7.22%）的 2.18 倍，说明就籽油中油酸含量和不饱和脂肪酸含量对化学类型进行选择，可以获得理想的选择效果。此外，碘值是衡量油脂中不饱和脂肪酸含量的一个重要指标，芳樟籽油的碘值高于其他 4 种化学类型，其原因正是由于芳樟籽油中不饱和脂肪酸含量，尤其是油酸含量高，从而决定芳樟籽油的碘值高于其他 4 种化学类型。

癸酸与月桂酸为樟树籽油中的2种主要脂肪酸成分，其中芳樟籽油中2种成分的含量为63.66%，其他4种化学类型的含量均超过75%，说明这2种成分的总含量不同化学类型间也存在着显著差异。总体而言，樟树籽油的脂肪酸成分与椰子油相近，可作为椰子油的替代品，具有很高的利用价值。癸酸与月桂酸属于中碳链脂肪酸，与长碳链脂肪酸相比，中碳链脂肪酸具有低能量、高生酮作用等优点，并且在机体内能迅速代谢，不易在体内累积脂肪。此外，癸酸和月桂酸还具有其他生物活性，如月桂酸是人母乳中的主要抗病毒、抗细菌成分，关于癸酸和月桂酸抗菌的研究已有较多报道。

6.2 樟树籽油功能性油脂制备技术

6.2.1 樟树籽油食用安全性评价及其降血脂作用的研究

肥胖是一种常见的病症，西方各国肥胖症的患病率甚高。随着人们生活水平的提高，我国肥胖症的发病率亦逐年增加。研究表明，肥胖与II型糖尿病、心血管疾病、某些肿瘤及睡眠呼吸紊乱等疾病有明显的相关关系，寻找抗肥胖措施已引起各国的广泛关注。甘油二酯（diacylglycerol，DAG）和中碳链甘油三酯（medium chain triglyceride，MCT）由于其独特的理化特征，近年来在这一领域引起了越来越多的关注。

樟树是我国特有树种，种子产量大，含油率高，并且以我国最为缺乏的中碳链脂肪酸为主，其中癸酸含量可达55%，月桂酸含量可达45%，是合成功能性中碳链油脂的优质原料，具有重要的开发利用价值。有效开发利用樟树籽油资源，制备功能性油脂，是提高樟树资源综合利用效率的有效途径。本研究通过对樟树籽进行组织切片观察，亚急性毒理性研究，降血脂功能研究及利用脂肪酶制备甘油二酯这一系统性研究，对全面评价樟树籽油食用价值、工业价值具有积极意义。

6.2.1.1 樟树籽中油体的观察研究

脂类为种子中贮藏能量物质，种子发育过程中，脂类物质主要贮存在油体细胞器中，且细胞大小依据植物种类和组织来源而异。本研究运用冰冻切片技术结合特异性荧光染料尼罗红，使用激光扫描共聚焦显微镜（LSCM）对樟树籽的细胞形态、结构进行观察和定量荧光测定，以及定量图像进行分析。从图6-3可以观察到，樟树籽子叶贮藏细胞形状多为多边形，少数为椭圆形。细胞内的油体分散较为均匀，部分油体为椭圆形或不规则形状，少部分为球形，且子叶贮藏细胞内油体间排列紧密，几乎不存在空隙。经过多次随机选择和统计分析，子叶中细胞的含油体率最低为37.41%，最高可达42.69%，平均含油体率为40.72%。

6.2.1.2 樟树籽油食用安全性评价及其降血脂功能的研究

樟树籽油中主要包含中碳链甘油三酯（medium chain triglyceride，MCT）。MCT是一种独特碳链长度的甘油三酯，对其研究最早可追溯到20世纪50年代。MCT是指由碳链长度为6~12个脂肪酸的甘油三酯组成，而其中构成MCT的脂肪酸被称之为中碳链脂肪酸（medium chain fatty acids，MCFA）。MCT碳链较短，这使它有一些不同于长碳链甘油三酯

（longchain triglyceride，LCT）的特殊理化特性，早期就被用来治疗脂肪代谢障碍患者或给早产婴儿提供能量。目前国内外对于樟树籽油中富含 MCT 这一特点在食品中还没有任何相关的应用研究。本研究首次通过亚急性毒理性实验考查樟树籽油的食用安全性，为其开发利用提供安全保障。

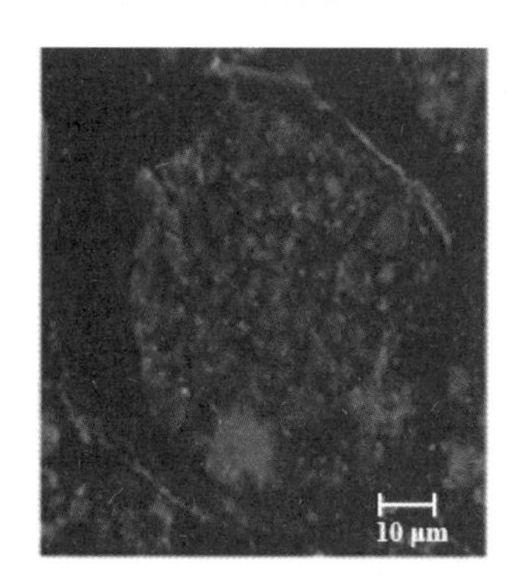

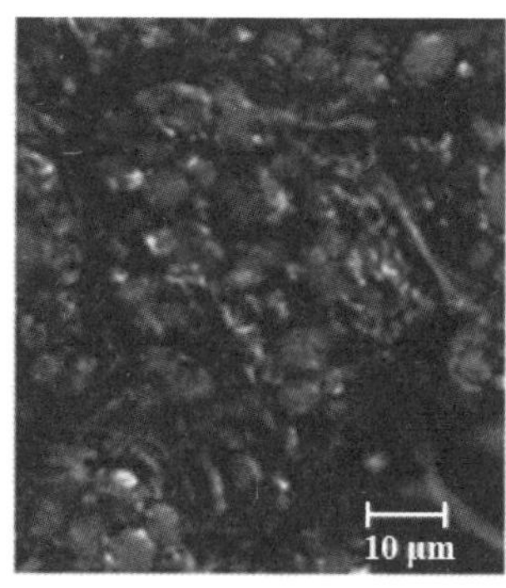

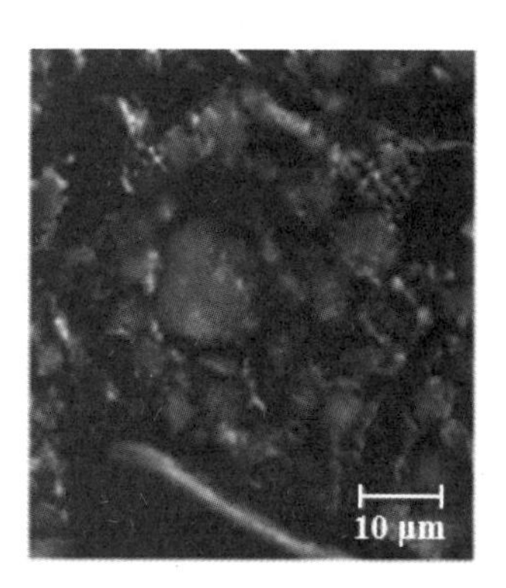

图 6-3 樟树籽子叶贮藏细胞内油体的 LSCM 观察

（1）亚急性毒理性实验

雄性 SD 大鼠（动物合格证号 96-021，体重 200g±20g，由南昌大学实验动物科学部提供），随机分为 3 组，实验组喂食樟树籽油，对照组喂食大豆油，最后一组血液学分析作为参考值，实验组与对照组中基础饲料中油脂含量为 20%，最后一组仅喂食基础饲料。实验期间动物自由饮水与摄食，连续 35d 观察大鼠的毛发、行动、摄食及死亡等一般状况。35d 以后 3~4mL 10%水合氯醛麻醉，腹主动脉取血，测定各项血常规指标。数据采集后应用 SPSS 17.0 对数据进行 ANOVA 方差统计分析，数据以平均数±标准差表示。以 $p<0.05$ 作为有统计学意义。

整个试验过程中，SD 大鼠无一例死亡，其毛发光泽，摄食正常，无任何异常行为表现。表 6-4 中，大鼠各项血液学分析检验均在正常范围，实验组、对照组和高脂对照组 3 组之间均无显著性差异（$p>0.05$）。血液学中，红细胞为血液中数量最多的一种血细胞，它含有的血红蛋白能够使其可以在血液中输送氧等物质，红细胞平均体积和红细胞体积分布宽度可结合分析大鼠的贫血状况，实验结果显示大鼠造血功能良好，无贫血情况。

亚急性毒理性实验过程中，SD 大鼠无一例死亡，其毛发光泽，摄食正常，无任何异常行为表现，且大鼠各项血液学分析检验均在正常范围，实验组、对照组均无显著性差异（$p>0.05$），证明了其食用安全性。

表 6-4 大鼠亚急性毒理性实验血液学检查结果（$\overline{X}\pm S$）

血常规指标	实验组	对照组	参考值
白细胞（10^9 个/L）	11.30±4.56	14.69±11.38	10.10~15.20
红细胞计数（10^9 个/L）	7.83±0.42	6.88±2.56	6.56~9.83
中性粒细胞计数（10^9 个/L）	1.60±1.39	2.66±2.37	0.79~1.44
淋巴细胞计数（10^9 个/L）	8.65±2.93	10.27±7.55	6.66~12.87

（续）

血常规指标	实验组	对照组	参考值
单核细胞计数（10^9 个/L）	0.93±0.51	1.49±1.31	0.84~1.36
嗜酸性粒细胞计数（10^9 个/L）	0.05±0.05	0.11±0.11	0.03~0.85
嗜碱性粒细胞计数（10^9 个/L）	0.06±0.06	0.13±0.17	0.03~0.10
中性粒细胞百分率（%）	12.81±6.19	16.75±4.31	6.30~24.80
淋巴细胞百分率（%）	78.28±7.42	71.50±4.91	65.10~82.90
单核细胞百分率（%）	8.00±1.77	9.90±2.01	6.50~11.80
嗜酸性粒细胞百分率（%）	0.41±0.29	0.90±0.66	0.60~1.30
嗜碱性粒细胞百分率（%）	0.50±0.23	0.95±0.77	0.30~1.00
血红蛋白（g/L）	136.28±6.77	119.24±43.98	130.60~172.30
红细胞体积分布宽度（%）	11.54±0.44	11.61±0.68	10.20~10.70
红细胞压积（%）	44.84±2.25	38.77±14.47	40.60~50.20
红细胞平均体积（fL）	57.3±2.04	56.31±1.76	55.80~61.90
平均血红蛋白含量（pg）	17.41±0.49	15.11±6.13	17.50~19.90
平均血红蛋白浓度（g/L）	304.11±3.26	243.50±121.02	306.00~322.00
血小板计数（10^9 个/L）	724.62±269.71	606.50±373.26	636.00~948.00
血小板平均体积（fL）	6.99±0.35	7.21±0.35	6.70~7.30
血小板压积（%）	0.50±0.18	0.43±0.27	0.47~0.61

（2）樟树籽油的降血脂功能研究

本研究利用高脂饲料［80%基础饲料，20%油脂（其中含10%胆固醇，2.5%胆酸）］连续饲喂造成的高脂血症的SD大鼠（动物合格证号96-021，体重200g±20g，由南昌大学实验动物科学部提供）为模型，研究了樟树籽油对其血脂有关各项生化指标、肝脏脂肪含量、肝脏细胞结构及主动脉结构的影响，探讨了樟树籽油降血脂作用、预防和治疗脂肪肝及动脉粥样硬化（Atherosclerosis，AS）的作用。

雄性SD大鼠实验环境下适应性喂养5d，随机分为3组，每组10只。分组时称重一次，以后每周称重一次。对照组喂食基础饲料，实验组喂食高脂饲料，加入的油脂为95%樟树籽油和5%大豆油，高脂对照组喂食高脂饲料。

由于樟树籽油组和大豆油组所喂饲料中加入20%油脂，使饲料中油脂含量改变，凝结度降低，口感、气味等与基础饲料有差异，故大鼠需要1周适应性进食，实验组和高脂对照组的前期体重增加均低于对照组后4周体重增加，最终在总体上导致对照组大鼠体重最重，实验组最轻（表6-5）。

表6-5 樟树籽油对大鼠体重的影响（X±*S*，g）

组别	第0周	第1周	第2周	第3周	第4周
对照组	234.27±13.89	311.82±10.62	363.60±15.12	421.82±17.12	456.45±19.36
实验组	234.20±9.63	278.95±18.55	308.30±27.95	349.85±39.08	374.85±39.07
高脂对照组	236.90±9.19	294.15±12.16	323.20±13.57	387.30±23.49	411.20±35.13

表6-6中显示，大鼠喂养5周后，与对照组比，实验组大鼠胆固醇（TC）水平差异显著上升（$p<0.05$），高脂对照组大鼠TC水平上升，和对照组相比，差异极显著（$p<0.01$），而实验组TC水平低于高脂对照组，但差异不显著。高脂对照组中TAG水平与对照组及实验组相比显著上升（$p<0.05$），但是实验组与对照组相比差异不显著。结果表明樟树籽油能够有效改善大鼠血清中TAG水平。3组高密度脂蛋白胆固醇（HDL-C）之间差异不显著，但检测低密度脂蛋白胆固醇（LDL-C）时，结果显示，实验组与对照组相比显著上升（$p<0.05$），而高脂对照组与之相比极显著上升（$p<0.01$）。

表6-6　SD大鼠血清生化指标检查结果及AI值（$X±S$，mmol/L）

分组	TC	TAG	HDL-C	LDL-C	AI
实验组	1.85±0.27a	0.94±0.49c	0.65±0.14	0.82±0.16a	1.85±0.93
高脂对照组	1.96±0.36b	0.38±0.16a	0.61±0.12	0.91±0.18b	2.21±0.35
对照组	1.31±0.26	1.19±0.66	0.47±0.11	0.56±0.11	1.79±0.36

注：a表示$p<0.05$，b表示$p<0.01$（与对照组比较），c表示$p<0.05$（与高脂对照组比较），下同。

TC、TAG含量是高脂血症的重要指标，血清中TC、TG、LDL-C均是AS形成的促进因子，LDL-C升高是心肌梗塞的危险因子，而HDL-C能转运胆固醇，其中载脂蛋白又能激活卵磷脂-胆固醇转脂酰基酶，催化卵磷脂分子中β-脂肪酰基与胆固醇作用生成胆固醇酯，使TC与TG含量降低，所以HDL-C是高脂血症的辅助标志，由于其可将外周血中多余的胆固醇带回肝脏代谢生成胆汁酸，HDL-C升高也是抗心肌梗塞的安全因子。因此樟树籽油对脂质代谢失调有明显改善作用。

本实验在樟树籽油组（CSO）和大豆油组的饲料中分别加入2%TC和0.5%胆酸，研究在相同条件下，CSO对血清中TC和TAG的影响，通过观察三组大鼠肝脏，发现除对照组肝脏正常外，其余两组均形成非酒精性脂肪肝（图6-4），冰冻切片的结果也类似（图6-5）。同时，取大鼠主动脉做病理组织切片，观察CSO对其影响情况，为进一步开发CSO提供理论依据。肝脏粗脂肪含量的分析表明，对照组和实验组肝脏粗脂肪含量极显著低于高脂对照组，同时，实验组显著低于高脂对照组，实验组抑制率为26.56%，对照组抑制率为68.95%（表6-7）。这表明樟树籽油对食源性脂肪肝有较好的预防作用，在相同条件下，喂养樟树籽油能够有效抑制或延缓大鼠肝脏病变形成脂肪肝。

表6-7　肝脏粗脂肪含量（$X±S$,%）

组别	粗脂肪/肝湿重	抑制率
高脂对照组	26.25±4.21	—
实验组	18.49±4.58	29.56
对照组	8.15±2.47	68.95

我们观察了实验鼠的主动脉，发现对照组图大鼠主动脉内膜较为平滑，且内膜、中膜及外膜分布较为清晰（图6-6A）；实验组大鼠主动脉中膜和外膜界限较为模糊，内膜有些许突起，且有少量的油滴依附其上（图6-6B）；高脂对照组中内膜、中膜及外膜界限模

糊，内膜增厚且凸起较多，膜外依附其上的脂质较（图 6-6C）多。

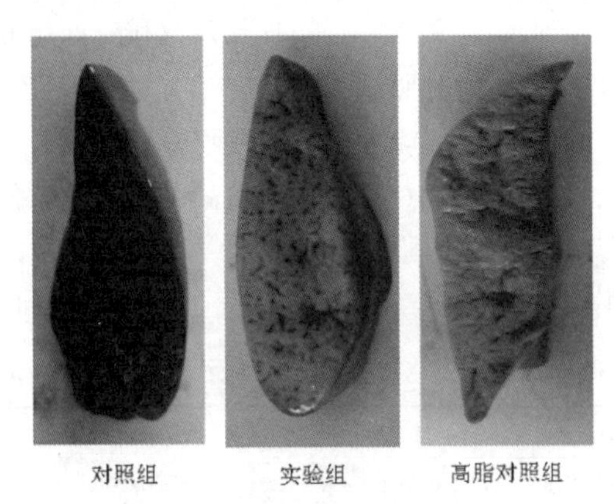

图 6-4　肝脏截面

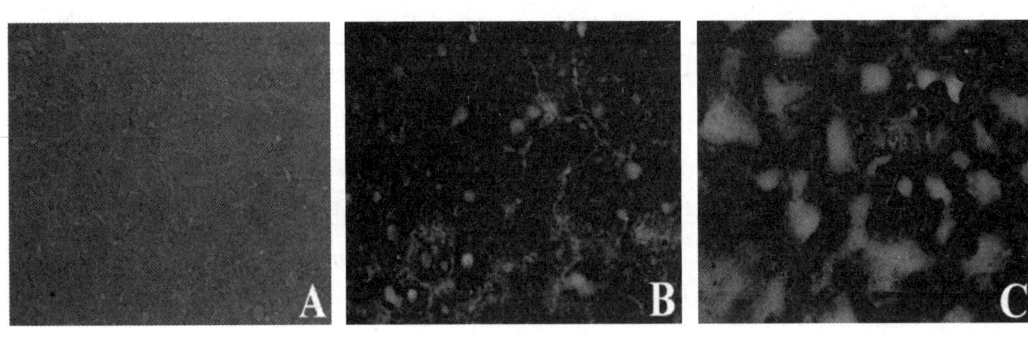

图 6-5　肝脏组织学切片图（400×）

A. 对照组；B. 实验组；C. 高脂对照组

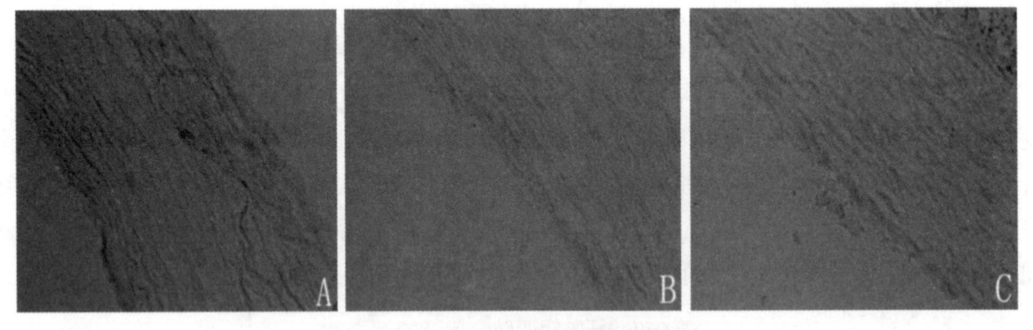

图 6-6　主动脉组织学切片图（400×）

A. 对照组；B. 实验组；C. 高脂对照组

长期食用富含高胆固醇的食物可能会引起动脉粥样硬化，3 组主动脉切片显示，实验组中樟树籽油对主动脉粥样硬化速度有所抑制。肥胖者较正常者有更大的几率引起动脉粥样硬化，经常食用富含胆固醇食物增加动脉输血负担，主要是由于脂类物质堆积血管壁导致血管通道变窄，从而造成供血困难，严重者有可能导致死亡。

总之，上述结果表明，相较于普通油脂，CSO 有一定降血脂功能，对于它的深入开发还需进一步实验研究。

6.2.2 樟树籽油酶法制备甘油二酯

甘油二酯（Diacylglycerol，DAG）是由两分子脂肪酸与甘油酯化得到的产物，它是油脂的天然成分，属 GRAS（Generally Recognized As Safe）物质，食用安全，而且口感、色泽、风味与普通甘油三酯（Triacylglycerol，TAG）无异。在人体内，DAG 脂肪氧化消耗明显比 TAG 快，食用 DAG 油能够降低血浆 TAG 水平和抑制身体脂肪堆积，长期食用还能够抑制肥胖，有利于减肥，因此也被作为食品和医药的添加剂。有研究表明 DAG 能抑制实验小鼠血清脂质的升高，减少内脏中性脂肪的蓄积，可用于预防与治疗高脂血症及与高脂血症密切相关的心脑血管疾病，如动脉硬化、冠心病、中风、脑血栓、肥胖、脂肪肝等。DAG 的降血脂功能可能是 DAG 与 TAG 在肠道中的代谢途径不同引起的。TAG 在肠道中，两端脂肪酸由于脂肪酶作用，被酶解为 2-单甘酯（MG）与游离脂肪酸（FA），并在小肠上皮细胞被吸收。在小肠上皮细胞中，FA 与 2-MG 再次被迅速合成为 TAG，作为血中中性脂肪在全身运动，那些未被作为能量利用的中性脂肪便作为体内脂肪而蓄积。而 DAG 大多都被分解为不能再合成脂肪的 1-MG 与脂肪酸，由于 1-MG 与 2-MG 中脂肪酸与甘油结合的位置不同，因此作为中性脂肪合成原料有很大差别，在小肠内向中性脂肪再次合成极其迟缓。细胞内游离脂肪酸浓度变高，并通过 β-氧化途径最终被分解为水和二氧化碳释放，因此 DAG 在小肠脂质分解和能量利用率提高。同时使食用 DAG 后血液中的中性脂肪难以上升，这样，若持续食用 DAG，便可减少体内脂肪积累。

在日本，甘油二酯油已作为烹调油被认可。近年来的研究表明它具有许多的生理功能，因此受到人们的重视。

目前制备 DAG 主要是酶法，包括酯化反应、甘油解反应和水解反应 3 种。酯化反应通过游离脂肪酸和无水甘油反应生成 DAG，此反应得到的 DAG 纯度较高，但所需游离脂肪酸的价格昂贵。甘油解反应是除去 TAG 的酰基或者使之单甘酯酰化，但在反应过程中难以避免酶颗粒的凝聚，导致反应不充分。脂肪酶水解反应通过水解 TAG 得到 DAG 和脂肪酸，虽得到的 DAG 纯度较低，但单甘酯和 DAG 的分离比 DAG 和 TAG 的分离容易，这也为纯化 DAG 提供便利，更有利于工业化生产。

在考虑成本及酶利用有效化的前提下，我们选择适当的脂肪酶催化 CSO 水解反应，以产物中 DAG 质量分数为指标，通过响应面设计选择最优化生产工艺。利用高效液相色谱法-蒸发光散射检测器（HPLC-ELSD）和硅胶薄层层析检测产物中甘油酯的组成并利用硅胶柱层析小量分离纯化 DAG。研究结果为樟树籽油酶法生产中链 DAG 油提供理论和试验依据。

6.2.2.1 脂肪酶的选择

Lipozyme RM IM、Lipozyme TL IM、Novozym 435 为 3 种常用固定化脂肪酶。实验结果表明，Lipozyme RM IM 催化产物中 DAG 和 TAG 含量分别为 51.34wt%（wt%表示质量百分比，下同）和 37.94wt%，而 Lipozyme TL IM 催化产物中 DAG 和 TAG 含量分别为 35.37wt% 和 57.85wt%，同时有研究显示催化水解生产 DAG 时 Lipozyme IM 优于 Novozym 435。故以 CSO 为底物，经 Lipozyme RM IM 催化反应后，目标产物 DAG 的转化率明显高于 Lipozyme TL

IM，故以 Lipozyme RM IM 为催化剂，继续进行其水解反应工艺优化的研究。

6.2.2.2 脂肪酶的预处理工艺

对 Lipozyme RM IM 进行预处理发现，未经溶剂预处理的 Lipozyme RM IM 使用次数为 9 次，而经丙酮或叔丁醇预处理之后，使用次数增加为 10 和 11 次。通过预处理不但可以提高酶的反应次数，而且酶的使用寿命也能够有效延长，不同的有机溶剂对酶活性的提高影响很大。酶的价格昂贵且随着反应的进行，酶活性逐渐降低甚至失活，导致循环使用次数减少，成本增加。当反应产物中 DAG 含量低于 40wt%时，酶被认为已失去使用价值。

在适宜条件下，有机溶剂浸泡后的脂肪酶的活性和反应次数都得以增加，其可能的原因是有机溶剂使固定化酶的疏水基由原来的闭合状态转为张开状态，从而使活性部位暴露，构象的改变导致疏水底物趋向与脂肪酶键合，使其活性和使用寿命得以提高。

6.2.2.3 响应面优化 Lipozyme RM IM 水解工艺

酶法制备 DAG 的方法有酯化反应、甘油解反应和水解反应 3 种。酯化反应通过游离脂肪酸和去除水的甘油反应生成 DAG，此反应得到的 DAG 纯度较高，但所需游离脂肪酸的价格昂贵。甘油解反应是除去 TAG 的酰基或者使之单甘酯酰化，但在反应过程中难以避免酶颗粒的凝聚，导致反应不充分。水解反应通过水解 TAG 得到 DAG 和脂肪酸，虽得到的 DAG 纯度较低，但单甘酯和 DAG 的分离比 DAG 和 TAG 的分离容易，这为 DAG 纯化提供了便利，更有利于工业化生产。

由 Box-Behnken 设计 3 个变量和它们的水平被确定为加酶量（油质量的 8~12wt%）、水含量（酶质量的 30~50wt%）和温度（55~75℃）。运用 Design Expert 7.1 产生 17 个不同试验设置确定优化条件（表 6-8）。DAG 含量和 TAG 含量用样品总重量的 wt%表示。

表 6-8 Behnken-box 设计及产物中 DAG 和 TAG 的质量分数

试验号	各因素			响应值	
	酶含量（%）	含水量（%）	温度（℃）	DAG 质量分数（%）	TAG 质量分数（%）
1	12.00	40.00	75.00	36.33	58.11
2	10.00	40.00	65.00	50.18	40.92
3	10.00	40.00	65.00	48.81	42.58
4	10.00	50.00	55.00	47.16	35.25
5	12.00	50.00	65.00	35.02	55.07
6	8.00	40.00	75.00	33.64	48.51
7	12.00	40.00	55.00	42.06	41.47
8	12.00	30.00	65.00	39.85	59.23
9	10.00	50.00	75.00	32.33	52.85
10	10.00	30.00	75.00	45.45	36.19
11	10.00	40.00	65.00	50.19	39.67
12	10.00	40.00	65.00	50.38	40.68
13	8.00	30.00	65.00	43.46	45.43

（续）

试验号	各因素			响应值	
	酶含量（%）	含水量（%）	温度（℃）	DAG 质量分数（%）	TAG 质量分数（%）
14	8.00	50.00	65.00	37.26	59.03
15	10.00	30.00	55.00	43.60	40.91
16	8.00	40.00	55.00	41.51	48.19
17	10.00	40.00	65.00	51.04	39.22

该模型以 DAG 和 TAG 含量作为响应值，模型中 R^2 为 0.9791 和 0.9854，校正 R^2 为 0.9522 和 0.9666，方差分析显示 p 值均小于 0.001，表明该模型极显著，其中两者失拟项分别为 0.0689 和 0.3119，影响不显著，说明该模型不失拟，表明该模型成功有效。因此，该模型适合樟树籽油制备 DAG 工艺的优化。

通过分析及模型预测可知，脂肪酶催化樟树籽油生成 DAG 的最优条件为：加酶量为 10%，含水量为 40%，温度为 65 ℃，在此条件下得到的 DAG 质量分数为 50.38%，TAG 质量分数为 40.68%。

6.2.2.4 高效液相色谱法-蒸发光散射检测器（HPLC-ELSD）测定甘油酯组成

图 6-7 中显示峰 1、峰 2 为脂肪酸和单甘酯，峰 3、峰 4 为甘油二酯（DAG），峰 5 为甘油三酯（TAG）。DAG 是一类 TAG 中一个脂肪酸被羟基取代的结构脂质，是天然植物油脂的微量成分及体内脂肪代谢的内源中间产物，但在自然油脂中 DAG 含量低于 10%（w/w）。DAG 有两种同分异构体，分别为 1，3-DAG 和 1，2（2，3）-DAG。HPLC-ELSD 测定甘油酯类的出峰顺序为脂肪酸类、单甘脂类、甘油二酯类（DAGs）、甘油三酯（TAGs）。对比 CSO 及 CSO 水解产物的 HPLC 图，依据图谱的变化可确定各酯类。

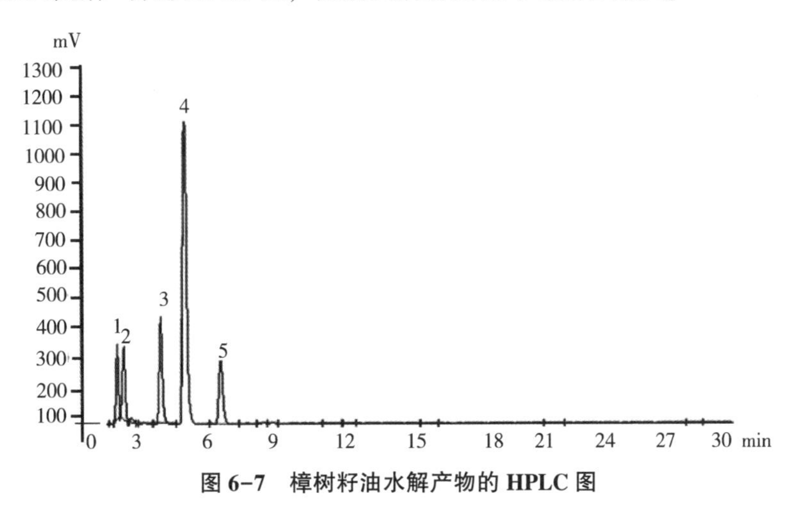

图 6-7 樟树籽油水解产物的 HPLC 图

6.2.2.5 薄层层析法鉴定樟树籽油水解产物

目前甘油二酯的分离方法主要有分子蒸馏法、溶剂结晶法、超临界二氧化碳萃取法和层析法。分子蒸馏是一种特殊的液-液分离技术，适合于分离高沸点、高黏度、热敏性的天然产物，在油脂分离上有着广泛的用途，可实现工业化规模分离提取较高纯度1，3-DAG，不足之处是设备仍然较贵。溶剂结晶法可实现1，3-甘油二酯的分离，溶剂结晶分离法操作成本低廉，设备要求不高，各组分都能得以利用，可降低1，3-DAG的生产成本，但产品纯度不高。

超临界二氧化碳萃取法具有无毒、无腐蚀、不燃烧、易回收、价格低，兼具气体和液体的优点，然而该法成本较高，这不利于其工业化应用。薄层层析法是最简单的分离提取甘油单酯、甘油二酯、甘油三酯、甘油和脂肪酸的方法。可以用硅胶作为吸附剂，以苯/乙醚/乙酸乙酯/醋酸为展层剂或者环己烷/乙酸乙酯作为展层剂，实现对1，3-甘油二酯的分离。而且对于量较多的样品通过硅胶柱可以进行较好分离，得到各组分。硅胶薄层层析和柱层析的优点是简单实用，且适用于实验室小规模分离制备。因此本试验采用硅胶柱分离甘油二酯。

我们以硅胶板作为薄层色谱的固定相，加入上述得到的樟树籽油水解产物，选择石油醚/乙醚/甲酸（85：15：1，V/V/V）为展开剂，最后用碘蒸气显色如图6-8A。薄层色谱图中各物质确定是根据其不同的Rf（迁移率）值确定的，甘油三酯、游离脂肪酸、1，3-甘油二酯、1，2-甘油二酯及单甘酯的极性是依次增大的，故其在薄层板上移动的距离依次减小，从而确定各物质的成分。

这和此前的研究结果相符。鲍方宇等（2013）采用薄层色谱法测定大豆油脂中甘油三酯含量，样品用氯仿-甲醇（2：1，V/V）溶液溶解，展开剂为正己烷-乙醚-冰乙酸（45：25：1，V/V/V）。样品上行展开，自然晾干后，置碘蒸气中显色至斑点完全显现，如图6-8B。由此可见樟树籽油酶水解后的产物里有甘油三酯、脂肪酸、1，3-甘油二酯、1，2-甘油二酯和单甘酯，而且各组分能得到很好的分离。

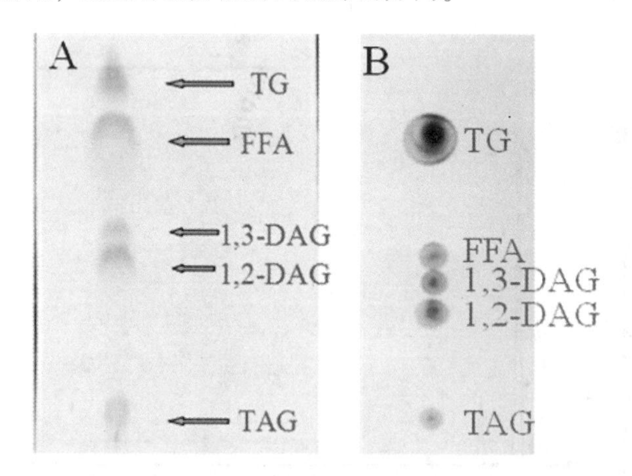

图6-8　樟树籽油甘油酯（A）和大豆油甘油酯（B）薄层层析图

6.2.2.6　硅胶柱层析法小量分离樟树籽油甘油二酯

通过石油醚：乙酸乙酯（20：1，V/V）为洗脱剂进行初步分离到第1个组分，继续洗脱得到第2组分，然后加到洗脱剂极性石油醚：乙酸乙酯（10：1，V/V）得到第3~7组分，每个组分经旋转蒸发，判断每个组分之间的差异我们用薄层色谱点样检测，如图

6-9所示。由图6-9可知，樟树籽油酶水解后的产物里有甘油三酯、脂肪酸、1，3-甘油二酯、1，2-甘油二酯和单甘酯，而且各组分能得到很好的分离。由图6-9可知，对于各组分的分离我们可以得到甘油二酯的3、4、5号，而且最好的是4号分离组分，但是每个组分均包含游离脂肪酸（FFA）成分，这是因为游离脂肪酸容易吸附在硅胶柱上，导致每个洗脱剂都会洗脱一定量的游离脂肪酸。

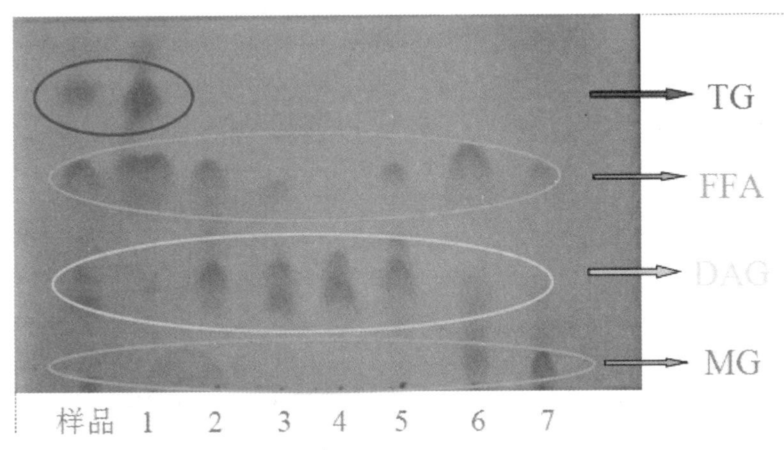

图6-9 樟树籽油甘油酯柱层析后各组分的薄层层析鉴定

6.2.3 DAG的降血脂功能的研究

高脂血症（Hyperlipoproteinemia，又称为高脂蛋白血症）是一种常见的心血管疾病，主要是由于血脂代谢紊乱引起的，常表现为高胆固醇血症、高甘油三酯血症或二者兼有，与动脉粥样硬化（Atherosclerosis，AS）以及心血管疾病的发生发展有紧密的联系，成为严重威胁人类健康的危险因素。

DAG最重要的特点是食用后不引起肥胖，而且能抑制实验小鼠血清脂质的升高，减少内脏中性脂肪的蓄积，可用于预防与治疗高脂血症及与高脂血症密切相关的心脑血管疾病，如动脉硬化、冠心病、中风、脑血栓、肥胖、脂肪肝等。为此，本研究利用高脂高胆固醇饲料连续饲喂造成的高脂血症SD大鼠为模型，研究了樟树籽油二酰甘油（Camphor Seed Oil Diacylglycerol，以下简称为CSO-DAG）对其血脂有关各项生化指标、肝脏脂肪含量及肝脏细胞结构的影响，探讨了CSO-DAG的降血脂及预防和治疗脂肪肝的作用。

研究的主要过程是：SD大鼠在实验环境下预饲6d后随机分为3组，每组10只。对照组喂食基础饲料；CSO-DAG实验组喂食高脂高胆固醇饲料，加入的油脂为95% CSO-DAG和5%大豆油；大豆油高脂对照组喂食高脂高胆固醇饲料，加入的油脂为大豆油。分组时称重一次，以后每2周称重一次（表6-9）。分组后第一天采第一次血，连续8周，实验期间动物自由饮水和摄食。每2周于空腹12h后采血一次，最后一次采用断头取血法，其他每次采用断尾取血。血样于4℃、6000r/min离心20min分离血清后测定各项指标，测定脏体比、肝脏粗脂肪含量并对肝脏进行病理组织学检查。

表 6-9　CSO-DAG 对大鼠体重的影响（$X±S$，g）

组别	第一次	第二次	第三次	第四次	第五次
大豆油高脂高胆固醇饲料组	183. 2±11. 1	244. 0±15. 9	307. 6±16. 4	340. 8±16. 6	368. 0±19. 0
对照组	182. 7±13. 9	227. 5±16. 4	277. 3±11. 4a	303. 5±15. 0a	327. 9±17. 0A
CSO-DAG 实验组	183. 2±14. 7	234. 0±14. 8	276. 0±20. 6a	310. 5±17. 2a	334. 1±12. 8a

注：a 表示 $p<0.05$，A 表示 $p<0.01$ 与大豆油高脂高胆固醇饲料组比较，以下同。

6. 2. 3. 1　体重的变化

由表 6-10、表 6-11 可见，大豆油高脂高胆固醇饲料组大鼠血清 TC 和 TG 较正常对照组显著上升，而 CSO-DAG 实验组可显著地抑制增加。从 6 周开始，CSO-DAG 实验组的 TC 值开始持续下降，到 6 周时下降结果显著，血清 TC 值均显著或极显著低于大豆油高脂高胆固醇饲料组。各组血清 TG 变化趋势与 TC 类似，且降 TG 作用显效较快，在 4 周时即已显著降低。实验结果表明，CSO-DAG 对高脂血症大鼠有显著的降低血清 TC 和 TG 作用。

表 6-10　CSO-DAG 对血清 TC 的影响（$X±S$，mmol/L）

组别	第一次	第二次	第三次	第四次	第五次
大豆油高脂高胆固醇饲料组	1. 61±0. 45	4. 53±2. 07	4. 91±1. 87	5. 01±1. 97	6. 19±2. 32
对照组	1. 66±0. 41	1. 71±0. 89	1. 98±0. 80A	1. 87±1. 15A	2. 01±1. 70A
CSO-DAG 实验组	1. 58±0. 45	2. 90±1. 31	2. 55±1. 25	2. 94±1. 33A	2. 97±1. 54A

表 6-11　CSO-DAG 对血清 TG 的影响（$X±S$，mmol/L）

组别	第一次	第二次	第三次	第四次	第五次
大豆油高脂高胆固醇饲料组	0. 73±0. 12	1. 74±0. 58	1. 97±0. 86	2. 11±0. 72	2. 33±0. 69
对照组	0. 74±0. 19	1. 34±0. 45	1. 21±0. 33A	1. 20±0. 53A	1. 35±0. 49A
CSO-DAG 实验组	0. 75±0. 12	1. 55±0. 10	1. 39±0. 29A	1. 44±0. 31A	1. 39±0. 37A

6. 2. 3. 2　脏体比

长期高脂高胆固醇饲料可导致受试动物脏器脂质积累及病变等变化，这一变化可通过脏体比反应。由表 6-12 可知，大豆油高脂高胆固醇饲料组的肝、肺、心、肾与体重比值都高于对照组和 CSO-DAG 实验组，其中肝脏的脏体比显著高于对照组和 CSO-DAG 实验组。

表 6-12　脏体比（$X±S$，%）

组别	肝	肺	肾×10	心×10	脾	胸腺×10
大豆油高脂高胆固醇饲料组	3. 95±0. 54	8. 22±1. 33	6. 59±0. 67	3. 79±0. 39	1. 95±0. 20	1. 05±0. 40
对照组	3. 02±0. 81a	8. 00±1. 15	6. 03±0. 59	3. 58±0. 40	1. 63±0. 31	1. 10±0. 35
CSO-DAG 实验组	3. 22±0. 55a	8. 09±1. 36	5. 96±0. 36a	3. 63±0. 36	1. 74±0. 29	1. 17±0. 15

6.2.3.3 大鼠肝脏肉眼观察和粗脂肪含量的测定

解剖后肉眼观察发现，各组大鼠肝脏体积差异不大，大豆油高脂高胆固醇饲料组的肝脏在表面出现一些黄色斑点，切面较油腻，肝脏研磨后呈现明显的油浸状，色较深；而对照组和 CSO-DAG 实验组的肝较硬，研磨后的粉末呈干粉状，色较浅。采用索氏抽提法测定各组粗脂肪含量，结果见表 6-13。

表 6-13 肝脏粗脂肪含量（$X \pm S$,%）

组别	粗脂肪/肝湿重
大豆油高脂高胆固醇饲料组	18.36±4.28
对照组	8.94±3.51A
CSO-DAG 实验组	9.41±2.77A

从表 6-13 可知，本实验所用高脂高胆固醇饲料可致大鼠脂肪肝，CSO-DAG 替代其中的大豆油之后，动物的肝脏粗脂肪含量极显著低于大豆油高脂高胆固醇饲料组，表明 CSO-DAG 代替普通油脂，对食源性脂肪肝有较好的预防作用。

6.2.3.4 病理组织学检察

将各组大鼠肝脏的石蜡切片在光学显微镜下观察、拍照，见图 6-10。

从光镜下观察到，大豆油高脂高胆固醇饲料组肝脏细胞中有大量的脂滴空泡，这是由于脂肪在肝脏内沉积，经切片处理后在光镜下呈现空泡状，说明高脂高胆固醇饲料造成大鼠脂肪肝模型成功。对照组和 CSO-DAG 实验组肝细胞形态和排列正常，细胞中央有大而圆的核，肝小叶规则，细胞质均匀，在观察范围内未见有脂肪空泡（图 6-10）。病理组织学检察结果进一步表明，长期高脂饮食可造成大鼠脂肪肝，CSO-DAG 代替普通油脂，对食源性脂肪肝有较好的预防作用。

该研究结果表明，CSO-DAG 代替普通油脂，可在一定程度上降低实验性高血脂大鼠的血清 TC 和 TG；可使受试大鼠的肝、肺、心、肾与体重比值下降，说明 CSO-DAG 可缓解由于长期高脂高胆固醇饲料所致的受试动物脏器的脂质积累和病变；可显著降低高脂饮食下大鼠的肝脏脂肪含量，减少肝细胞的脂肪变性，保持肝细胞形态的正常；具有显著的降血脂作用和对脂肪肝的预防作用。DAG 作为 GRAS，无毒、无副作用，可代替普通油脂，将其作为降血脂保健食品开发将会有广阔的前景。研究结果为樟树籽资源的开发利用提供了科学依据。

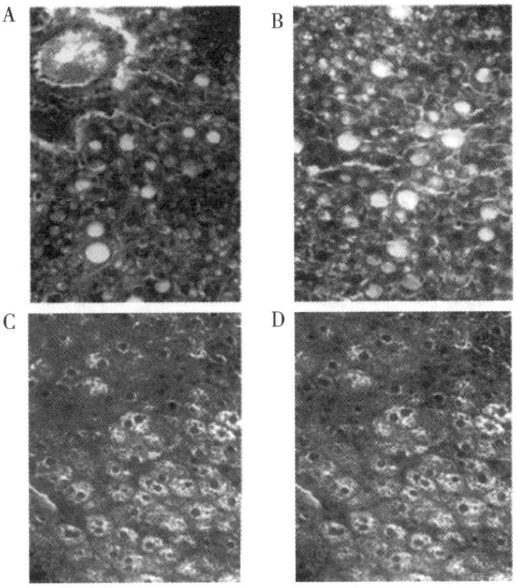

A B C D

图 6-10 各组大鼠肝脏石蜡切片及光镜观察（HE×400）

A、B. 高脂高胆固醇饲料组；C. 对照组；D. CSO-DAG 组

参考文献

鲍方宇，张敏. 2013. 薄层色谱法测定油脂中甘油三酯含量［J］. 食品科学，34（4）：125-128.

陈慧斌，王梅英，陈绍军，等. 2011. 响应面法优化牡蛎复合酶水解工艺研究［J］. 西南大学学报：自然科学版，33（11）：146-151.

陈金芳，王荷香，王君荃，等. 2001. 樟树籽油合成脂肪酸二乙醇胺的研究［J］. 林产化学与工业，21（3）：59-62.

陈金芳. 2001. 以樟树籽油为原料制备 N，N-二羟乙基十二酰胺［J］. 武汉化工学院学报，23（4）：8-11.

程必强，喻学俭，丁靖垲，等. 1997. 中国樟属植物资源及其芳香成分［M］. 昆明：云南科技出版社：25-27.

蔡金娜，张亮，王峥涛，等. 1999. 蛇床果实中香豆素类成分的变异及其规律［J］. 药学学报，34（10）：767-771.

胡文杰，高捍东，江香梅，等. 1997. 樟树油樟、脑樟和异樟化学型的叶精油成分及含量分析［J］. 中南林业科技大学学报，32（11）：186-194.

胡文杰，高捍东，江香梅. 2012. 樟树油樟、脑樟和异樟化学型的叶精油成分及含量分析［J］. 中南林业科技大学学报，32（11）：186-194.

黄喜根，任建敏，刘晓庚，等. 2002. 樟树籽核油的开发与利用研究［J］. 林产化工通讯，36（3）：19-21.

李明，李再均，陆杨，等. 2010. 酸性离子液体催化合成乙酸芳樟酯［J］. 江南大学学报：自然科学版（6）：690-694.

李振华，温强，戴小英，等. 2007. 樟树资源利用现状与展望［J］. 江西林业科技，6：30-33，36.

刘欣，陈永泉，林日高，等. 1994. 利用气体吸附法研究樟树挥发香气的成分［J］. 华南农业大学学报，15（3）：93-96.

刘亚涛，朱志庆，吕自红. 2003. 由芳樟醇合成乙酸芳樟酯的研究进展［J］. 化学世界（6）：327-321.

刘长江，李钇潼，刘辉，等. 2009. 同时蒸馏萃取芹菜籽油的工艺［J］. 食品研究与开发，30（12）：103-105.

刘亚，李茂昌，张承聪，等. 2008. 香樟树叶挥发油的化学成分研究［J］. 分析试验室，27（1）：88-92.

马英姿，谭琴，李恒熠，等. 2009. 樟树叶及天竺桂叶的精油抑菌活性研究［J］. 中南林业科技大学学报，29（1）：36-40.

南京林产工业学院. 1989. 林产化学工业手册：下册［M］. 北京：中国林业出版社.

秦俊哲，郭云霞，高存秀，等. 2011. 响应面法优化银杏总黄酮的提取工艺［J］. 陕西科技大学学报，29（6）：7-9，12.

沈懋文，邵亮亮，侯付景，等. 2010. 响应面法优化杭白菊花精油的提取工艺及其化学成分研究［J］. 食品科学，31（10）：101-105.

石皖阳，何伟，文光裕，等. 1989. 樟精油成分和类型划分［J］. 植物学报，31（3）：209-214.

史亚亚. 2008. 樟树籽油制备轻质型生物柴油［D］. 南昌：南昌大学.

陶光复，吕爱华，张小红，等. 1989. 柠檬醛和桉叶油素的新资源植物［J］. 武汉植物学研究，7（3）：

268-274.

魏荣宝，梁娅. 1998. DMAP 催化合成乙酸芳樟酯的研究［J］. 天津理工学院学报（1）：23-26.

吴学志，郭夏丽，胡蒋宁，等. 2013. 响应面法优化樟树籽油酶法制备二酰甘油的工艺研究［J］. 中国粮油学报（10），49-54.

徐国祺，刘君良，胡生辉. 2011. 萃取方法对樟树叶萃取效果的 XPS 表征［J］. 木材加工机械，3：24-27，34.

徐中儒. 1997. 回归分析与实验设计［M］. 北京：中国农业出版社：102-158.

俞新妥，陈承德. 我国的樟树和樟脑［J］. 生物学通报，1958（1）：23-28.

张国防. 2006. 樟树精油主成分变异与选择的研究［D］. 福州：福建农林大学.

张炯炯，李功华，李跃军. 2009. 樟树自然脱落叶挥发油提取工艺的研究［J］. 中华中医药学刊，2009，27（8）：1651-1653.

张云梅，刘莹，陈业高. 2008. 小叶香樟新鲜树叶挥发性成分分析［J］. 分析试验室，27（5）：76-79.

周武，张彬，邓丹雯. 2004. 樟树籽油提取的研究［J］. 中国油脂，29（2）：30-31.

朱志庆，吕自红，刘亚涛，等. 2004. 对甲苯磺酸催化合成乙酸芳樟酯［J］. 精细化工，（S1）：113-114.

Ansari M A，Razdan R K. 1995. Relative efficacy of various oils in repelling mosquitoes［J］. Indian Journal of Malariology，32（3）：104-111.

Huth P J，Fulgoni V，Jandacek R J，et al. 2010. Bioactivity and emerging role of short and medium chain fatty acids［J］. Lipid Technol，22（12）：266-269.

Lieberman S，Enig M G，Preuss H G. 2006. A review of monolaurin and lauric acid：natural virucidal and bactericidal agents［J］. Altern Complement Ther，12（6）：310-314.

Nair M K M，Joy J，Vasudevan P，et al. 2005. Antibacterial effect ofcaprylic acid and monocaprylin on major bacterial mastitis pathogens［J］. J Dairy Sci，88（10）：3488-3495.

Osborn H T，Akoh C C. 2002. Structured lipids-novel fats with medical，nutraceutical，and food applications［J］. Compr Rev Food Sci Food Saf，3（1）：110-120.

Pino J A，Fuentes V. 1998. Leaf oil of *Cinnamomum camphora*（L.）J. Presl. from Cuba［J］. Journal of Essential oil Research，10：（5）：531-532.

Vieira R F，Grayer R J，Paton A J. 2003. Chemical profiling of Ocimum americanum using external flavonoids［J］. Phytochemistry，63（5）：555-567.